方鸿慈文集

中国地质调查局水文地质环境地质调查中心　编

地质出版社

·北　京·

内 容 简 介

本书编录了方鸿慈先生20世纪50年代到90年代近半个世纪发表的论文、译文和主编的代表性技术报告，包括区域水文地质、环境地质和医学地质等方面的内容。

本书可供从事水文地质、环境地质、医学地质等相关科研和生产人员参考。

图书在版编目（CIP）数据

方鸿慈文集 / 中国地质调查局水文地质环境地质调查中心编．—北京：地质出版社，2024.2

ISBN 978-7-116-14057-8

Ⅰ．①方… Ⅱ．①中… Ⅲ．①地质学—文集 Ⅳ．①P5-53

中国国家版本馆CIP数据核字（2024）第000962号

FANG HONGCI WENJI

责任编辑：肖莹莹　蔡卫东　赵俊磊

责任校对：王　瑛

出版发行：地质出版社

社址邮编：北京市海淀区学院路31号，100083

电　　话：（010）66554528（邮购部）；（010）66554628（编辑室）

网　　址：https://www.gph.clmpg.com

传　　真：（010）66554686

印　　刷：北京地大彩印有限公司

开　　本：787 mm×1092 mm　1/16

印　　张：12.5

字　　数：280千字

版　　次：2024年2月北京第1版

印　　次：2024年2月北京第1次印刷

定　　价：80.00元

书　　号：ISBN 978-7-116-14057-8

方鸿慈先生

（1920 年 9 月 10 日 ~ 2008 年 11 月 2 日）

童年时期（左二）

少年时期（右一）

青年时期

结婚照（1961 年）

中年时期

1958 年，在甘肃酒泉进行地质勘探（左）

1959 年 6 ～ 7 月，在大西北进行地质勘探

1960 年，在大西北进行地质勘探

与长子在一起（西安）

送长子到北京上大学合影（1980 年）

2002 年与爱人在名人国际小区合影

2002 年 9 月 10 日，82 岁生日与爱人留影

2002 年与爱人在北京合影

2002 年 9 月，与程邵扬（大学同学）、董公鲁 、徐宝瑾在一起

2002 年 12 月，张启址看望方鸿慈合影

挚友赵举吉来访合影

2003 年 2 月，袁道先院士等人看望方鸿慈合影

2003 年 2 月，北京训练班学生看望方鸿慈合影

2003 年 3 月，与爱人在深圳民宿文化村合影

2003 年 4 月，与爱人在珠海合影

前　言

方鸿慈先生1920年出生于北京，1938年考入北京大学理学院地质系学习，1942年毕业后留校任教，后又在北洋大学（天津大学前身）、北京地质学院从事地学教育工作，一直延续到1956年，可谓桃李满天下；之后，先后在地质部水文地质局、甘肃地质局水文地质工程地质队（现甘肃二水）、地质部水文地质第五地质大队（后改为陕西二水）、地质部西北地质科学研究所（现西安地质调查中心）和地质部水文地质工程地质技术方法研究队（现地调局水环中心）从事地质勘探、科研和管理工作。

方先生是我国第一代水文地质工作者，是我国水文地质事业的开拓者和奠基人之一，自进入北京大学学习算起，到1987年退休，从事地质工作近半个世纪；如果算到1993年发表最后一篇文章则时段更长。

半个世纪中，他编写留给历史、也在某种程度上填补我国历史空白的《水文地质学讲义》《地下水普查与勘探》教科书两部，他主编、指导和参加编写的技术报告多份，他撰写发表区域水文地质和环境水文地质论著21篇。

纵观方先生一生，我们在他身上感受到一种真正的科学家精神。

他由于特殊的时代原因，从北京到甘肃、陕西和河北，虽然辗转于不同地区的多个单位工作，但以一种对地学探索的职业精神默默贯穿始终，对照他承担的项目和发表的论文，我们不仅可以看到其内容大多是为支持当时国家或地方经济社会发展之需要，而且每一篇论文也是他基于实践而又不止于实践认识的自觉理论提升与总结分享。

他集教学、勘探、科研和管理经历于一身，各种能力相互激发，对工作对象和认识由特殊性到普遍性，由普遍性到特殊性，归纳演绎，提纲挈领，由此及彼，见微知著，无论是泉水出露形式的分类与定义，还是大骨节病地质成因的自成一家，都体现出高超的理论水平、丰富的实践经验和严谨的科学思维，同时也是他教学和研究的地质学、矿物学、历史地质学和水文地质学等学科之融合创新。

他从20世纪50年代开始持续关注地球化学演化对水质的影响以及人类对水质的适应性和健康效应等科学问题，即科学服务民生福祉问题，包括大骨节病、克山病、地方性氟中毒、甲状腺肿等地方性疾病的成因与防治等，且不以退休为休止，在73岁高龄发表的最后一篇文章，依然思考的是饮用水水质评价中钙、镁离子含量及其比值在生水和熟水（烧开的水）中的含量变化及其对健康的影响以及改进措施。

方先生论文和文章数量在今天看来可以用“少”来形容，但是他每篇文章都是基于扎实深入的调查和全面认真的思考写成，如果说他的经历从一个个体的角度展示了我国水文地质发展史的一条剖面，那么纵贯1947年到1993年46年的这些论著就是剖面的一个个金钉子。今天看来，其论著不仅具有极高的文献和史料价值，而且很多学术观点和研究方法依然具有重要的指导和参考作用。为展现老一辈水文地质科学家的科研成果和风貌，进一步传承科学家学术传统和精神，为今天的地学研究提供借鉴，我们编辑出版了这部《方鸿慈文集》。

由于方先生所编写的报告和发表的论文时间跨度大，有些论文时代久远，有些论文发表于特殊年代，在其个人档案或参考文献中提及名称，在信息时代的今天，寻找全文依然十分困难，但经过多方共同艰苦的努力，我们最终还是收集齐全，这件事情也从另一个方面说明结集出版此书的必要性和意义。

为尊重历史和忠实原著，我们在编辑过程中仅对原文中繁体字转化为简化字、改正明显的印刷错误、更新一些当时使用而当今不再使用的计量单位（如兞等），以及按目前要求进行单位换算等。同时，需要说明的是，由于年代久远，参考文献查找起来有一定困难，未能按目前出版格式要求予以表述，由此给读者带来不便表示歉意。

特别感谢为此书出版收集论文、文字数字化、图件清绘、文图校对和编辑排版的各位同事；特别感谢方鸿慈先生的长子方书椿先生提供照片，并在百忙中倾情撰写回忆文章，使我们得以感受到一个科学家鲜活可爱的另一面；特别感谢在收集方先生论著过程中兄弟单位的无私帮助，特别是全国地质图书馆、全国地质资料馆、中国地质环境监测院李春燕同志、甘肃省第二水文地质工程地质队刘万林同志、西安地质调查中心张俊同志、吉林大学汤洁同志、中国地质科学院水文地质环境地质研究所王哲同志。

编　者

2023年6月26日

目　　录

方鸿慈自述……1
华北涌泉概况……19
济南地下水调查及其涌泉机构之判断……27
介绍 П.П. 克利门托夫著《水文地质学》……33
华北的水文地质条件……35
潜水区划的主要气候标志——潮湿系数……45
我国潜水的形成及其地球化学作用的方向……53
河西走廊的水文地质区划（摘要）……60
水文地质工作有着广阔的前途……64
关于几个水文地质专业术语的解释……66
关于河西走廊第四纪地质问题的几点意见……71
中国干旱地区水文地质区划原则……80
试论地方病病因与防治研究的水文地质科学途径……87
陇东陕北承压水盆地几个基本水文地质问题的分析……104
模型在地下水文学研究中的应用……120

论大骨节病克山病与水文地球化学的密切关系及其病因与防治问题…………128
西北地区水文地质单元的划分……………………………………………………138
人类对饮水水质的适应性与地方病问题…………………………………………144
国外关于地下水源保护问题的研究现状…………………………………………150
我国饮用水水质评价中一个应注意的特殊问题…………………………………153
甘肃省水文地质区划的轮廓………………………………………………………155
酒泉西盆地南山补给区对盆地地下水的补给途径及补给量的研究
（成果报告摘要）……………………………………………………………………174
方鸿慈简历……………………………………………………………………………176
我所知的父亲…………………………………………………………………………180

方鸿慈自述

方鸿慈

一、水文地质生涯

1938 年 8 月我考入当时的北京大学理学院地质系。

自 1937 年 7 月抗日战争全面爆发，原北京大学南迁，最终迁至昆明合组西南联大。原北大地质系的图书、标本、仪器均未迁移。因而在我们入学后能够充分利用，具有较好的学习条件。

学习期间，每年春季进行地质实习，主要在北京西山、玉泉山一带。地质锤和简式罗盘都由学生自备。三年级暑假安排地质论文实习。我的毕业论文是有关宣化烟囱山大东地区铁床的调查研究。

在校学习 4 年后，于 1942 年 7 月毕业。毕业后第一年，我在北京大学理学院地质系任助教。

在这一年里仍以学习提高为主，并办理系里分配的辅助性工作。其间曾协助颜沧波副教授建立矿物陈列室。1943 年 8 月 ~ 1945 年 8 月我到华北开发公司调查局（后改称地质调查所）工作。到公司后我被分配到新成立的探水班（后改称地下水班）。进行的项目是“山东省张店轻金属工厂工业用水调查”。在这项工作中初次学习到井泉调查、水井抽水试验以及水质简项分析。1944 年 10 月北大理学院地质系讲师藏田延男和我一起去济南进行地下水调查，结合地面地质进行泉井调查，并进行水质氯离子测定。编制出济南地下水位等高线图和地下水氯离子等值线图，并初步判断济南泉群的形成机制。

1945 年 8 月 15 日抗战胜利，华北开发公司解散。我由于过去的关系又重新回到北大地质系任助教，但这时已不称北京大学，改称北平临时大学，理学院称第一分班。在这一年中，我主要任王竹泉教授“矿床学”和杨杰教授“构造地质学”的助教。在“矿床学”实验课上学习到矿石的显微化学鉴定法。1946 年夏，西南联大迁回北平，我于 8 月调离。当时北洋大学由西安迁回天津，新成立了地质系，因缺乏师资，同行将我介绍到北洋大学地质系任助教。1947 年地质系撤销，改任采矿系助教。1949 年 1 月 15 日天津解放，我继续留任。1950 年初新成立地质工程系，我旋即升任为讲师。在这期间我讲授过“普通矿物学”“普通地质学”“历史地质学”等课程。地质工程系于 1951 年改为石油地质系，培养出我国第一批石油地质工作者。

1952 年 8 月到 1956 年 1 月我到北京地质学院水文地质系任讲师。在这期间，我最早讲授新课“水文地质学”和“地下水普查与勘探”，为培养我国水文地质学师资做出了成绩。1956 年 2 月到 1958 年 3 月我到地质部水文地质局任工程师。在此期间参加编制中国水文地质分区图和《中国区域水文地质概论》，并去北京、西安、山东等水文地质队检查指导工作。1957 年水文地质局成立水文地质工程地质训练班。我出任副主任并讲授“普通水文地质学”和“地下水普查与勘探”。该训练班于 1958 年 3 月结业，为全国各个水文地质队输送了大量技术员。

1958 年 4 月任地质部河西大队——甘肃省地质局水文地质队工程师（图 1）。在此期间主要指导酒泉钢铁公司供水勘察、河西走廊水文地质普查和农田供水勘察等项任务。1962 年 11 月 ~ 1966 年 3 月任地质部西北地质科学研究所第五研究室副主任工程师。在此期间主管研究室的业务工作，并参加和指导“河西走廊地下水的形成及其储量与开采利用途径的研究”，提出了中间报告。1966 年 4 月 ~ 1973 年 12 月任地质部水文地质第五大队（后改为陕西省地质局第二水文地质队）副总工程师。“文革”前主管全队技术工作。曾去现场检查指导西峰组、库区组、聚湫组、黄土组的工作。“文革”中下放劳动。1971 年 3 月参加陕西省地质局“五七”学校学习。在此期间于 5 月为黄龙县三岔公社进行找水定井位的工作。发现当地为大骨节病病区，经过观察初步认定这些地方病的病因是饮用当地特异成分地下水所引起的。从此以后萌发了我对地方病研究的愿望。1972 年参加“铜川地区基岩裂隙水资源评价”的研究。

图 1　在甘肃省地质局水文地质队工作期间，
于 1959 年去河西走廊指导水文地质普查组的工作与年轻的组员们合影留念

从 1974 年 1 月至 1992 年 1 月我一直任职于河北省地质局水文地质四大队 [后改为地质部水文地质工程地质技术方法研究队（所）]，于 1978 年任总工程师。

1981 年获得了高级工程师（ 1987 年套改为教授级）的技术职称。1983 年去黑龙江省、1984 年去吉林省对地方病区进行环境水文地质考察。结合以往的资料，于 1986 年撰写出

《论大骨节病克山病与水文地球化学的密切关系及其病因与防治问题》的论文。1989年参加在美国华盛顿召开的第28届国际地质大会，在会上宣读了《人类对饮水水质的适应性与地方病问题》的论文。

在此期间曾担任过地质矿产部科学技术顾问委员会第一、二届通讯委员。

我自1942年大学毕业后，至1992年退休。在整整50年里曾经历教学、勘查、科研三个方面的工作。大致以1956年为界分为：以教学为主的阶段和以勘查－科研为主的阶段。

以教学为主的阶段，在1952年以前主要讲授地质基础课。计有“普通矿物学”“普通地质学”“历史地质学”。1952年起则讲授水文地质专业课。计有“普通水文地质学”“地下水普查与勘探”。

自1956年转入地质部系统以后，工作性质也就转入勘查－科研为主的阶段。

当我最初调到水文地质局时，正值全国大力开展区域水文地质普查工作。而水文地质局正在组织力量在苏联专家B.Д.鲁萨诺夫的指导下编制中国潜水分区图及说明书（即《中国区域水文地质概论》）。我通过参与这项工作，使我学习到有关水文地质区划方面的知识。影响到我后来的工作也侧重于这方面。

图2　在地质部水文地质第五大队（渭南）工作期间，于1966年8月去陕北地区指导黄土课题组的工作。途经革命圣地延安，在毛泽东同志住处前拍照留念

1958年调离北京去外省工作，先后经历4个单位。各单位工作性质不一，课题项目繁杂，但总的来看，我仍以区域水文地质资料的综合研究为主（图2）。

自1971年我找到了自己的研究课题，亦即地方病方面的研究。其工作特点是通过病区考察结合当地水文地球化学特征来探索地方病的致病因子。

二、丰硕的成果

本人所取得的科研成果主要反映在各个时期所撰写的学术论文中。

现从中选择7篇有代表性的论文，其中前5篇属于区域水文地质学的范畴；后2篇则是有关地方病方面的研究，亦即属于“地方病环境水文地质”的范畴。

现对7篇论文摘要记述如下。

（一）潜水区划的主要气候标志——潮湿系数（1957年）

当时我国正在开展全国水文地质区划的研究。该文讨论了潜水区划的主要标志——潮湿系数。

1.潮湿系数的概念

进行大区域的潜水区划时，首先必须从区域的自然地理条件出发，而在地下水形成的自然地理因素中最主要的是气候，尤其是气候的潮湿程度更能反映出潜水补给条件。因此，进行潜水的区划时，最好是从气候的潮湿程度着手。为了表示区域的潮湿程度，H.H. 伊凡诺夫提出了潮湿系数（K_B）的概念。所谓潮湿系数是降水量（X）与蒸发度（$И$）之比。

需要指出，蒸发度（испаряемость）就是用蒸发计测定出来的水面蒸发量，并不是实际的蒸发量。然而从潮湿系数可以衡量某区域气候的干湿，因而可以得出潜水蒸发强度的相对概念。

2.中国气候潮湿性分带问题

在 1941 年 H.H. 伊凡诺夫所发表的世界潮湿性分带图中把中国的情况也包括进去。

伊凡诺夫根据潮湿系数把气候的潮湿程度划分为 6 个等级：①湿度过剩带（$K_B \geqslant 1.50$）；②湿度充足带（K_B=1.49 ~ 1.00）；③湿度适中带（K_B=0.99 ~ 0.60）；④湿度不足带（K_B=0.59 ~ 0.30）；⑤湿度过低带（K_B=0.29 ~ 0.13）；⑥微湿度带（K_B=0.12 ~ 0.00）。

为了使读者了解我国潮湿性分带的初步概念，笔者将伊凡诺夫所做的图加以放大，并参考我国气候、地形进行部分修改，编制出中国气候潮湿性分带略图。此图反映了我国气候潮湿性的一般分带规律：由东南沿海向西北内陆气候逐渐干旱。

湿度过剩带（$K_B \geqslant 1.50$）。分布在我国东南部，其北部界限大致与 1000 mm 降水量线相符合；西部界限由成都往南至贵州省的西界。

湿度过剩带的外围为湿度充足带（K_B=1.49 ~ 1.00）。大致相当于淮河流域、秦岭、四川省西部和云南省东部，此外在东北地区东部以及大兴安岭也有狭条的分布。

湿度适中带（K_B=0.99 ~ 0.60）。东北地区的大部、华北地区、再经西安、兰州、西宁向南连至昌都地区（今昌都市）和云南省中部，再向西伸入西藏雅鲁藏布江河谷。

湿度不足带（K_B=0.59 ~ 0.30）。由东北地区的海拉尔开始向西南经呼和浩特、鄂尔多斯地台的南半部，而后迂回于青海而至西藏雅鲁藏布江以北的地带。

再往内陆则为湿度过低带（K_B=0.29 ~ 0.13）。大致由满洲里以西穿越蒙古人民共和国的东角，再入锡林郭勒盟向西南经鄂尔多斯沙漠、阿拉善沙漠、河西走廊、柴达木盆地的南缘而至准噶尔盆地。

最干旱的地带即微湿度带（K_B=0.12 ~ 0.00）。分布在甘肃省北部以及新疆塔里木盆地和青海柴达木盆地。

潮湿系数的研究对目前我国正在进行的潜水区划具有重大意义。

（二）我国潜水的形成及其地球化学作用的方向（1957 年）

本文探讨我国潜水的形成及其地球化学作用的方向，并据此尝试性地做出我国潜水分带略图，以期为我国水文地质区划研究提供一些基础资料。

1.潜水形成中的地球化学作用方向

所谓潜水地球化学作用方向，可概括为：形成在一定自然地理和地质条件下的潜水，其化学成分的形成过程与发展趋势。

（1）溶滤潜水

溶滤潜水主要分布在潮湿地区，亦即年降水量超过蒸发度的地区；但是在某些干旱地区地下潜流排泄良好的地段也可能形成。在山区中发育的溶滤潜水和地表径流一起沿着山坡流向下方，流到广阔的山前平原中。在潮湿地区河流发育且均属于外流水系。山前冲洪积层潜水补给河水，始终保持为低矿化的重碳酸型水。只有在个别低凹地段，潜水消耗于蒸发使其增高至微咸水乃至咸水的程度。像这样的地段属于卡明斯基称之为溶滤潜水带之间的内陆盐渍化水地段。

（2）内陆盐渍化潜水

内陆盐渍化潜水是在干旱草原、沙漠和半沙漠地区形成的。内陆山间盆地是内陆盐渍化潜水分布的典型地带。在干旱地区的山区和山前冲积堆顶部砾石带中发育着溶滤潜水。

山前砾石带中的潜水主要受降水和地表水流的渗入和有时来自基岩的地下潜流所补给。潜水流量很大，水质是重碳酸型淡水。沿着潜水流向，土石颗粒越来越细，砾石被砂所代替。再往下方出现了黏质土的夹层，潜水埋藏在砂层与黏质土层互层中，而黏质层间的砂层中的水则表现有承压性。由于有局部潜水消耗与蒸发，于是潜水总矿化度[溶解性固体总量（英文缩写 TDS），全书下同]达几克/升，属硫酸型。再向盆地中心，地下潜流趋于停滞状态。潜水位离地面很近，且有部分溢流于地表是谓潜水溢出带。溢出带以下潜水完全消耗于蒸发，这就过渡为内陆盐渍化潜水带。总的 TDS 递增到十几甚至几十克/升。矿化类型过渡到氯化型，同时阳离子由钙过渡到以钠占优势。

笔者把这两种类型的潜水按其分布地带概括为：①山区（包括部分高原）溶滤潜水；②具有外流水系的平原（包括部分高原）及山前带溶滤潜水（局部凹地间有盐渍化潜水地段）；③内陆山间盆地内陆盐渍化潜水。

2.我国潜水的形成及其区划

笔者根据卡明斯基的原则，亦即以潜水的形成条件为标志，编制了我国的潜水分带略图。

我国东北地区的山区广泛分布着酸性火成岩。溶滤潜水的 TDS 很低，形成富含硅酸的重碳酸－钠型水。松花江平原潜水为松花江所排泄，水的矿化保持着重碳酸型，但在个别低凹地段产生局部盐渍化，并且时常是重碳酸－钠的盐渍化－碱化。在黑龙江省的三江低地产生严重的沼泽化。辽河平原的潜水在潜流过程中，水的 TDS 有所提高，在辽河下游地带，潜流迟缓，并兼受海水的影响，因此发育着氯化－硫酸型甚至氯化型的盐渍化水地段。

在内蒙古呼伦贝尔草原上，由于气候较干旱，地势比周围低，形成内陆半咸水湖。因此分布着内陆盐渍化潜水带，但盐渍化程度并不很高。

在华北地区的冀热山地、山西高原和山东丘陵都是山区溶滤潜水发育的场所。山西高原中的汾河、沁河谷中的冲积层溶滤潜水和地表水流一起注入华北平原。华北平原边缘广泛分布的山前地带是重碳酸－钙型的巨大潜水流分布地带。山前带的潜水流到广阔的冲积平原上，潜水总流向大致向东流向海洋，在这漫长的流途中潜水的TDS有所增高。然而就整个区域而论还应属于溶滤潜水带。只有在黄河下游两岸低地，潜水受河水补给，且消耗于蒸发，因而在这里发育着盐渍化水地段。

我国东南部广泛分布着丘陵山地，气候很潮湿，年降水量可达1000 ~ 3000 mm以上。在这种气候和地形条件下，广泛发育着山区溶滤潜水。基本上都是重碳酸型淡水。在江南丘陵、东南沿海丘陵和大别山一带，广泛分布着酸性火成岩，使潜水具有重碳酸－钠的矿化类型。长江下游冲积－湖积平原中的潜水，由于位于潮湿气候带，盐渍化现象极不显著。珠江河谷冲积层和三角洲冲积层则更是如此。

我国西南四川盆地是一个具有外流水系的盆地。盆地中广泛分布的基岩风化带潜水和成都平原洪积－冲积层潜水，或被地表水流所排泄，或沿河谷冲积层以潜流的方式流向下游。于是盆地中的潜水水质以重碳酸型的淡水为主。在广西北部和云贵高原一带为石灰岩广泛分布区，发育着重碳酸－钙型的喀斯特水。

西藏东部和东南部具有外流水系地带，高山区潜水以及河谷冲积层潜水大部通过河流排泄到海洋中，因而湖水保持为重碳酸型。而藏北高原呈冻漠的自然景观，气候既干且寒，并且地表起伏较小，高处岩石中的盐分被溶滤，随水流挟带至低处，由于水分不断蒸发，水的TDS不断提高，这反映在几百个咸水湖的存在上。可以推断，这些低凹地段的潜水必然也是硫酸型乃至氯化型的盐渍化潜水的主要分布区。

甘肃省北部祁连山北麓的河西走廊山前带是低矿化潜水的分布带。随着潜水的流向北方TDS逐渐增高，逐渐过渡到内陆盐渍化潜水带。新疆的塔里木盆地、准噶尔盆地和青海的柴达木盆地是典型的内陆盆地。潜水由盆地边缘的重碳酸型淡水逐渐过渡到盆地中心的氯化型盐渍化水。表现出明显的水文化学分带。

（三）河西走廊的水文地质区划（1959年）

甘肃省西部河西走廊是东西延长1000多千米的狭长地带，南部的祁连山海拔大都在3000 ~ 5000 m之间。北部以龙首山－合黎山－黑山－宽台山以及马鬃山为界，海拔介乎1500 ~ 2000 m之间。夹持在南、北两山之间的走廊平原，海拔东部1500 m，西部低至1000 m。由于内部为一些隆起所分割，在地形上又可划分为几个小盆地。

河西走廊深处内陆，降水量稀少，年仅100 mm左右，而年蒸发度竟达2000 mm以上。潮湿系数为0.05，是典型的大陆干旱气候。祁连山北麓年降水量达300 mm，它对河西走廊地下水的补给起着决定性作用。本区河流属内陆水系，其中以白羊河（论文原文为白宁河，此处为白羊河，疑为白亭河，石羊河别称——编者注）、黑河、北大河、疏勒河、踏实河和党河为最大。这些河流在山区承受降雨和融雪所补给。出山口后，由于山前砾石带透水性很强，于是产生河水的大量渗漏。因而河流量大减甚至断流。在走廊北部由于潜水溢出而形成泉流，河流末端潴成盐湖。

在大地构造上可划分为祁连山褶皱带、马鬃山－阿拉善地台以及介于二者之间的走廊凹陷带。祁连山褶皱带除包括祁连山主脉外，还包括北缘的隆起（龙首山、合黎山、黑山、宽台山）。马鬃山属于阿拉善地台的最西段，由于长期剥蚀而形成的剥蚀残山。凹陷带分为两个亚带：一是祁连山褶皱带内部的山间凹陷，其凹陷深度常达 2000 ～ 3000 m；另一是马鬃山地台的边缘凹陷，凹陷深度较小但基底较为宽阔。而走廊凹陷带内沉积了很厚的第四纪地层，是河西走廊内主要含水层所在。

第四纪沉积有早更新世洪积相玉门砾岩及湖积－冲积相泥岩；中－晚更新世洪积相酒泉砾石层及洪积－冲积层；现代的河谷冲积层、湖积－冲积层、洪积层和风积层。

祁连山上的降雨和融雪沿着山麓形成地表径流，出山口后首先遇到的就是山前带的酒泉砾石层。由于酒泉砾石层透水性很好，并且潜水位很深，大量地表水至此产生垂直渗漏。走廊第四层的地下水绝大部分就是以这种方式获得了补给。走廊南缘的酒泉砾石层，有时也包括玉门砾岩形成了巨厚的潜水含水层。潜水流在各个盆地里大致由南向北流动。在各个盆地北部所谓的“黄土”平原是为黏质土和砂的交互层分布所在。在黏质土之间的砂层形成了承压水含水层。

走廊平原潜水的水文化学具有分带性。一般山前砾石带潜水 TDS $<$ 1 g/L；随着潜水流向北方 TDS 逐渐增高，乃至北部“黄土”平原上的表层潜水的 TDS 增至每升十几克至几十克。但“黄土”平原内的多层承压含水层仍为低矿化的淡水。

本区划的重点放在走廊平原内部，而且主要是第四系水文地质区划。山区的区划不从其本身的水文地质条件出发，而以其对平原地下水的形成所起的作用出发。根据这一原则，把研究范围内划分为 4 个区：

Ⅰ. 祁连山水文地质区——走廊平原地下水的补给源地。

Ⅱ. 走廊山脉水文地质区——对来自南方的地下潜流起阻挡作用，但个别峡口可使潜水流通过。

Ⅲ. 马鬃山水文地质区——作为走廊地下潜流的阻水障碍。

Ⅳ. 走廊平原水文地质区——走廊平原地下水的分布区。

第二级单位——亚区的划分根据局部的地形和岩性为标志。将 4 个区划分为以下几个亚区：

Ⅰ甲. 祁连山高山亚区；Ⅰ乙. 昌马盆地亚区。Ⅱ甲. 龙首－合黎山亚区；Ⅱ乙. 黑山－宽台山亚区；Ⅱ丙. 南－北截山亚区。IV 甲. 武威盆地亚区；Ⅳ乙. 张掖－民乐亚区；IV 丙. 酒泉盆地亚区；IV 丁. 赤金盆地亚区；IV 戊. 金塔－花海子盆地亚区；IV 已. 敦煌－安西盆地亚区。

在走廊平原地下水区内，分布在山前砾石带中的潜水，水量丰富，水质良好，为适宜供水的地带。但由于砾石带表面是戈壁滩，因此不是农垦区。从供水条件来评价，潜水埋藏深度是一个主要因素。深于 100 m 以上的地带不宜或不可能开采，浅于 100 m 的地带适宜开采。

盆地北部“黄土”平原中的承压含水层水量仍很大，水质亦很好，完全可以作为供水和灌溉水源。由于这一带表层为黏质土，因此为农垦区；在潜水埋藏浅的低凹地段形成土壤的盐渍化和沼泽化。从开采条件出发，承压水可为半自流水（负水头承压水）和自流水（正水头承压水）。把承压水划分这样两个地带，对当地农业规划是很需要的。

因而把走廊内各个盆地的地下水划分为 4 个地带，其特征如下所示。

1）潜水深藏地带——潜水埋藏深度＞ 100 m，不宜开采。

2）潜水潜藏地带——潜水埋藏深＜ 50 m 地段可作为大型供水源地，50 ~ 100 m 地段可作为中型供水源地。

3）半自流水地带——可作为大、中型供水水源。

4）自流水地带——可作为大型供水水源，自流灌溉尤为便利。

在北部的土壤盐渍化地段，在区划图上用特殊的附加符号来表示它们的分布范围。

（四）中国干旱地区水文地质区划原则（1964 年）

我国干旱地区属于北半球干旱地带的一部分，总面积约 250×10^4 km^2。

干旱地区的基本特征是缺乏降水（年降水量多小于 100 mm），蒸发强烈（年蒸发度达 2000 ~ 3000 mm）。从而导致湿度不足（潮湿系数小于 0.12）。在这种条件下，较大河流无法形成；较小的河流因受山地的阻隔，又无法流入海洋，因此基本是内陆流域所在。

笔者所划定的我国干旱地区边界：西自边界的喀喇昆仑山口，沿昆仑山脊往东，绕柴达木盆地南缘分水岭，折向北方，沿祁连山脊向东，经乌鞘岭，越过黄河，沿鄂尔多斯沙漠南缘，再穿过黄河向北，经大青山，沿蒙古高原中部的阿巴嘎旗分水区直至中蒙边界。

进行干旱地区水文地质区划时，首先应把本地区划分为几个最大的独立的潜水流域。它与地表水流域基本上是相吻合的。它的划分标志是山形水势（orohydrography）。据此将本地区划分为以下几个潜水流域：①科布多河；②额尔齐斯河；③额敏河；④乌伦古河；⑤准噶尔；⑥伊犁河；⑦吐鲁番—哈密；⑧塔里木；⑨柴达木；⑩疏勒河；⑪河西走廊；⑫阿拉善；⑬ 鄂尔多斯—蒙宁黄河平原；⑭ 内蒙古干旱高原。

第二级区划单位——区的划分，要反映出它们的整个潜水流域地下水形成过程中所有占有的独特地位。区的划分标志是地貌。各个地貌区在总的岩性上也有所不同，从而影响到岩层含水性的不同。因此，岩性在区的划分上也是从属性的标志。

根据上述原则，共划分 14 个潜水流域和 33 个区。

Г.Н. 卡明斯基把潜水的形成概括为两个阶段：①溶滤潜水；②内陆盐渍化潜水。在这里笔者运用这一主导思想，结合我国干旱地区的具体情况做了进一步细分。

1）山区基岩裂隙潜水：①山区基岩强烈溶滤潜水；②山区基岩微弱溶滤 – 中等矿化潜水。

2）山间盆地第四系地下水：①山前砾石倾斜平原溶滤潜水；②黏质土平原内陆盐渍化潜水。

3）河流冲积平原溶滤潜水（局部为盐渍化潜水）。

4）高原基岩弱溶滤 – 中等矿化潜水。

5）剥蚀平原第四系微弱溶滤 – 中等矿化潜水。

6）沙漠覆盖层矿化不一的潜水。

将以上各个特征的潜水用特定的图例表示在中国干旱地区水文地质区划略图上。这就丰富了该图的内涵（图 3）。

图 3　在地质部西北地质科学研究所工作期间，于 1964 年带领水文地质室河西课题组的同志去河西走廊进行水文地质考察。在野外工作休息时拍下的生活照。当时正处于秋末季节，但也反映出当地特有的“披着皮袄吃西瓜”的风貌

（五）陇东陕北承压水盆地几个基本水文地质问题的分析（1977 年）

鄂尔多斯盆地总面积达 $23\times10^4\ km^2$。仅盆体的主体部分（天环凹陷和陕北斜坡）亦达 $14\times10^4\ km^2$；从地质构造和地层岩性来看，它可能是我国首屈一指的基岩承压水盆地。尤其是该地区绝大部分处于干旱半干旱气候带，水源缺乏，第四系地下水有限，从而大力开发基岩承压水对发展该区国民经济具有重要意义。

1. 自然地理与地质条件

陇东陕北地区在自然地理方面跨越三个单元。最北部为沙漠草原，向北延续到内蒙古自治区境内，统称为鄂尔多斯沙漠草原。西部和南部狭长的基岩山区是六盘山和渭北山地。其间广大地区普遍覆盖有厚层黄土，构成陕甘黄土高原。黄土原面由西向东南缓倾；在地貌上划分为北部的黄土梁峁区和南部的黄土塬区。

本区大部分属于半干旱气候，仅北缘的沙漠草原已属于干旱带。年降水量自北部的 250 mm 以下，向南递增至 700 mm 左右。

区内主要河流均沿地势的倾向自西北流向东南。泾河、洛河出渭北山地进入关中平原流入渭河；延河、无定河流入黄河。

陇东陕北盆地在大地构造上属于鄂尔多斯凹陷区的南部。盆地是中生代时期的大型内陆坳陷。

它以前震旦系变质岩为基底，其上则为石炭系、二叠系的海相和陆相交互的沉积。在中生代经过三度坳陷，形成三叠系红色及灰黑色碎屑沉积（上统含多层油页岩，夹有油砂）和侏罗系灰黑色、蓝灰色及紫红色碎屑沉积（上、下统有油页岩）以及下白垩统红色碎屑沉积。

2. 承压水盆地地下水的赋存条件

陇东陕北承压水盆地包括二级构造单元的天环坳陷及陕北斜坡。构成含水层的岩性

除上石炭统太原组及下二叠统山西组个别为灰岩、下白垩统志丹群的宜君段及罗汉洞段个别为砾岩外，其余全部为砂岩。

上述基岩构成一个承压水盆地，即各个含水层（组）中的地下水类型属于承压水。然而在承压水的补给区和排泄区是具有自由地下水面的，单看这一部分属于潜水的性质；特别是砂岩（或砾岩、灰岩）出露较宽的地段潜水分布也就相当广。这些含水层与泥质岩成互层，泥质岩构成了砂岩含水层的相对隔水层。埋藏较浅的泥质岩经受风化作用使其原生孔隙得到扩大，亦能含一定数量的重力水。

一个含水岩组的富水程度主要决定于总厚度和砂岩（或砾岩、灰岩）在该组中所占的比例。本区主要含水组计有：下白垩统志丹群的罗汉洞含水组、环河含水组、华池含水组、宜君–洛河含水组；上三叠统石千峰含水组。

3. 承压水盆地地下水的运动问题

陇东陕北承压水盆地具有两种构造类型：①过流的承压水向斜；②不过流的承压水斜坡。

过流的承压水向斜由下白垩统各含水组组成。向斜两翼都有出露。区域地势自西北向东南缓倾，承压含水层补给区在西翼，而排泄区在东翼。亦即在整个向斜层里存在着自西北向东南的运动。

承压水斜坡由上侏罗统至上石炭统各含水组组成。本区承压水斜坡产生在以下两种情况：①含水层倾没端为隔水岩层或岩体所阻；②含水层的倾没深度很大，以致渗透系数往下递减为零。

承压水斜坡中的地下水运动只产生在各个含水组的浅部百余米的深度范围内。承压水向斜除有从补给区向排泄区的水流外地下水的运动主要仍产生在各个含水组两翼的浅部。

如果做一张走向与河谷斜交的等水位线图，可以看到砂岩含水层地下水流向基本是岩层走向，即所谓“顺层”从分水岭向河流运动。

陕北地区地势向东南倾斜，而地层倾向西北。河水位控制着沿岸地下水位。于是承压水斜坡上层含水层的地下水位通常总是高于下层含水层的水位。由于泥质岩的渗透性极弱，从而排向河道的水量基本上就是砂岩含水层的水流量。

承压水斜坡被河谷所排泄的有效带（可能达 100 m 左右）划为强烈水交替带。在它以下的水不能排到河谷中去，但能产生越流的范围划为缓慢水交替带。再往下泥质岩的渗透系数递减为零，越流运动不复存在，也就过渡为水交替停滞带。

至于过流的承压水向斜，在其补给区和排泄区浅部地下水的运动也类似于上述情况。不过还存在着从补给区流向排泄区的水流，从而也就不存在水交替停滞带。

4. 承压水盆地的水文地球化学问题

承压水盆地最主要的特征是地下水水文化学深向分带。它是指同一含水组（或单一含水层）中地下水的 TDS 随着倾没深度逐渐增高。因此在同一垂直方向上所遇到的几个含水组（层）在通常情况下愈往下部其 TDS 越高。

地下水水文化学深向分带可以用水的交替程度和离子的重力分异学说来解释。

本区地下水深向分带也可产生过流的承压水向斜。但含水层组分布深度越浅，水文化学深向分带也就越不明显。

岩性组成是影响地下水化学成分形成的主要因素。本区是以砂岩与泥质岩互层为主的地区，而对地下水化学成分形成起主导作用的是泥质岩。

泥质岩中的油页岩的化学成分越加复杂。除一些常见的易溶离子外，还含有一些其他卤族元素和微量元素（包括放射性元素）。

与油页岩相联系的地下水进行着一系列的变质作用：脱硫酸作用、脱碳酸作用和微量元素富集作用。因此本区与油页岩有关的地下水化学特征是，SO_4^{2-} 极低，一般都小于 0.25 mmol/L，甚至等于零。Ca^{2+}、Mg^{2+} 含量较小，总硬度都小于 3 mmol/L。并富含一些来自油层中的 F、I、Br 以及微量元素包括放射性元素 U、Ra、Rn。

此外气候因素及覆盖层含盐量的影响，也使个别地段（主要在北部）出现微咸水。

由此可知基岩承压水盆地的水文地球化学作用是极其复杂的。某一含水组，某一部位地下水的化学成分都是在各种自然因素以不同的程度错综影响下的结果。

（六）论大骨节病、克山病与水文地球化学的密切关系及其病因与防治问题（1986 年）

大骨节病、克山病是我国分布最广、危害最大的地方病。它们的病因至今没有研究清楚，从而解决其防治问题也受到一定限制。今后继续开展其病因与防治的研究仍是一项艰巨的任务。

1. 大骨节病、克山病与水文地球化学的密切关系

在地下水化学成分的形成中岩石因素所起的作用占主导地位。1974 年笔者根据当时掌握的资料，将我国大骨节病、克山病病区归纳为两个基本类型：①与酸性岩浆岩有关的病区水文地质类型；②与含油地层有关的病区水文地质类型。

（1）与酸性岩浆岩有关的病区水文地质类型

酸性岩浆岩中的地下水属于山区溶滤淡水。其矿化量较低，均小于 0.5 g/L，甚至小于 0.2 g/L。由于酸性岩浆岩的长石类矿物以钾长石、钠长石占绝对优势，从而导致水化学类型属 HCO_3^-–Na^+ 型，这就与一般淡水有很大不同。水的总硬度很低，为 0.75 ~ 3 mmol/L 的软水至微硬水。酸性水的形成是由于长石类分解而使水饱和以游离 CO_2 的缘故。而最突出的是酸性岩浆岩同所有岩浆岩一样都富含放射性元素，而使其中的水富含 Rn、Ra 和 U。并且还富含一些微量元素，例如，F、P、Zr、Ti、Be、Li、Nb、Mn、Fe、Cu 等，这显然与酸性岩浆岩特有的副矿物成分有关。所有这些构成了本类型地下水的特异水质，而大骨节病、克山病病因也就寓于这种水质特征之中。

我国属于这一病区类型的自然单元计有大兴安岭、小兴安岭、长白山区、冀北山区、泰沂山区、秦岭、陇山及康滇山区。其中形成致病水的酸性岩浆岩大都是花岗岩，只有个别山区为太古宙花岗片麻岩。

（2）与含油地层有关的病区水文地质类型

当笔者 1971 年为陕北黄龙县三岔公社定井位而进行水文地质踏勘时，初步察觉当

地地下水可能与含油地层有关。而后我专意研究陕北的水文地质条件，并注意含油地层的分布。勾画出一个与含油地层有联系的地下水带，将它同陕北大骨节病、克山病的地理分布相对照，发现二者基本上相符合。这样就把它作为一个病区水文地质类型确定下来。

本类型致病水的化学成分形成过程是，地下水受到油层（主要是油页岩）中的有机质（C）的脱硫酸作用，按下式反应：

$$SO_4^{2-} + 2C + 2H_2O \rightarrow 2HCO_3^- + H_2S \uparrow$$

在这一反应中逸出 H_2S，而使水中的 SO_4^{2-} 显著减少（可达到零）。同时，水中的 HCO_3^- 大大增加，当它超过一定限度时就要产生脱碳酸作用：

$$2HCO_3^- \rightarrow CO_3^{2-}+H_2O+CO_2$$

CO_3^{2-} 从水中析出必然要结合相等量的阳离子作为碳酸盐沉淀下来，被结合的阳离子仅限于碱土金属，因此 Ca^{2+}、Mg^{2+} 含量相应减少，多介于 1.5 ~ 3 mmol/L。并且只具有暂时硬度，永久硬度等于零。

此外，还有一种改变水的化学成分的作用——微量元素富集作用，使地下水多少富含一些来自油层中的 Br、B、I、F 和微量金属元素以及放射性元素 U、Ra、Rn。所有这些构成了本类型致病水的水质特征。

属于本类型病区的自然单元主要有陕甘宁盆地、松嫩盆地、四川盆地和滇中的两个小型盆地。

2. 论大骨节病、克山病病因的原则性意见

从水文地质观点研究大骨节病病因的方法，简单地说就是运用水文地质学（特别是水文地球化学）的理论研究致病地下水的形成及其水质特征，再通过不同类型病区致病水水质对比，概括出所有病区带有共同性的水质特征，据此追索出致病因子。

早在 10 年前笔者即根据两大类型病区致病水的水质特征，参考国外的一些环境医学资料提出了“较富含微量元素的低硬度（或钙）水说”。在今天笔者仍坚持这种见解。

国外很多报道指出饮用软水的地区心脏病死亡率高。克山病是一种地方性心肌病变，因而至少克山病病因与水的低硬度有关。在硬度方面国外一些学者更着重于 Ca。例如，1965 年美国施罗德（H.A.Schroader）指出：“环境中的 Ca 是生物吸收外界元素的一种调节剂”“生物体由环境中吸收元素与环境中的钙的浓度成反比，高浓度的 Ca 影响生物对 Mn、Fe、Zn、Cu、Pb、Cd 等金属元素的吸收”。同年瑞典的比奥克（G.Biorck）也曾指出：“好像将 Ca 的浓度作为别的某种真正病因的‘指示剂’更好理解，微量元素可能是这样一类起作用的因子。”他们不仅指出了 Ca 在病因上所起的作用，同时也反映出微量元素（很多是有毒的）是直接作用于人的肌体的致病物质。

今后应加强微量元素的探索，特别是要大力开展放射性元素的测定，舍此不能获得致病因子的最终结论。

3. 防治大骨节病、克山病的意见

从水文地质角度防治大骨节病、克山病的措施不外两方面：①改良水质；②改换水源。

改良水质的措施，可以根据 H.A. 施罗德所说“Ca 是一种调节剂”的见解，用硫酸钙（石膏）作为改水剂，将水的总硬度提高到 3.5 ～ 4.5 mmol/L，把 Ca^{2+} 浓度提高到 2.5 ～ 3 mmol/L，据此来确定改水剂的用量。

改良水质防病试点研究是一项很细致的工作，至少要持续两三年才能检查出防治效果。

改换水源防病问题首先必须查明病区水文地质条件，如果查明病区范围内及其附近分布着非致病地下水就可用来防病。

（七）人类对饮水水质的适应性与地方病问题（1988 年）

本文主要是运用地质学和水文地质学的知识对地方病问题进行探索而取得的成果。其目的在于为今后继续深入研究地方病问题提供一些方向。

1. 人类对饮水水质适应性的形成

人类对饮水水质的适应性是在其上百万年的发展过程中逐渐形成的。

作为最早人类的猿人，生存在更新世早期和中期。他们结成原始人群生活在山林和原野中。为了饮水方便，他们总要选择一个距河流不太远的山洞中栖息。及至更新世晚期之始，由于人类已能制作简陋的衣着和取火御寒，从而能适应不同地区的各种气候条件，扩大了人类活动的领域。至此人们能离开山区，而迁徙到广阔的平原上，栖息于河流两岸，汲取河水作为饮用。这种情况一直延续下来，以至今日人口密集的地区仍然在河网发育区。作为饮用水源总是以河水占绝对优势。

至于人类汲取地下水作为饮用的历史为期不长。人类凿井汲取地下水不过始于四五千年前，较大规模地开采地下水作为供水水源只是近几百年来的事情。它与上百万年的人类发展史相比毕竟是太短暂了。因此可以说，人类在其整个发展过程中基本上都是以河水作为饮用水源的，以至今日人们的体质当然最能与河水的水质相适应。

2. 人类所适应的河水水质特征

河水的水文化学基本特点是，河道中的水流不断更替，因而河水与岩石作用的时间不长且蒸发也较小。因此形成的最主要的水质特征是具有较低的矿化量，几乎都小于 0.5 至 1 g/L。它们大多属于 HCO_3^-–Ca^{2+} 型。

由于同样的理由，河水很难从其所接触的岩石中获得微量组分。因此河水另一特点就是基本不含什么微量元素。

由化学性质来看，河水通常总是优于地下水的。以河水作为饮用水源的地区大体上不会发生地方病。

3. 导致地方病的地下水水文化学特征

地下水的水文化学特点是，岩石因素在其化学成分的形成中起着首要作用。地下水与岩石接触的比表面积大，相互作用的时间较长，经各种水文地球化学作用可以具有多种多样的化学组分。仅从地下水的矿化量来看，就有小于 0.2 g/L 的过淡水直至大于 50 g/L 的卤水。

当然人们所饮用的只限于淡水。虽然大部分地下淡水仍属于 HCO_3^-–Ca^{2+} 型，其化学组分与河水比较接近。然而有很少一部分地下淡水具有较异常的化学组分，它的总矿化量较低，但却含有比一般淡水稍多的微量元素。实际资料表明，它们往往就是地方病的致病水。

从水文地质学角度研究地方病问题，首先要探索致病水的水文化学指标。作为这种指标的可以是某种常项离子或微量元素的极限（上限或下限）含量，也可以是两种或多种离子间的比值（即水文化学系数）。

采用数学地质的方法对大量确切的水质分析数据进行计算机处理，将为统计归纳致病水文化学指标和探索致病因子提供广阔的可能性。

4. 地方病水致病因问题浅议

（1）氟斑牙与氟骨症

在地方病中病因比较清楚的就是氟斑牙与氟骨症。它们的病名本身就反映出它们的发生系饮用高氟水所致。

饮水中的含氟量与氟病的发病率呈正态相关。一般认为含氟量在 1.5 mg/L 以上就可引起氟斑牙；而在 3.0 mg/L 以上才能引起氟骨症。而水中少许含量的 Be、Sr、Ba 也可能与病因有关。

（2）地方性甲状腺肿（地甲病）

早在 19 世纪末有人就提出了地甲病的饮水缺碘病因说，并且一直流传至今。笔者很久以前就对缺碘说表示怀疑。因为据我所知的地甲病病区诸如四川盆地、陕甘宁盆地东南部，从水文地球化学环境来看并不缺碘，恰恰相反含碘较多。据国外报道，英国地甲病病区的饮水也并不缺碘，其含量比非病区还高。近年来我国水文地质工作者发现，水中含碘量大致在 100 μg/L 以上时，含碘量越多其发病率越高。

因而地甲病的病因还是一个有待继续研究的问题。

（3）大骨节病与克山病

大骨节病与克山病经常在同一病区发生，说明二者的病因是有联系的。笔者曾按决定致病地下水化学成分的岩石因素将我国大骨节病、克山病病区归纳为两个基本水文地质类型：①与酸性岩浆岩有关的；②与含油地层有关的。

这种致病水在常项离子方面的水质特征是总硬度与 Ca^{2+} 含量较低，且 SO_4^{2-} 含量低（可以为零）。早先所取得的两项指标：$\gamma Ca^{2+} < 1.75$ mmol/L、$\gamma SO_4^{2-} < 0.175$ mmol/L，对所有病区来说都是合适的。这种致病水属于 C.Palmer 天然水化学分类的第 I 类（强酸＜强碱）。

从上述两种水文地质类型来看都具有富集微量元素的条件，从而这种致病水比一般淡水含微量元素要多一些。

早在 1974 年笔者就根据这种致病水的共同水质特征，参考国外的一些报道，提出了饮水中富含微量元素与低钙相符合的病因说。但究竟哪些微量元素是直接作用于人的肌体的致病因子则是我们今后探索的主要方面。

三、特殊经历

（一）1952 年最早开授“水文地质学”课程的经过

1952 年我国进行大专院校院系调整，决定成立北京地质学院。以当时的北大、清华、天津大学和唐山交大有关地质系合并组成。我代表天津大学石油地质系参加筹建工作。

在 1952 年春收到了筹建组寄来的苏联莫斯科地质勘探学院的教学计划，从中第一次见到“水文地质学”这一名称，但对其内涵仍然不甚了解。稍后又收到了“水文地质学”的教学大纲，这才确知水文地质学是研究地下水的科学。

在北京地质学院正式开学之前，院方发给每位教师一张调查表，调查教师所欲承担的教学课程。我考虑到在 1943 年至 1945 年曾经参加过一些地下水调查工作，很想把“水文地质学”作为我今后的主攻方向。但由于我毕竟对水文地质学缺乏系统的知识，不敢立刻承担此课程的教学任务。只作为第二志愿，准备将来从事“水文地质学”的教学。可能是在院方收回的调查表中只有我一人填写了“水文地质学”（虽说是第二志愿），因而在开学前一个多月确定由我为从清华大学和天津大学转来的四年级学生讲授“水文地质学”课程。

我在当时确实感到压力很大。虽然那时在我手头上已有苏联奥弗琴尼柯夫编写的《普通水文地质学》教科书，但我刚刚用两个月时间突击的那点俄文是不可能顺利阅读的。只好参照苏联的教学大纲将我已知的或可能想到的资料用来编写教材。然而教材的准备远远跟不上教学的进度，以至讲课不到一个月教材就要“断档”。院方得知我这一情况后，当即约请俄文水平较高的马万钧同志将奥弗琴尼柯夫的《普通水文地质学》选择重点内容进行口译，而由我进行速记。这样进行了十来天，总算记下了全书的主要内容。而后我再根据这一记录稿整理成讲稿，向学生讲授。到了学期末总算完成了我国“水文地质学”的首次教学任务。

在 1953 年第二学期有关院校得知北京地质学院有了讲授“水文地质学”的教师，纷纷约我去兼课。就在这学期我重新整理了一本较为系统的“水文地质学”讲义。

（二）发现地方病与水文地球化学有着密切关系的经过

我在 1966 年调到地质部第五水文地质队（1968 年改为陕西省地质局第二水文地质队）工作。于 1971 年 3 月参加陕西省地质局“五七”学校学习。

省局“五七”学校设在渭南地区白水县最北面的纵目公社，往北与延安地区（今延安市）黄龙县最南面的三岔公社毗邻。由于相邻关系，三岔公社与省局“五七”学校之间有些业务往来。不知怎么，三岔公社得知“五七”学校来了一位会“看水”的学员。该公社正在开展打井活动。经与校方联系请我到该公社看看是否可以打井，并选定井位。

当我到达公社之后，了解到当地地下水埋藏在基岩之中，基岩上覆盖着几十米厚的黄土层。当地居民下沟挑取基岩泉水供饮用，劳动量是相当大的。如果在塬面上能以打井抽水，则可节省挑水的劳力。经我观察，在塬面上打井穿透黄土层打至基岩后不深就能打出基岩地下水。但在当时打井完全依靠人力挖掘，也是很吃力的。与其从水井中抽水还不如把抽水设备安在泉池里，用水管沿着沟坡引至地面更为方便。因此在当地打井实无意义。但是就在这次为三岔公社打井问题而进行水文地质考察时，发现当地最大的问题是地方病。在我去之前就听说过那里是地方病区。地方病种主要是大骨节病，其次是克山病。当我到那里工作后，几乎每天都遇到大骨节病患者（克山病患者从表面上看不出来）。而我初步认定这些地方病的发生是与饮用当地特异成分的地下水有关。当时我没有看到什么水质分析资料。只根据感官物性可以知道那里的地下水 TDS 低。而当我在河沟水里洗衣服时既省肥皂又洗得白净，表明水的硬度很低，亦即水中缺钙（间或镁）。同时发现当地有些泉池里采取了压硫、压煤（含硫煤）改水措施。这表明前人已发现那里的水缺乏 SO_4^{2-}。显然这种水经受了脱硫酸作用。而脱硫酸作用必然与含油地层有联系。基于这种认识表明水文地质学在地方病研究中是大有可为的。同时也萌发着我今后研究地方病问题的愿望。

自从“五七”学校结业后，我在 1972 ~ 1973 年的几项工作都与陕北有关，特别是参加编写《黄土地区地下水》一书时，查阅了很多图书资料。而我特别注意陕甘宁盆地中生界含油地层的分布。

在 1973 年秋，我在陕西地质局第一水文地质队提供的水文地质图的基础上，根据含油地层的分布，勾出了陕北基岩致病地下水分布略图。同时根据已有资料编绘出陕北大骨节病克山病分布示意图。将这两张图相对照，发现二者基本上相符合。这证实了我以前论断的正确性，并增强了我今后深入研究的信心。

1983 年我去黑龙江省考察地方病问题。在已取得一定成果的省局第一水文地质队的指引下从昂昂溪经克山县境直至德都县进行路线考察。沿途上我特别注意病区所在的地层岩系。发现病区基本上都分布在下白垩统嫩江组范围内。待我回队之后，索阅黑龙江省地质图说明书，结果得知嫩江组的岩性是砂岩、粉砂岩、泥岩并夹有劣质油页岩。这真是不出我所料。也就是这毫无开采价值的劣质油页岩使得这里的地下水形成致病水。这样，整个松嫩盆地的大骨节病、克山病的发病原因也就解决了。

从这以后，我有把握地认为，凡是分布在中生代地层上的病区肯定和含油地层有关。把它名之为与含油地层有关的病区水文地质类型。

此外，还有另一与酸性岩浆岩有关的病区水文地质类型。早在 20 世纪 50 年代就有人议论过我国东北地区（实际上只限于山区）的大骨节病、克山病可能与花岗岩有关。尔后的实际资料表明，这一论断是正确的。只是花岗岩扩大为酸性岩浆岩才更为全面。

大骨节病、克山病都发生在这两类水文地质区中，足以说明它们与水文地球化学有着密切关系。有了这一认识，就对今后病区的研究带来了方便。

由此可见，所有地方病病因的研究都应主要由水平较高的水文地质工作者来承担。否则将会走很多弯路而迟迟得不到解决。

最后借此机会谈谈地方病的防治问题。

在以前我提出的是改良水质防治措施主要是提高致病水的钙含量。这一措施的本质并不是单纯地补钙；而在于人体吸收钙的同时能有效地抑制有害微量元素的吸收。但这一措施对分散的病村具体实施起来是很烦琐的；并且还需要随时进行病情观察，因而是很费时的。

我从 20 世纪 80 年代以来广泛流行的商品饮用水得到启发。为了防病不如从病区外围就近找一个合格水源（例如城市自来水），直接用水罐车把它装运到各个病村以供饮用。这可能是最经济可靠的防治地方病的措施。

（三）晚年竟然登上国际地质大会的讲坛宣读论文

1988 年夏季里的一天，在办公楼的楼道上遇到生产科的同志对我说，地矿部正在征集参加第 28 届国际地质大会的交流论文；有意应征者先将论文摘要送交部里审议。正好在我手头上有一篇刚刚完成的论文《人类对饮用水水质的适应性与地方病问题》初稿。我当即应允下来。随即被告知第二天就是征文的截止日，于是我在当天下午花了两个多小时整理出一份论文摘要。第二天一早交给生产科，当天有人去北京办事，顺便将我的论文摘要捎带到北京按时交到部里。

大约过了 20 天收到部里的回示，同意我这篇论文稿。接下来就要用英文撰写论文全文。这时对我来说又有些为难。因为在新中国成立后把英文搁置了很长时间，直到 20 世纪 70 年代中期才又把它捡起来。在当时做些专业的英译中工作还算可以。如今要中译英确实有很大难度。幸好我的女儿刚刚从河北大学英文专业毕业，我就托她在文法、造句方面给以协助。花了半个月的时间终于完成了论文的英文文稿。

1989 年春，收到部里通知，说我已被选定为出席第 28 届国际地质大会的成员。能够出国参会当然是极大的喜事，但对我来说又感到有几分沉重。因为参会者必须用英文讲解论文，而我今生从来没有过用英文讲演的经历。当时年近古稀的我要做到这一点实在是太困难了。后来终于想出个补救办法，就是找个英文好的同志将我的英文稿口述录到磁带上，以便我跟着磁带学读。这时我的女儿已经出国不在身边；正好她的同事是我的助手佟元清的爱人，我就把这项录音任务托付给她了。在出国前一个多月我每天对着录音磁带学读起来。

1989 年 7 月上旬，我随团去美国华盛顿参加第 28 届国际地质大会。就在住进宾馆以后，我每天早晨还得看着讲稿读两遍。

宣讲论文的时候终于到了，那天我穿着新做的西服，打着领带，迈步走上讲坛。当时的心绪还算镇定。按照大会要求，宣讲论文者必须备有幻灯片，以增进听众的理解，为此我也制作了 4 张幻灯片。其中第一张是取自李四光教授的著作中显示中国猿人生活情况的图片。我借用它来说明人类在其整个发展过程中基本上都是以河水作为饮用水源的。听众在我平淡的宣读声中倏然看到了亮出的幻灯片，立刻为之振奋，起到了较好的效果。

经历了大约 15 分钟完成了宣读论文的任务。幸好没有听众发问，我即刻道声“thank you”，轻松地走下讲坛。

在我宣读论文的时刻恍惚感到有人开闪光灯为我拍照，但我始终不知拍照者是谁，等到会议结束返回北京后，在召开这次访美的总结大会上，意想不到袁道先同志把他给我拍下的照片交付给我（图 4），使我这次难得的经历得以留下永久性的纪念。

图 4　1989 年 7 月登上第 28 届国际地质大会分组会的讲坛，
宣读了题为“人类对饮水水质的适应性与地方病问题”的学术论文（袁道先院士拍摄）

华北涌泉概况

方鸿慈
（国立北洋大学地质系）

一、序言

地下水（underground water）在华北之建设上实占有极重要之地位，华北降水量之70% ~ 80%均聚集于两个月之雨期（每年7 ~ 8月）中，故欲长期利用雨水，势不可能，于此悠长之渴雨期间，仅蕴蓄之地下水可足利用也。地下水之采取不外人工之掘井与天然之涌泉（spring）而已，尤以后者对于人类之贡献为大，如生活用水、农业用水，推而广之更可为工业用水。

专论地下水之文献，在国内尚付缺如，关于地下水之报告论文亦甚缺乏。笔者此文，仍仅就华北之涌泉加以概括介绍。其内容为笔者两年来实地踏查之结果，更参考国内仅见之调查资料，归纳而研讨之。

二、涌泉之地理分布

华北（包括冀、鲁、晋、豫、察、绥）涌泉之地理分布（图1），可归纳为数涌泉区，如表1所示：

表1　华北之涌泉区

涌泉区名称	涌出地点数	蕴蓄水源之主要山脉
山西省涌泉区	27	吕梁山脉
平汉路沿线涌泉区	21	太行山脉、恒山脉
山东山地涌泉区	12	泰沂山脉
山东半岛涌泉区	11	崂山脉
河北省东部涌泉区	6	燕山脉
平绥路沿线涌泉区	8	阴山脉、西山脉

综览上列各涌泉区，可知各区均与山脉之存在有关，其水源均系蕴蓄于此等山脉（主脉或支脉）中。唯泉水之涌出地点，则多系山地与平野之交界地带，盖水有就下之特

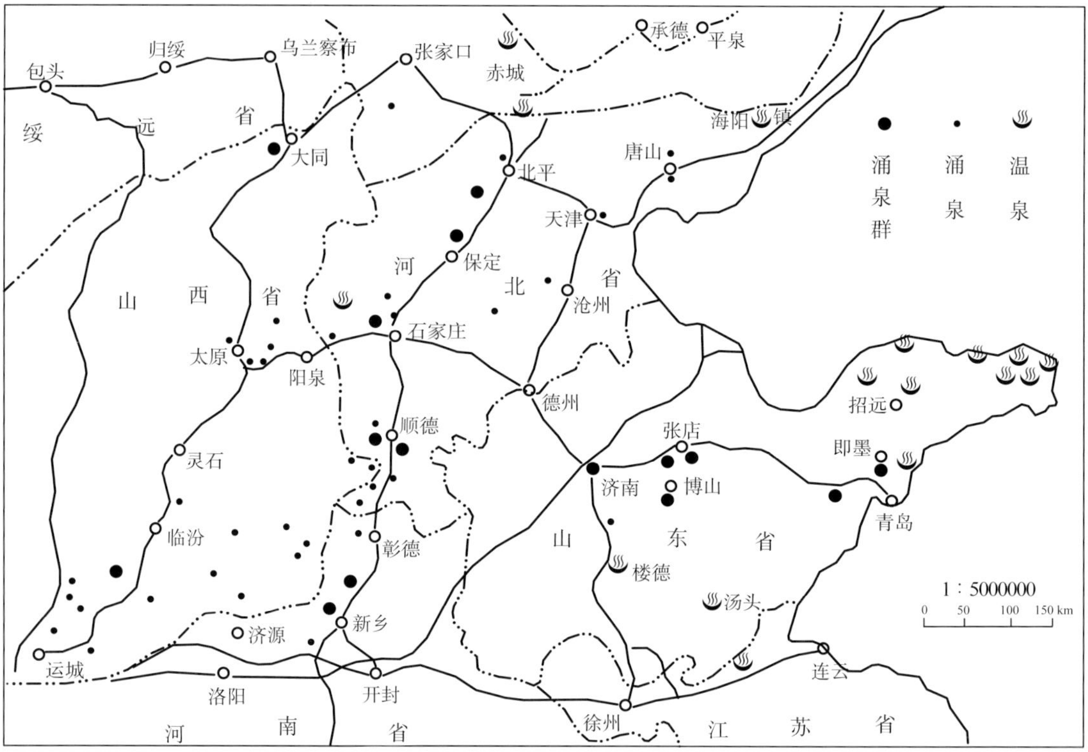

图 1　华北涌泉分布略图

性，故其水源当在较高之所，而于较低之处涌出，形成涌泉。

三、涌泉之地质之生成机构

1. 泉水之本源

在华北之基盘岩中，含水率最高之岩层为奥陶系石灰岩及其上累积之石炭系石灰岩夹煤层，多数之涌泉均系储于此等基盘岩之水涌出而成者。其次为寒武系及震旦系之石灰岩层如大汤山温泉、山西及河北西部水量贫乏之涌泉，即系此等岩层中所储之水涌出者，山东半岛及河北东部地区所见之涌泉〔例如即墨县（今即墨市）及临沂县（今临沂市）者〕，则系与流纹岩等火山岩有关，火成岩体之深部或有泉源之存在也。

2. 涌出之形式

华北涌泉之涌出形式，大体可分为以下数类，今分项述之：

（1）裂罅泉（fissure spring）式——泉水沿岩石裂缝涌出者

北平西郊玉泉山天下第一泉，昌平县（今昌平区）大汤山温泉，邢台县（顺德）城外之野狐泉，磁县东纸坊村娘娘庙泉，林县连庄村南连庄泉均系石灰岩中蕴蓄之水沿石灰岩之裂隙而涌出者。大汤山温泉系出自震旦系之南口石灰岩，其他多出自奥陶系石灰岩（图 2）。

（2）自流泉（artesian spring）式——泉水高涌地面者

济南 72 泉（以趵突泉、黑虎泉为主）之水源，系蕴蓄于地下 40 m 处之砾岩层基底及其下之石灰岩盘中，其水脉主力存在于济南南方千佛山，由南向北突破闪长岩而侵入石灰质砾岩中，然后涌出者（图 3）。安阳县（彰德）水冶镇一带之涌泉，系于煤层中之水，通过新生代砾岩层而后涌出者。

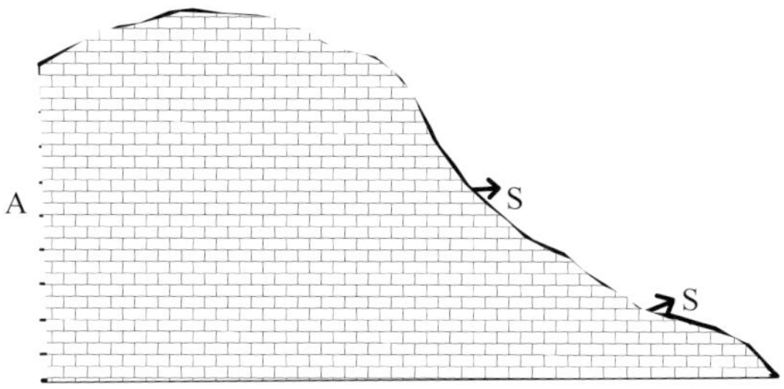

图 2　石灰岩形成之裂罅泉模式图

A—石灰岩

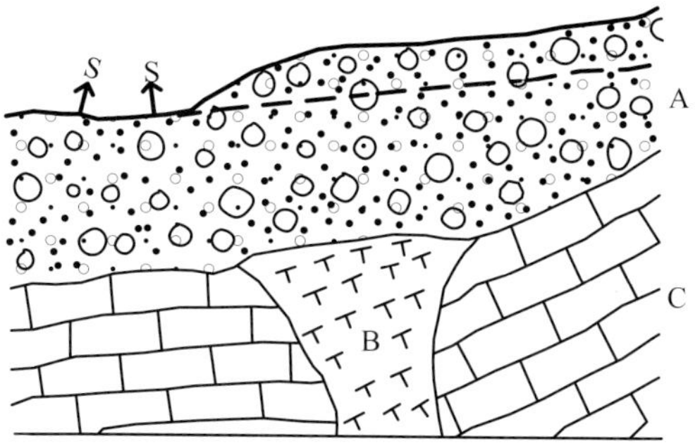

图 3　趵突泉之生成理想图

A—石灰质砾岩；B—闪长岩；C—济南石灰岩

（3）崖锥泉（talus spring）式——涌水沿锥状或扇状堆积物边缘部涌出者

太原晋祠镇泉系由煤层之山腹部涌出之水，通过锥状堆积物而涌出者。中条山脉北麓之涌泉，系沿扇状地边缘部而涌出者（图 4）。

（4）接触泉（contact spring）式——地下水下行时为不透水层所阻，沿层面涌出者

河南省林县之万泉，为马家沟石灰岩节理内蕴蓄之水，渗透至下部三石子石灰岩之顶部，因石坚不获下行，遂溢出为泉（图 5）。淇县泉头村太和泉及汤阴县鹤壁集一带之涌泉，皆系鹤壁集砾岩中蕴蓄之水，下降为黏土层所阻，遂沿黏土层面上溢出（图 6）。浚县西北隅黑山嘉佑寺内之甘泉，系出自火山灰中，火山灰疏松含水，而下部岩石则坚密，故成接触泉。包头转龙藏泉系于不透水层上面，段丘砾岩基底而溢出者。又如汾北西磴口及济南南方兴隆山等地，在其水平石灰岩之露出部，沿不透水层上缘流出，呈水廉式而滴下，是为小规模之接触泉。

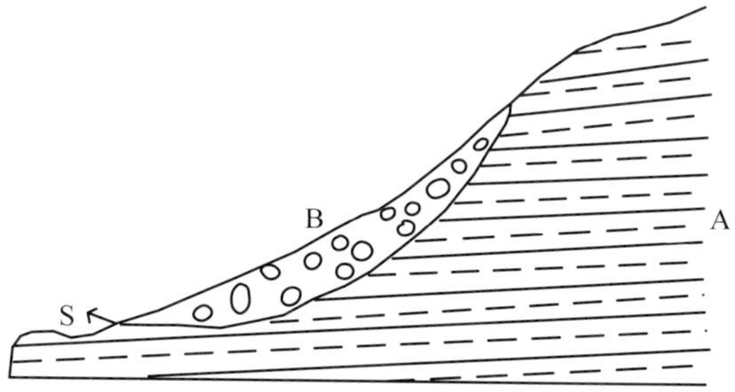

图 4　崖锥泉之生成模式图

A—基盘岩；B—锥状堆积物

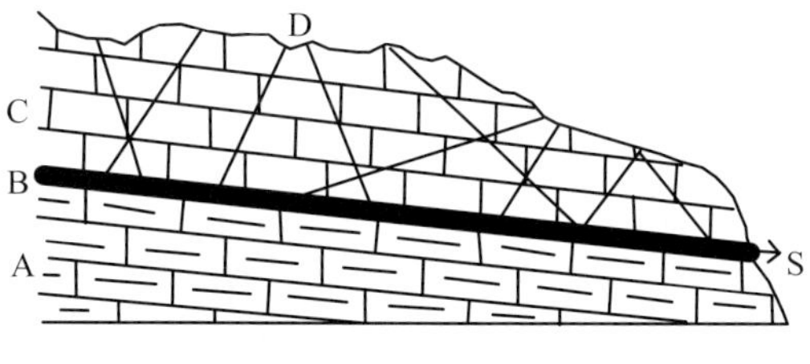

图 5　林县万泉之生成理想图

（据王钰）

A—三石子石灰岩；B—贾汪页岩；

C—马家沟石灰岩；D—节理

（5）湿地泉（helocrene）式——泉水涌出量微小，涌出停滞而成沼泽状者

河北省满城县一亩泉，邢台县大汪泉、达活泉，皆系由凹地渗出者，泉水停滞成沼

泽状，周围植物繁茂，是为湿地泉。昌平县小汤山之温泉，系由平地涌出者；张北台地之涌泉（绥远省平地泉）系由黑色玄武岩之风化土层中涌出者，皆为湿地泉之型式。

（6）洞窟泉（cavern spring）式——水源储藏于洞窟中，经岩隙而涌出地表者（图 7）。

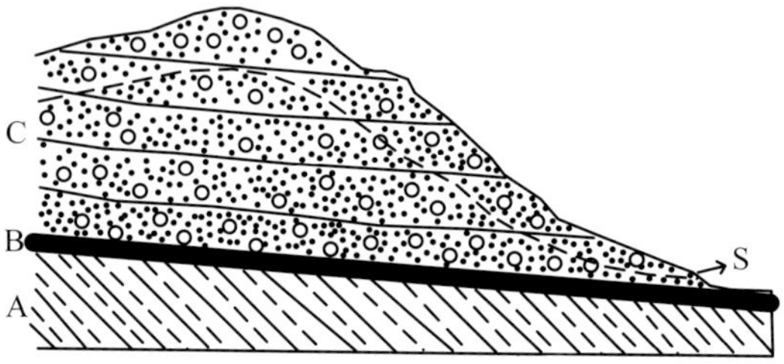

图 6　淇县太和泉之生成理想图
（据玉钰）
A—石炭二叠纪煤系；B—灰白色黏土；C—鹤壁集砾岩

图 7　洞窟泉之生成模式图
（据 Keilback）
A—石灰岩；B—石灰洞

房山县（今房山区）坨里一带，奥陶系石灰岩分布极广，其中因地下水之溶解作用，而形成多数之石灰洞，此洞窟中储藏之水再经岩隙而涌出地表，遂形成万佛堂之涌泉，是为洞窟泉之形式。

（7）潜流泉式——为潜流之再出现而形成者

华北各处河川之潜流现象甚多，此种潜流之再现而形成泉涌者亦不少。如淄川县澧水镇（张店东南约 10 km）之龙王泉，其水源发祥于博山附近之山地中，各地会集之水一部形成孝妇川而流于地表；一部则穿通奥陶系石灰岩及其上部之二叠、石炭系层，由南向北而成潜流，至澧水镇因地形之低凹，潜流即再现而成涌泉。又安阳县恒源之泉，亦系潜流（马家沟石灰岩中之水）自河谷之砾石中涌出。

四、涌泉之水质、水温及涌水量

1. 泉之水质

泉之水质多系佳良者，盖泉水涌出时通过岩石及土壤，其不纯物均渐次滤过，及至地表已呈极澄清者也。且地下深部不适生物之成长，故泉水中殆不含有机物质。一般泉水（由涌出口新涌出者）均可直接作为饮料之用。

水质判断最简便之方法，为检定其中氯之含量，氯之多寡亦即表示食盐（NaCl）之含量也。检定时以铬酸钾为指示剂，以硝酸银（$AgNO_3$）滴定之，其计算法为

$$\frac{N}{10}\text{硝酸银之消耗毫升数}\times\frac{1000\text{ mL}}{\text{试验水毫升数}}\times 3.55=\text{氯（mg/L）}$$

硝酸银之消耗一般在野外调查时皆以此法验之。凡氯含量不超过 30 mg/L 者即适于饮用，如北平自来水之氯量约为 30 mg/L，济南自来水（水源即为趵突泉）约为 14 mg/L。

氯含量小于 30 mg/L 者可视为甜水，大于 100 mg/L 者称为苦水，一般泉水之氯含量概为 12 ～ 16 mg/L，故为饮用佳品也。

泉水之反应检查，系根据氢离子浓度 pH 值表示之，检查时以用氢离子浓度比色测定器最为便捷。pH 值等于 7 者是为中性，小于 7 者为酸性，大于 7 者为碱性。一般泉水之 pH 值为 6.9 ～ 7.4 之间，即呈中性乃至弱碱性之谓也。

泉水之硬度，可由水质之化学分析算出之。硬度乃表示水中钙及镁之含量，碳酸钙及镁经加热后可使之沉淀，硬度消失，如是者谓之暂时硬度。其计算法为

$$重碳酸（HCO_3^-）mg/L \times 0.0459 = 暂时硬度$$

氧化钙及镁加热亦不能使其沉没者，是为永久硬度。其计算法为

$$钙 mg/L \times 0.14 + 镁 mg/L \times 0.23 = 永久硬度$$

暂时硬度与永久硬度之和，是为总硬度。泉水之硬度较低，一般为 12 ～ 14 度。

关于华北泉水之化学分析，今举数例如表 2。

表 2　华北泉水之化学分析表　　单位：mg/L

项目	北平西郊玉泉山天下第一泉	昌平县温泉村温泉	榆次县源涡镇涌泉	晋冀交境娘子关涌泉	※ 济南市内趵突泉	济南市内黑虎泉	※ 淄川县澧水镇龙王泉	安阳县水冶镇珍珠泉	淇县泉头村太和泉
Cl	20.00	19.30	18.80	46.15	14.20	12.50	18.46	20.00	20.60
SiO_2	6.60	22.00	10.40	—	15.21	5.50	8.70	13.40	19.80
Fe_2O_3	0.10	0.11	0.24	—	0.80	0.23	1.30	0.06	0.24
Al_2O_3	0.70	0.46	—	—	—	0.77	—	1.01	0.56
Ca	88.00	55.20	69.20	—	56.30	84.65	106.20	63.80	60.80
Mg	36.60	17.10	49.40	—	10.22	41.41	23.60	18.00	16.90
HCO_3	294.00	31.2	268.40	—	209.84	238.50	257.42	244.00	223.00
Na	94.90	77.80	48.5	—	16.50	6.40	7.60	—	—
K	3.10	1.67		—		1.47		—	—
PO_4	0.60	1.85	—	—	—	0.27	—	—	—
SO_4	52.00	261.60	124.80	59.00	21.70	33.60	132.00	23.00	15.60
NO_3	27.20	1.00	—	NO 13.60	4.90	70.43	6.50	0.12	0.13
$KMnO_4$ 消费量	0.2	3.50	9.30	3.00	1.58	4.30	4.80	—	—
固形物	332.00	570	360.00	614	228	242	438	312	274.00
永久硬度	0.52	6.49	1.49	16.01	0.62	1.98	8.51	13.07	12.40
暂时硬度	13.40	1.43	12.34	9.30	9.65	10.98	11.71	11.20	10.24
总硬度	13.92	7.92	13.83	25.31	10.27	12.96	20.22	24.27	22.64
pH 值	7.2	8.30	7.2	7.3	7.4	7.2	7.3	—	—
泉温	13	32.5	—	—	18	16.5	16.00	—	—

注：表中有 ※ 符号者为笔者亲自分析，其他系录自参考资料。

2. 涌泉之水温

涌泉依其水温，概可分为冷泉与温泉两种。冷泉与温泉之温度境界有各种学说，有谓以 25℃者亦有以人之体温 37℃为界者。温泉之温度最高者可达 100℃，特称沸腾泉，唯沸腾泉均成长于火山地带，故于华北不能出现。

温泉之高温及含有多量矿物成分之理由，有如下之解说：盖温泉之水皆蕴蓄于地下之深部，依地下增温率而言，每向地下 100 m 温度增高 3℃，故温度越高之泉，其水源越深。此种深部中之水通过岩石而溶解之矿物亦较一般冷泉为多。华北涌泉中之为温泉者，有河北省昌平县之汤山，临榆县之海阳镇，察哈尔之赤城，以及山东半岛涌泉区诸温泉。

华北涌泉之水温，大体一年之内无何变化。北平玉泉山天下第一泉之水温终年一致为 10℃，较北平之周年平均气温略高。济南趵突泉水温一致为 18℃，黑虎泉约为 16.5℃至 18℃，较济南之周年平均气温亦略高。淄川县澧水镇龙王泉之水温约在 16℃左右，而其附近轻金属工场内之试锥井之水温则达 28℃，此或由于水源之深浅不同也。邢台县涌泉群中最北之皇寺镇涌泉水温为 18℃，野狐泉在 20℃以上，其他之湿地泉约为 14℃左右。汤山地区东侧之小汤山碳酸泉水温为 48℃，其西大汤山南麓诸泉之水温，则由东而西呈 31.5℃至 24℃之排列，此即因水源深度影响水温之现象，乃极饶兴趣之问题。盖根据水温推察泉源常较依水量、水质推察者，价值为大也。

3. 涌泉之涌水量

涌水量之测定于泉水之利用（尤其工业用水）关系重大。涌水量系根据泉水排水路之流量计算之，其有少数之泉为不流动者（如济南市内之饮虎泉、香泉等），乃涌水量甚小之表示，泉水面与地下水面保持平衡状态（如有井水），水面不复上升，故无须向外排水也。

流量之测定，有概查与精查两种，概查为揣量排水路断面积，再以浮子测定其单位时间内之流距（即其流速），以断面积与流速之积为其流量：

流量（Q，m^3/s）= 断面积（A，m^2）× 流速（v，m/s）

流量之精测须将排水路之断面分为数区，分别测其各区之断面积，再以流速计（currentmeter）精测各区之流速；各积之和为其总流量（图 8）：

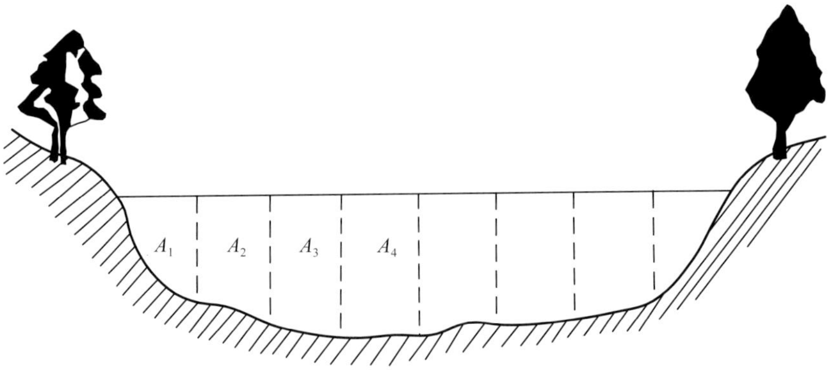

图 8　根据排水路流速测定流量

各区之断面积为 A_1，A_2，…，A_n

各区之流速为 v_1，v_2，…，v_n

流量 $Q = A_1v_1 + A_2v_2 + \cdots + A_nv_n$

亦有根据量水堰精测流量者，量水堰之种类繁多，今仅举一例以明之。如图 9 所示为矩形量水堰，其流量之计算，如下之公式：

$$Q\,(\mathrm{m^3/s}) = \frac{2}{3}K_{\mathrm{d}}\sqrt{2g}BH^{\frac{3}{2}}$$

式中：K_{d}（流出系数）=0.6 ~ 0.7；g（重力加速度）=9.8 m/s^2；B= 实测堰口之宽度（m）；H= 实测水面高出堰峰之高度（m）。

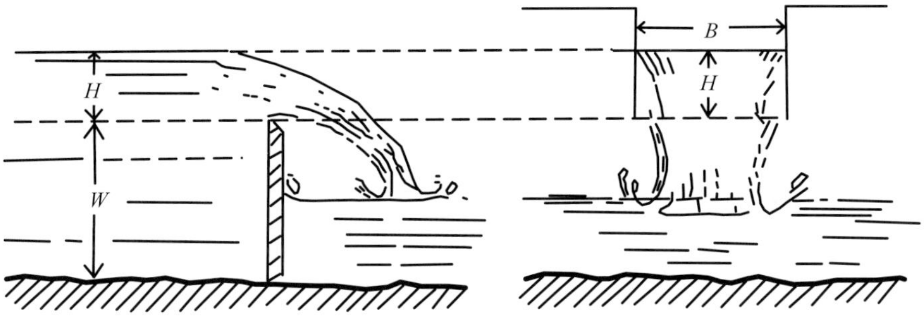

图 9　根据矩形量水堰测定流量

据式则调查时量出 B 与 H 即可求得流量。济南趵突泉之流量，据著者于 1945 年 2 月下旬实测之结果：B=3.5 m，H=0.2 m。代入公式为

$$Q = \frac{2}{3}\times 0.65\sqrt{2\times 9.8}\times 3.5\times 0.2^{\frac{3}{2}}$$

$$=0.5961\ \mathrm{m^3/s}$$

$$0.5961\ \mathrm{m^3/s} \times 86400\ \mathrm{s/d} = 51500\ \mathrm{m^3/d}$$

唯此流量非趵突泉之总涌水量，因其泉池中尚用唧筒扬水运至自来水局，每日扬水量约 2×10^4 t，故趵突泉之涌水量当为其流量与扬水量之和，约为每日 7×10^4 t。

华水涌泉之涌水量精密调查报告甚感缺乏，一般不过概查而已。就著者调查统计之涌水量，以济南七十二泉为最大，其总量约每日 20×10^4 t，其中趵突泉每日约 7×10^4 t 左右，黑虎泉每日约 1×10^4 t 以上。其次博山孝妇泉及磁县东纸坊村娘娘庙泉每日亦达 7×10^4 t，邢台县南方之百泉及北方之野狐泉每日约 5×10^4 t 以上。淄川县澧水镇龙王泉每日不过 1×10^4 t 左右。唯涌水量每日不足 1×10^4 t 者甚多，则难为工业用水也。

4. 涌泉之利用

涌泉之用途颇广，盖以其水质优良涌水量无大变化也。沿平汉路之诸涌泉，在房山县、涿县（今涿州市）、满城县、邢台县、南和县、任县及河南省北部之安阳县、浚县、淇县境内者，自古即有导水之沟渠，大量施用于水田及旱田之灌溉。山西省晋祠镇及金殿镇境内及汾河河谷地带之涌泉，亦多用以灌溉田亩。

涌泉之供饮用，其较著者有济南市自来水，其水源乃取自趵突泉，其他各处之涌泉，亦均可供居民饮用。泉水之供工业用者，有唐山市西山，榆次县源涡镇之涌泉。山东省张店附近轻金属工场，曾大量利用淄川县澧水镇龙王泉之水，博山发电所则利用孝妇泉之水，磁县煤矿发电所亦系用该地西南东纸坊村娘娘庙泉之水也。铁路用水，亦有取自泉水者，博山柳泉村、淇县太和泉以及娘子关、济南等地均显著之例也。温泉之利用在华北尚未普及，仅昌平县汤山温泉有浴堂之设备，察哈尔省赤城有若干之硫黄泉亦渐被人注视。

为推广涌泉之利用，各处涌泉实有普遍调查之必要。而涌泉之调查工作，首重精查当地之地质构造，借以判断水脉之来源及涌出之形式。在利用时更须探测其水质、水温及涌水量诸项，且须深知其周年性之变化率，而后始能广泛利用也。

参考文献

华北综合调查研究所水利调查委员会．华北涌水箇所调查一览表．
王钰，马振图，吴燕生．1935. 河南安阳、林县、汤阴、淇县、浚县一带地下水．行政院农村复兴委员会．
藏田延男．1944. 济南市水道水源地水脉调查报告．
藏田延男．关于涌泉之研究．
藏田延男．华北涌泉、温泉之概况．

本文原发表于《地质论评》，1947 年，第 5 期，第 451 ~ 460 页及第 529 ~ 532 页。

是形成了石炭－二叠纪岩系的沉积。石炭系有砂岩、页岩、薄层石灰岩以及煤层，二叠系有砂岩、页岩，亦夹有煤层。

在三叠纪以后，只在局部地区有陆相沉积。三叠系在山西高原的中部和西部分布较广，在山东省西部及北京西山亦有不多的分布，岩性一般为砂岩。侏罗纪地层主要分布在山西省大同及吕梁山西侧、北京西山，岩性为砂岩、页岩并夹有煤层。及至白垩纪，产生了燕山运动，除山西中部未受影响外，其他广泛地区产生了燕山褶皱，同时广泛产生了岩浆活动，白垩纪地层以山东省东部最为发育，分布着页岩、砾岩、黏土以及花岗岩、各种斑岩、各种火山岩。同样的，燕山花岗岩在河北省北部燕山山脉分布甚广。

到了第三纪（现为古、新近纪）初期产生了喜马拉雅运动，在山东的西部及东部，燕山、五台山、吕梁山再度产生褶皱，至此华北现代的地形景观已基本上形成。在古、新近纪至第四纪，华北平原产生了缓慢的沉降，形成了很厚的古、新近纪及第四纪的堆积。而在个别的河谷、盆地中也分布着第四纪地层。

四、华北的水文地质区划

上述的自然地理和地质条件可以作为水文地质区域划分的依据。由于潜水的形成与分布规律主要取决于气候、地形、水文及第四纪地质的情况，而自流水的分布规律主要取决于地质构造，二者之分区原则应有所不同。不过在目前资料缺乏且研究程度还很不够的情况下，还不能做出潜水及自流水的分别区划。作者在这里仍然是把二者进行综合的区划，也就是综合考虑了地形、气候、水文以及地质因素作为区划的依据。

首先按华北的气候条件，可以把它分为两个单元：①太行山以东是受海洋季候风影响的微潮湿气候区；②太行山以西是由微潮湿区向干旱区过渡的气候区。由于气候的这种差别，影响到地下水补给条件的差别。

其次我们再根据地形来划分，也可分为两个单元：①标高低于 200 m，大部分低于 10 m 的广阔平原地区；②标高高于 200 m，一般在 500 ~ 3000 m 之间的山地地区。前者属于华北平原；后者又可细分为二：其一是山东丘陵；其二是山西高原及与其相连的燕山山脉，在山西高原中存在着大型河谷（汾河河谷、沁河河谷）。

最后按地质构造来说，华北平原是在喜马拉雅运动以后发生缓慢的沉降，堆积着很厚的古、新近纪和第四纪沉积物，几乎看不到基岩的露头。山东丘陵是具有部分沉积岩覆盖层的前寒武纪地块，曾受燕山运动干扰的地区。山西高原的五台山、中条山、吕梁山以及燕山山麓都是前寒武纪的结晶地块；其他地区都是受到燕山褶皱的地带，并且在汾河河谷、沁河河谷、大同盆地有较广的第四纪地层的分布。

由于以上的自然地理与地质条件的差别，反映到水文地质特征的不同，我们有根据把华北划分为三个水文地质区：①华北平原水文地质区；②山东丘陵水文地质区；③山西高原（包括燕山山麓的一部分）水文地质区（图 4）。

这些水文地质区的划分依据可以在表 1 中清楚地看出。下面分别叙述一下各区的水文地质条件。

表 1　华北水文地质区划依据表

<table>
<tr><th>地理范围</th><th>气候</th><th colspan="2">地形</th><th>水文</th><th>地质构造</th><th>水文地质区</th></tr>
<tr><td>河北省及山东省之平原部分</td><td>受海洋季候风影响的微潮湿气候。潮湿系数 =0.8 ～ 1.0，年降水量 =500 ～ 750 mm</td><td colspan="2">标高低于 200 m，大部分低于 50 m 的广阔冲积平原</td><td>水文网多蜿曲，水面坡度不大，河谷排泄不强，下游地段经常补给潜水</td><td>古、新近纪沉降和广泛的第四纪停积区，基岩埋藏极深</td><td>1. 华北平原以第四纪潜水及浅承压水为主的水文地质区</td></tr>
<tr><td>山东省之丘陵部分</td><td></td><td rowspan="2">山地</td><td>标高平均在 500 ～ 1 000 m 之间的丘陵地形，具有狭窄的侵蚀河谷</td><td>切割基岩的水文网，河谷狭窄，对潜水有排泄作用</td><td>具有早古生代盖层的前寒武纪地块，曾受燕山运动干扰。东部燕山期火成岩发育</td><td>2. 山东丘陵以奥陶纪喀斯特水为主的水文地质区</td></tr>
<tr><td>山西省及河北省之燕山山地部分</td><td>由微潮湿区向干旱区的过渡性气候。潮湿系数 =0.6 ～ 0.8，年降水量 =250 ～ 500 mm</td><td>标高平均在 500 ～ 2000 m 之间的高原地形，具有较宽的构造 – 侵蚀河谷</td><td>山间较大的水文网，平时对潜水有排泄作用，洪水期暂时补给潜水</td><td>五台、中条、吕梁为前寒武纪地块，其他地区古生代地层发育，受燕山运动干扰，燕山山麓燕山期火成岩发育</td><td>3. 山西高原（包括部分燕山山地）以奥陶纪喀斯特水及河谷冲积层潜水为主的水文地质区</td></tr>
</table>

五、华北各区的水文地质条件

（一）华北平原以第四纪潜水及浅承压水为主的水文地质区

由于喜马拉雅运动以后，现今的华北平原地区产生缓慢的沉降作用，因而堆积着很厚的古、新近纪和第四纪沉积层。根据最近的地球物理勘探资料，本地区第四纪层的厚度平均为 300 ～ 400 m，厚者达 900 m，而在渤海湾附近达 1300 m。古、新近纪层为泥质砂岩、砾岩等，厚达 1000 ～ 3000 m。

由这种岩层分布情况来看，古、新近纪及其以前地层中的地下水已经没有什么实际意义了；因为我们要取到它至少要打 300 m 甚至 1000 m 以上的深钻孔。所以华北平原的地下水仅第四纪的潜水和浅承压水具有实际意义。

在华北平原地下水的类型可以分为：山前洪积冲积层的、平原冲积层的、近代河流冲积层的和三角洲冲积层的潜水和局部浅承压水。

山前洪积冲积层（冲积扇）主要是沿太行山东麓，泰、沂山脉北麓形成最广，其中含有丰富的潜水和浅承压水。由于在冲积扇顶部由较粗的砾石组成，距山地越远颗粒越细，及至冲积扇的尾部逐渐被细粒物质所交替，在这个交替地段上细粒物质（亚黏土）往往覆于粗粒物质（砾石、砂）之上。在顶部的砾石含水层中形成雄大的潜水流，埋藏深度较深，一般在 10 m 左右，至粗、细物质交替地段上，覆以亚黏土的砾石或砂层便形成了承压含水层，同时由于潜水位的抬高而出露于地表，形成了潜水溢出带（图 1）。在太行山的东麓以及泰、沂山脉的北麓洪积冲积层中形成了水量丰富、水质良好的泉带，就是属于这种成因的。这层潜水和浅承压水都是美味的 HCO_3^- 水；TDS 不超过 1 g/L。

平原冲积层的岩性大多是这样的：在靠近地表的部分由亚黏土组成，下面在不同的

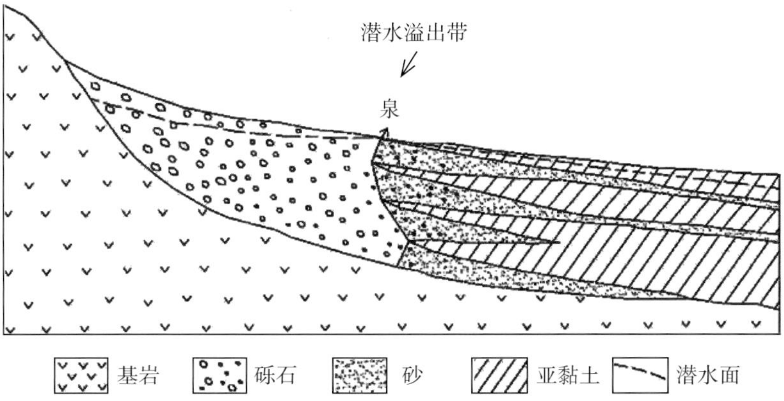

图 1　山前冲积层的水文地质条件

深度上可以遇到砂层。而有相当大的地区砂层中的水是承压的，此时覆在上部的亚黏土本身是潜水含水层，同时又作为下方浅承压水层的相对隔水顶板。这一现象在华北平原上到处都可遇到。我们也可以把上层的亚黏土层和下层的砂层看作是一组透水性不同的含水系。水质一般为淡水，但在局部低凹地段，可能遇到微咸水甚至咸水。

在近代河谷冲积层（河漫滩阶地）是由直接露出地表的砂组成的，这一层中的潜水动态是受地表水动态的影响。潜水的分布是沿河流两岸作条带状，它的流向大致与河流流向相同，由于径流条件良好，一般都是 HCO_3^- 质的淡水。

在河流下游三角洲地带形成了河床本身堆积甚高，河水位高出附近的平地，（就以黄河为例，洪水时期河水位高出附近地段地表以上 8 ~ 10 m）这样就造成了河水经常补给潜水的事实。在这些地段上，潜水位显然很接近于地表而潜水的消耗依靠蒸发，这样就造成了潜水及土壤的盐渍化。因此河流下游三角洲地带的潜水 TDS 增高，一般都是 HCO_3^-–Cl^- 质甚至 SO_4^{2-}–Cl^- 质的水。至于海潮造成河流的回水而间接补给潜水，这也是促进三角洲以及滨海地带潜水盐渍化的另一原因。

总的来讲，华北平原的潜水和浅承压水的地球化学作用方向是由山前洪积冲积层中的低矿化淡水，随着潜水的总流向自西而东逐渐增高其 TDS，中经 HCO_3^- – SO_4^{2-} 水乃至滨海区的 HCO_3^- – Cl^- 水或 SO_4^{2-} – Cl^- 水。

华北平原的潜水（及浅承压水）的补给来源主要是大气降水，因此潜水动态成因类型是属于雨源类型。根据北京潜水动态观测结果而做出的潜水位及气候要素变化图解（图 2），就可以充分说明这一问题。

其次，基岩中的地下水对潜水的补给也有相当大的意义。尤其是在山东省由济南至张夏间出露着 60 km 的寒武奥陶纪石灰岩，这些石灰岩表面的喀斯特化是非常显著的，可以吞吸大量的降水和地表水，而在济南南郊奥陶纪石灰岩上覆以山前洪积层，于是沿着石灰岩层的倾向自南向北流动的喀斯特水，在济南南郊便补给着洪积层中的潜水。位于潜水溢出带的济南市便形成了日涌水量 200000 m^3 的“泉都”（图 3）。像这样的基岩地下水补给洪积层潜水的事实，在泰、沂山脉北麓以及太行山脉东麓到处都可见到，于是在洪积层潜水的动态中就受到基岩地下水的附加影响。

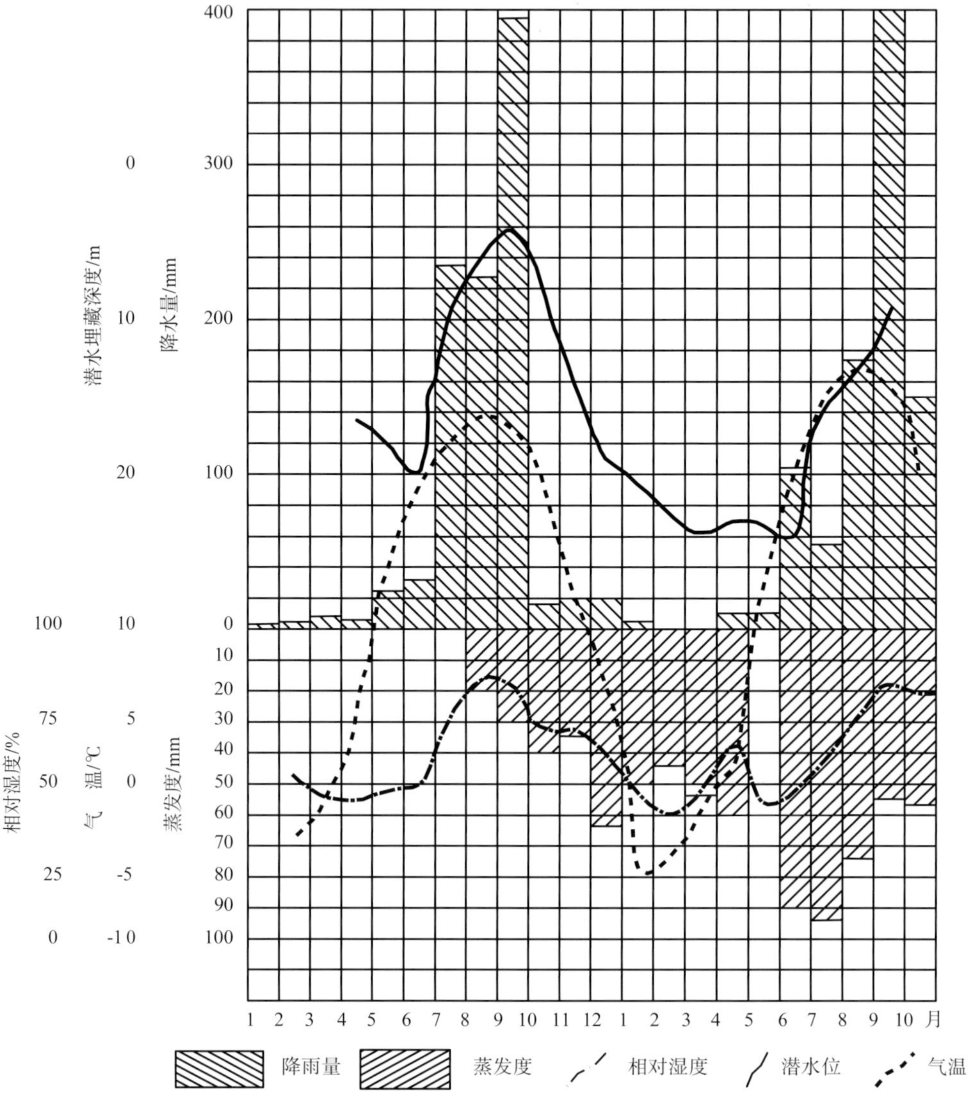

图 2 北京潜水位及气候要素变化图表

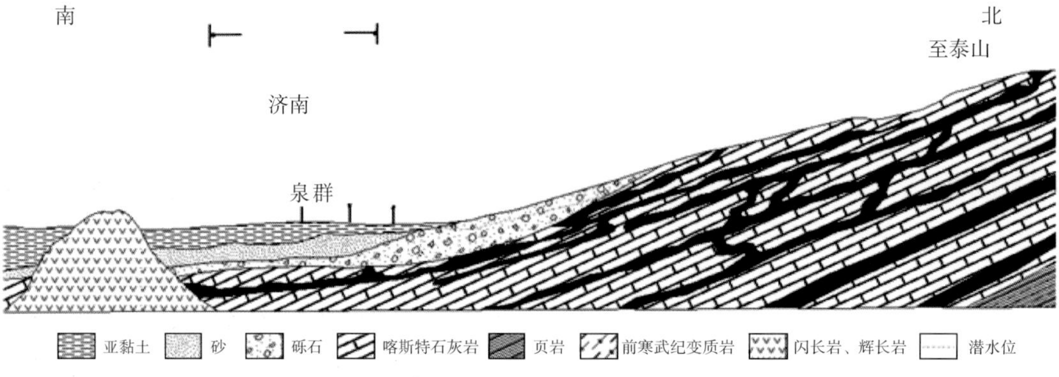

图 3 济南市泉群成因示意剖面图

此外，现在河谷冲积层的潜水动态显著受到水文因素的影响，而在洪水期呈现最高的潜水位，同样在滨海地带的潜水动态，可能受海洋潮汐作用的影响，而呈现特殊的昼夜变化。

（二）山东丘陵以奥陶纪石灰岩喀斯特水为主的水文地质区

在山东丘陵地区，按地质岩性来讲可以分为两个亚区：西部泰、沂山脉是覆以厚层寒武－奥陶纪地层的前寒武地块；东部山东半岛，前寒武纪变质岩及燕山期花岗岩和火山岩分布甚广，而且有很厚的白垩纪沉积层。

在西部泰、沂山脉，前寒武纪变质岩构成地区的山峰：泰山、鲁山和沂山，而寒武奥陶纪岩层覆于其上，倾向北方，呈单斜构造。寒武纪尤其是奥陶纪的石灰岩层是本区最主要的含水层，前已述及，这些石灰岩出露于地表，喀斯特化显著，形成巨量的喀斯特水，水质良好，为 HCO_3^-－Ca^{2+} 质的淡水。在山区的适当地点水沿裂隙和溶洞流出形成泉群，在中宫、淄博一带都有这样的大泉，而形成锦绣川、淄河的发源。石炭纪石灰岩亦为含水层，时常造成煤矿出水的有害因素。这些喀斯特水可以是潜水，在适当的构造条件下也可以是承压水。

此外，基岩风化壳也可能有风化裂隙水，分布不广的近代河谷冲积层也含有潜水；但比起石灰岩中的喀斯特水，显然意义是不大的。

在东部山东半岛则缺乏上述的石灰岩，因之形成了贫水地区。由于主要是前寒武纪变质岩和燕山期花岗岩及火山岩，在广大的面积上只有利用风化裂隙中的淡潜水，估计水量不会很大，水质为 HCO_3^-－Na^+ 质的。在白垩纪地层中有砾岩、砂岩、凝灰岩也可能为含水层，目前尚没有足够的资料可考。近代河谷冲积层潜水，在本地区虽所占面积不大，但在此贫水地区常作为供水水源。

此外在本区（东部及西部）前寒武纪变质岩和燕山期火成岩的分布区，沿构造裂隙有矿泉的涌出，这些矿泉的生成显然是与燕山期熄灭不久的岩浆活动有关。

本区潜水的补给来源几乎完全是依靠大气降水，而水文网在本区中只起排泄作用。而矿水则是初生起源，在不同程度上受到渗入水的混合。

（三）山西高原（包括部分燕山山地）以奥陶纪喀斯特水及河谷冲积层潜水为主的水文地质区

根据地质、岩性之不同，可以把山西高原分为以下几个水文地质亚区。

1）第一亚区是在吕梁山、五台山、中条山以及河北西北部之燕山，为前寒武纪变质岩以及燕山期花岗岩和火山岩的分布地区。在这些地区里只有风化带裂隙水，估计水量不会很大。此外在这些地区里还有着矿泉群的分布，为沿大型构造裂隙涌出之上升泉，虽然泉水出口不一定是在燕山期火成岩中，但矿水的来源是与燕山期熄灭不久的火山活动有关。这些矿水的水质一般为 SO_4^{2-}－Na^+ 质的低矿化水，但其中含有 CO_2 和生物活动的离子 F^-、Br^-、I^-，并有放射性元素 Rn。因此具有医疗意义。水温一般在 30 ～ 50℃。

2）第二亚区主要是指太行山、霍山、吕梁山之一部以及大同附近以古生代、中生代地层为主并经燕山褶皱的地区。这一地区里白垩纪砾岩可能含水；侏罗纪砂岩在北京西山及大同煤田均有含水的记载，但水量不大；三叠纪和二叠纪砂岩亦可能含有不多的水；石炭纪石灰岩和砂岩为含水层，尤其是喀斯特化的石灰岩，含水相当丰富；奥陶纪石灰岩含有大量的水，为本地区最主要的含水层，它与石炭纪石灰岩同为煤矿出水的主要来源；在寒武纪、震旦纪的石灰岩中亦有含水的记载。

这些基岩中的地下水，在适宜的构造情况下可以是承压水；也可以是非承压的层间水；而有时也可以是潜水。

在山麓部分基岩中的地下水往往出露成泉，或者补给山前洪积层或河谷冲积层中的潜水。在太行山东麓有很多出自基岩的泉水，它们与出自山前洪积层的泉水组成太行山东麓的带状泉群。此外，汾河河谷两岸的基岩也出露很多泉，有名的晋祠泉就是出自奥陶纪石灰岩、日涌水量达 150000 ~ 250000 m^3 的 $HCO_3^- - Ca^{2+}$ 质泉。

3）第三亚区是分布着河谷冲积层，和山前洪积层中的潜水和浅承压水的地区。主要包括汾河河谷、沁河河谷和大同盆地。

这些潜水（和浅承压水）的化学类型是 $HCO_3^- - Ca^{2+}-Mg^{2+}$ 质。潜水的补给来源主要依靠降水和来自基岩中的地下水，而只有在洪水期河流才对河谷冲积层潜水有暂时性的补给作用。

由于河谷及盆地边缘与山区交界地带分布着山前洪积层，在潜水溢出带的部分为泉群出现的处所。在汾河河谷边缘山前洪积带中便分布着这样的带状泉群。

关于华北各个水文地质区的综合描述，总结在表 2 和图 4 中。

表 2　华北水文地质区综合描述表

水文地质区	水文地质亚区	主要含水层	地下水类型	补给来源	水质	国民经济意义
Ⅰ. 华北平原水文地质区	——	山前洪积冲积层	潜水或浅承压水	降水、基岩地下水	淡水	大型供水水源
		平原冲积层	同上	降水	淡水，有时微咸水	农业供水水源
		河谷冲积层	潜水	降水、地表水	淡水	中型供水水源
		三角洲冲积层	同上	同上	咸水，偶尔为淡水	一般不适合供水，盐渍土需经水文地质 – 土壤改良
Ⅱ. 山东丘陵水文地质	亚区 1. 山东西部丘陵	奥陶纪石灰岩	喀斯特水	降水	淡水	大型供水水源
		其他古生代、中生代石灰岩及砂岩	喀斯特水及层状水（承压的或不承压的）	同上	一般为淡水	中、小型供水水源
	亚区 2. 山东东部丘陵（山东半岛）	燕山期火成岩	构造裂隙水	初生水	矿水	具有医疗意义
		白垩纪砂岩及砾岩	层状水（承压的或不承压的）	降水	淡水	小型供水水源

水文地质区	水文地质亚区	主要含水层	地下水类型	补给来源	水质	国民经济意义
Ⅲ. 山西高原 （包括部分 燕山山地） 水文地质区	亚区 1. 五台山、恒山、吕梁山、中条山及部分燕山	基岩风化壳	风化裂隙水	降水	同上	小型供水水源
		燕山期火成岩	构造裂隙水	初生水	矿水	具有医疗意义
	亚区 2. 太行山、霍山及部分吕梁山	奥陶纪石灰岩	喀斯特水	降水	淡水	大型供水水源
		其他中生代、古生代石灰岩及砂岩	喀斯特水及层状水（承压的或不承压的）	同上	一般为淡水	中、小型供水水源
	亚区 3. 汾河河谷、沁河河谷及大同盆地	山前洪积冲积层	潜水或浅承压水	降水、基岩地下水	淡水	大型供水水源
		河谷冲积层	潜水	降水、地表水	同上	中型供水水源

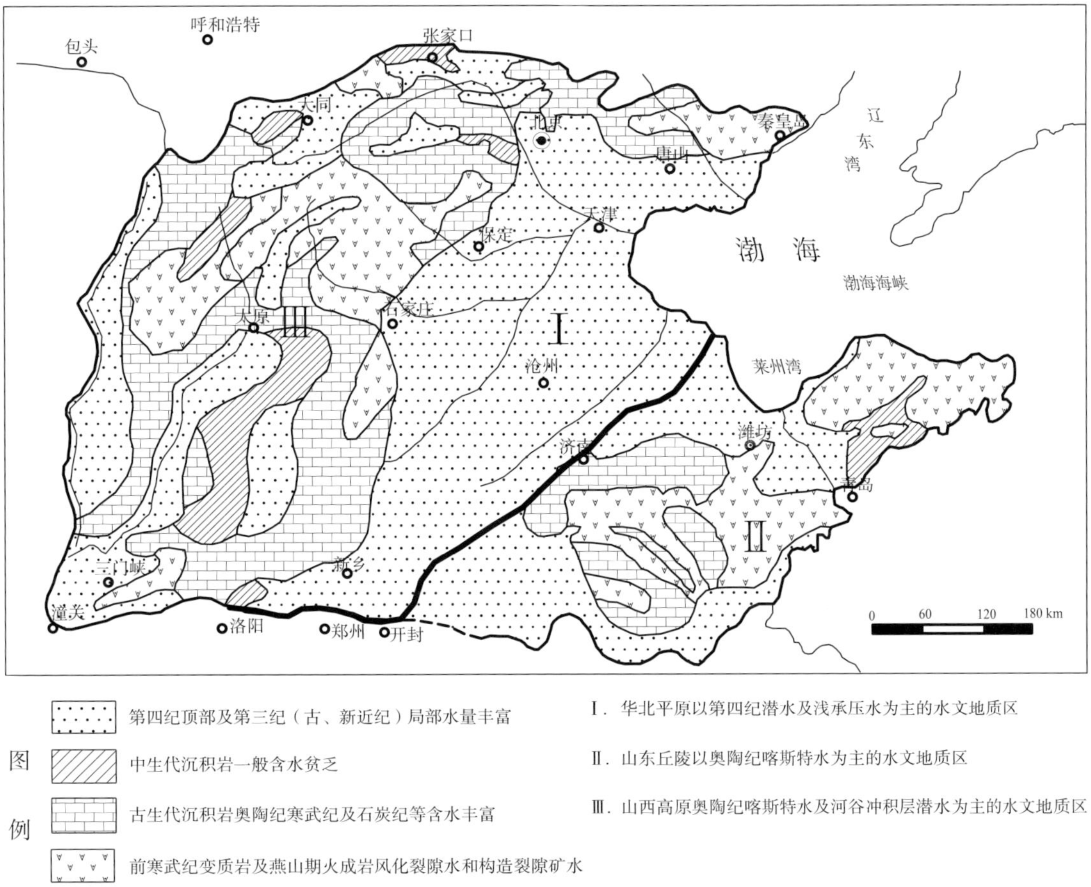

图 4　华北水文地质区划略图

六、结论

了解华北的水文地质条件，对发展国民经济有很大的意义。

在华北地区可作为大型供水的含水层为第四纪山前洪积层的砾石和砂层中的潜水和承压水。首都北京以及山东省会济南之所以奠基于目前的地点，也绝不是偶然的，山前洪积层地下水的存在起着一定的作用。又在太行山东麓存在着一系列的县、市，并有京汉铁路把它们连接起来；同样在泰、沂山脉的北麓也有着由胶济铁路连接起来的一系列的县、市，这都说明了城市建设与铁道选线是与山前洪积层存在着丰富的潜水流这一事实是分不开的。

在华北平原分布很广的平原冲积层含有整片的潜水，虽然水量不大，但为农业灌溉而进行小型供水是足够用的，尤其是华北降水量的集中性，使得地表水的利用受到局限，因而比较稳定的潜水的利用，为今后发展农业开辟广阔的远景。

而在滨海一带，由于潜水与土壤中盐分的聚集，形成了土壤的盐渍化，为了改良土壤，必须人为地调节潜水的动态，降低潜水面，使潜水不能成为成壤作用的因素。这一工作——水文地质－土壤改良工作为我国水文地质工作者研究方向之一。

基岩中含水最丰富的有奥陶纪和石炭纪石灰岩，尤其是奥陶纪石灰岩的喀斯特水时常是大型供水最有望的基岩地下水。

随着这些良好含水层的存在，给华北的采矿事业带来了新的困难。华北主要矿产之一——煤，主要分布在石炭二叠纪岩系中，与此并存的石炭纪石灰岩以及其下部的奥陶纪石灰岩中的水，时常造成煤矿大量出水的灾害。因此研究矿山水文地质，与矿坑水作斗争的任务，也是水文地质工作者急需解决的。

在山东半岛、燕山山麓、五台山、吕梁山都有大量的矿泉出露，以前在这方面的科学研究工作很少，所以今后加强研究矿泉的形成、分布及动态规律，这不仅在提高科学水平上而且在发展医疗卫生事业上都具有非常重大的意义。

参考文献

Б. Д. 鲁萨诺夫 . 关于中国区域水文地质条件的资料 [M].

M.M. 克雷洛夫 .1955. 中国地下水分区描述的方法问题 [M].

黄汲清 .1954. 中国主要地质构造单位 [M]. 北京；地质出版社 .

李四光 .1952. 中国地质学 [M]. 上海；正风出版社 .

本文原发表于《地质论评》，1957 年，第 3 期，第 359 ~ 368 页。

潜水区划的主要气候标志——潮湿系数

方鸿慈

一、前言

目前我国水文地质学界正在开展一项巨大的科学研究工作——中国水文地质区划的研究。不可否认，目前我国水文地质科学水平还很低，并且现有的水文地质资料还是很缺乏的，因此进行这项工作还存在着一定程度的困难。但是由于苏联专家 M.M. 克雷洛夫和 Б.Д. 鲁萨诺夫的倡议和指导，并且他们先后发表了《中国地下水分区描述方法问题》和《关于中国区域水文地质条件的资料》的巨著，在这两部作品中，已经初步提出了中国水文地质区划草案，这就从理论上和方法上给予中国水文地质工作者很大的启发，使得我们有条件通过自己的劳动对这项巨大的科学问题做进一步的研究。

在本文中不准备过多地谈论有关水文地质区划的原则问题，而仅仅讨论一下潜水区划的主要标志——潮湿系数。

二、潮湿系数的概念

我们知道，进行大区域的潜水区划时，首先必须由区域的自然地理条件出发。而在地下水形成的自然地理因素中最主要的是气候，因为气候是影响潜水动态与均衡的决定性因素。尤其是气候的潮湿程度更能直接地反映出潜水的补给条件。所以正像 Б.Л. 李奇柯夫所指出的：进行潜水的区划时最好是从气候的潮湿程度着手。

为了表示区域的潮湿程度，H.H. 伊凡诺夫提出了潮湿系数（K_B）的概念。所谓潮湿系数是降水量（X）与蒸发度（$И$）之比，即

$$K_B=X/И$$

在这里特别要强调指出，蒸发度（испаряемость或认为蒸发力）与蒸发量（испарение）不同，蒸发度是用蒸发计测定出来的水面蒸发量，而蒸发量是代表该区域一定地理景观条件下真实蒸发量的平均值。

实际上测定蒸发量是很困难的，在同一区域里，水分蒸发的形式可以有土面蒸发、水面蒸发和植物蒸发。这样我们必须在各个代表性地段上设立试验场，测定各种形式的蒸发量，然后按裸露土面、露天水面和植被面的面积比例，用加权平均法来确定区域的蒸发量。像这样繁复的计算，只有在解决重大国民经济问题而进行水均衡研究时才会被利用。一般在气象站所测定的都是蒸发度。

伊凡诺夫所以不用真实的蒸发量作为确定区域潮湿系数的依据，理由是：由于蒸发“底面”的不同（即指土面、水面和植被面），则蒸发量也就不同，因此不能获得共同的比较值；也就是不能获得共同的标准。另一方面在干旱地区（包括沙漠及半沙漠）所有的降水全部被蒸发掉了，因而没有可能确定这些地区在潮湿程度上有什么不同，因为在这里的降水量与蒸发量之比都是等于 1，而不会小于 1。

所以我们经常所谓干旱地区的“蒸发量”大于降水量一般是不可能的，试问所有蒸发掉的水分是由哪里来的呢？显然这里所谓的“蒸发量”应当是蒸发度。

由于蒸发度是经人为地把水注入蒸发计中来测定的，所以在没有降水的时期仍然可以测得蒸发度，由此可以看出蒸发度仅仅是表示区域蒸发强度的一个“引用”数值。

虽然蒸发度不是真实的蒸发量但是由它计算出的潮湿系数可以衡量某区域气候的潮湿程度，因而也可以得出潜水蒸发的相对概念。

这里还需指明一点，我们各个气象站过去所测得的蒸发度，由于测定方法的不统一和不完善，所以目前很难获得正确的资料。

由于同一地区蒸发度的大小还取决于测定所用的蒸发计的直径，直径越大，所测得的蒸发度也就越小，以往气象站所采用的直径为 20 cm 的蒸发计所测得的蒸发度显然是偏大了。

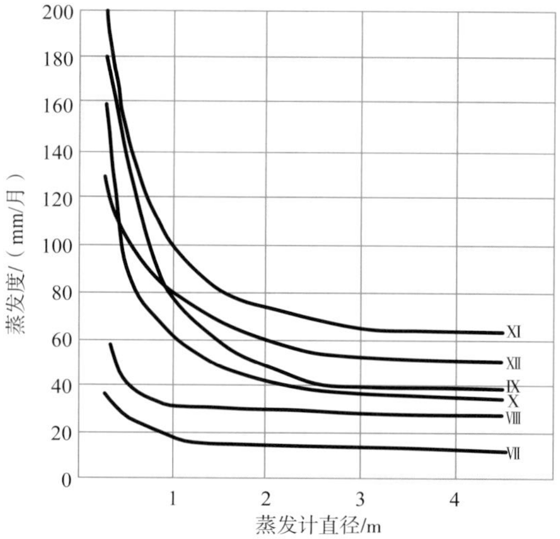

图 1　蒸发度与蒸发计直径的关系

根据北京地质学院水文地质教研室的研究在同一地点上设置三个不同直径的蒸发计，结果测定出来的同一时期的蒸发度是不相同的，假若纵坐标表示蒸发度，横坐标表示蒸发计直径做出关系曲线（图 1），我们可以看到蒸发度随着蒸发计直径的增加而递减，而当蒸发计直径达到 3.5 ~ 4 m 时，所测得的蒸发度已减少为一常数。所以 M.M. 克雷洛夫认为有条件把直径为 4 m 的蒸发计所测得的蒸发度作为正确的蒸发度。伊凡洛夫采用淡水湖（可视为更大直径的蒸发计）的蒸发作用作为测定蒸发度的根据，当然也是恰当的。

像这样正确的蒸发度的资料，在以往各地尚未普遍测出，可是与蒸发有关的主要气象因素（气温、相对湿度、温度差、风速）的资料还是很多的，所以有条件运用经验公式来客观地估计蒸发度。

关于计算蒸发度的经验公式很多，下面是在苏联广泛采用的 A. 马叶尔提出的经 И.К. 基赫米洛夫修正过的公式：

$$И_{М}=d\,(15+3W)$$

式中：$И_{М}$ 为月蒸发度，mm；d 为月平均湿度差，mm；W 为月平均风速，m/s。

这一公式的物理意义，是说明蒸发度与区域的湿度差成正比，我们知道湿度差越大时，则越能促进蒸发作用；同时风速也与蒸发度成正比，由于风能吹散空气中集中的水蒸气，而迅速降低区域的湿度。式中的数字 15 和 3 则为经验系数，这些数字是否适合于我国尚有待于今后的研究来证实。

此外还有 H.H. 依凡诺夫所提出的公式：

$$И_{М}=0.0018(25+t)^{2}(100-e_{1})$$

式中：$И_{М}$ 为月蒸发度，cm；t 为月平均气温，℃；e_1 为根据奥夫古斯特“双球”湿度计所测定的月平均相对湿度，%。

这一公式说明蒸发度与相对湿度成反比，这是很明显的，相对湿度越小表示气候越干燥，蒸发度也就越大；同时蒸发度又与气温成正比，气温越低蒸发度也就越小。数值 25 的物理范围是这样确定的：气温为负 25℃时即使是在最低的温度下，实际也不会有可以测量得的蒸发度。因此当气温低于零下 25℃时就没有测量蒸发度的必要了，因为在这时蒸发度实际上等于零。数值 0.0018 同样是经验系数。

上面的公式没有把对蒸发度起主要影响的风考虑在内，所以后来考虑了风速，对这一公式做了补充，这样就得到了一个更完善的公式：

$$И_{М}=a(25+t)^{2}(100-e_{1})(1+bW)。$$

式中：W 为月平均风速，m/s；a，b 为经验系数，应该根据试验场的长期蒸发观测来确定。

由上面的几个公式可以看出，蒸发度的物理意义涉及湿度、气温和风，而潮湿系数是降水量与蒸发度之比，那么潮湿系数本身就包括这几个主要气象因素：降水量、湿度、气温和风的总和。因此我们说潮湿系数是反映区域最完善的指标。那么根据它来作为潜水区划时的气候标志当然也是最理想的。

三、中国气候潮湿性分带问题

在介绍了潮湿系数的概念之后，下面简略地讨论一下我国按潮湿系数分带问题。

关于直接采用潮湿系数进行我国气候分带的工作，在以前还没有人进行过，只有在 1941 年 H.H. 伊凡诺夫所发表的世界潮湿性分带图中也把中国的情况包括进去。

伊凡诺夫首先根据潮湿系数把气候的潮湿程度划分为 6 个等级：

（1）湿度过剩带（$K_{B}\geqslant 1.5$）

（2）湿度充足带（K_{B}=1.49 ~ 1.00）

（3）湿度适中带（K_{B}=0.99 ~ 0.60）

（4）湿度不足带（K_{B}=0.59 ~ 0.30）

（5）湿度过低带（K_{B}=0.29 ~ 0.13）

（6）微湿度带（K_{B}=0.12 ~ 0.00）

1945 年 M.Д. 谢苗诺夫 – 天山斯基也进行了类似的研究工作。须要指出，他所提出的潮湿系数的指标与伊凡诺夫所采用的略有不同，但在意义上是相同的。他所做的按照湿度程度的分级比伊凡洛夫的详细一些。他把伊凡诺夫的微湿度带划分为三个带：微干燥带、中等干燥带和强烈干燥带。

在这里还要指出 B.Л.李奇柯夫划分潜水带时特别重视植物景观的研究。他把俄罗斯平原的潜水分带与景观分带：苔原（冻漠）带、森林带、森林草原带、草原带相结合。他认为植物是潜水分带的直接标志。H.H.伊凡诺夫进行潮湿系数的分级时也结合着植物景观分带来论证这些等级，结果也得出了一个结论：一定的景观带都具有一定范围的潮湿系数值。因此，也可以得出这样的推论：据潮湿系数所划分的各带也适合于潜水带。

根据以上的论点，更进一步地说明了潮湿系数在潜水区划中的重要意义。

由于 H.H.伊凡诺夫所做的图是世界性小比例尺图，因此不可能是很详尽的。目前我国有关潮湿系数的资料还是极其缺乏的，要想做出一张详尽而准确的潮湿性分带图还没有条件。

据伊凡诺夫图件资料可以推出我国气候潮湿性的一般分带规律：由东南沿海向西北内陆气候逐渐干燥。

湿度过剩带（$K_B \geqslant 1.50$）分布在我国的东南部，其北部界限大致与 1000 mm 年雨量线相符合；西部界限则由成都往南沿四川省、贵州省的西界。在伊凡诺夫的原图上，大致相当于南岭山脉有一条湿度系数稍低的地带，不过根据目前的资料尚不能证实这一点，所以作者把它略去。

在湿度过渡带的外围为湿度充足带（K_B=1.49 ~ 1.00）。

大致相当于淮河流域，秦岭以及四川省西部和云南省的东部，此外在东北地区东部与苏、朝接境地带，以及大兴安岭都有狭条的分布。大兴安岭因地势高而气温低，因此蒸发力较小，潮湿系数也就稍大于周围地带。

湿度适中带（K_B=0.99 ~ 0.60）主要分布在东北的大部分地区、华北地区、再经西安、兰州、西宁向南连至昌都地区和云南省中部，再向西伸入西藏雅鲁藏布江河谷。在伊凡诺夫所做的原图把东北地区的中部即松辽平原一带的潮湿程度划分的过于复杂化了，可能是由于资料的局限性或不准确所致，作者把这一部分做了相当大的简化，完全划分湿度适中带。还要说明一点，即使在同一带里潮湿系数也有区别，例如，山西高原与河北平原肯定是不相同的，山西高原接近于本带潮湿系数的下限（即 0.60），而河北平原则接近于上限（即 0.99）。雅鲁藏布江河谷是我国西部潮湿系数最大的地带，这是由于从印度洋吹来的海风正沿着雅鲁藏布江河谷侵入，而喜马拉雅山山脊形成了潮湿系数的分界线，我们知道在这条界线以南布拉马普得拉河与恒河流域的潮湿系数是相当大的。在雅鲁藏布江出口处以及云南省的最西部有一条带状的湿度充足带，这是由于这一地带已在最高山脊的外侧，更多地承受印度洋影响的缘故。

湿度不足带（K_B=0.59 ~ 0.30）由东北地区的海拉尔开始延向西南经呼和浩特、鄂尔多斯地台的南半部，然后迂迴于青海而至西藏雅鲁藏布江以北的地带。在河套地区由于受地表水的调节作用形成半沙漠中的沃洲，因此形成一个较南北两侧稍湿的舌状地带。在鄂尔多斯地台的南半部即陕西省境内，气候较其北部的鄂尔多斯沙漠要湿润一些，因此也划归本带。又根据伊凡诺夫的资料，新疆的天山和阿尔泰山山区也属于湿度不足带，这也是由于山区气温低，蒸发度小，因而潮湿系数比周围稍大。

再往内陆则为湿度过低带（K_B=0.29 ~ 0.13），大体由满洲里以西连至蒙古人民共和国的东角，再入锡林郭勒盟，向西南经鄂尔多斯沙漠、阿拉善沙漠、河西走廊，环绕柴达木盆地的南缘至西藏北部羌塘高原，再回绕塔里木盆地的外缘而连至整个准噶尔盆地。由此可以看出准噶尔盆地比塔里木盆地的湿度系数稍大，这是由于准噶尔盆地降水量较大，并且气温低，蒸发量小的缘故。

最干旱的地带即微湿度带（K_B=0.12 ~ 0.00）分布在甘肃省北部以及新疆塔里木盆地和青海柴达木盆地。这里形成典型的沙漠景观。

由此图可以大略地看出我国气候潮湿性分带的情况，但由于 H.H. 伊凡诺夫所做的图显然没有足够的资料，而具有相当大的推测性，因此我们今后还要进行资料的搜集、计算和研究，以便做出较精确的潮湿性分带图，下面就举例谈一谈潮湿系数的计算问题。

四、潮湿系数的计算问题

现在我们以北京的气象资料为例，来谈一谈潮湿系数的一些计算方法问题。

北京的主要气象因素降水量、气温、相对湿度和风速的资料如表 1 所示，这些资料是取自 1940 ~ 1956 年 17 年的月平均值。关于降水量、气温以及相对湿度年变程图如图 2 所示。

表 1　北京地区 1940 ~ 1956 年气象要素月平均值一览表

月份	1	2	3	4	5	6	7	8	9	10	11	12	全年
降水量 /mm	1.8	5.4	6.9	22.2	48.1	76.6	184.1	205.1	63.7	15.1	17.6	3.7	663.2
气温 /℃	–4.7	–2.0	4.9	14.0	19.8	24.8	26.2	24.8	19.9	13.0	4.2	–3.0	11.8
相对湿度 /%	52	52	51	46	56	59	76	79	70	62	59	53	59
风速 /（m · s^{-1}）	2.5	2.7	3.0	3.3	2.8	2.3	1.7	1.6	1.9	2.2	2.3	2.5	2.4

根据表 1 的资料，北京年降水量约 660 mm，另一方面根据北京地质学院试验场的短期观察来看，北京年蒸发度大约为 700 mm，这样很容易计算出北京的潮湿系数约为 600/700=0.94，即使蒸发度可能有些不准确，但北京相当于湿度适中带，则毫无疑义。可以认为对整个华北平原来说都是如此。

假若我们没有蒸发度的观测资料，就需要运用经验公式来计算蒸发度。下面我们采用苏联广泛应用的马叶尔公式和伊凡诺夫公式来计算北京的蒸发度，借此验证一下这些公式中的经验系数是否适用于我国。

首先我们用公式 $И_M=d(15+3W)$ 进行计算。

根据表 1 中 1 月的资料：t=–4.7℃；e_1=0.52；W=2.5 m/s。

首先要将湿度差（d）计算出来，我们知道湿度差是指某温度下大气中饱和水气压（E）和当时大气中实际水气压（e）之差，即

$$d=E-e$$

E 可以按气温表而得，当 t=–4.7℃时，E=3.23 mm。绝对湿度（即 e）则根据下式计算：

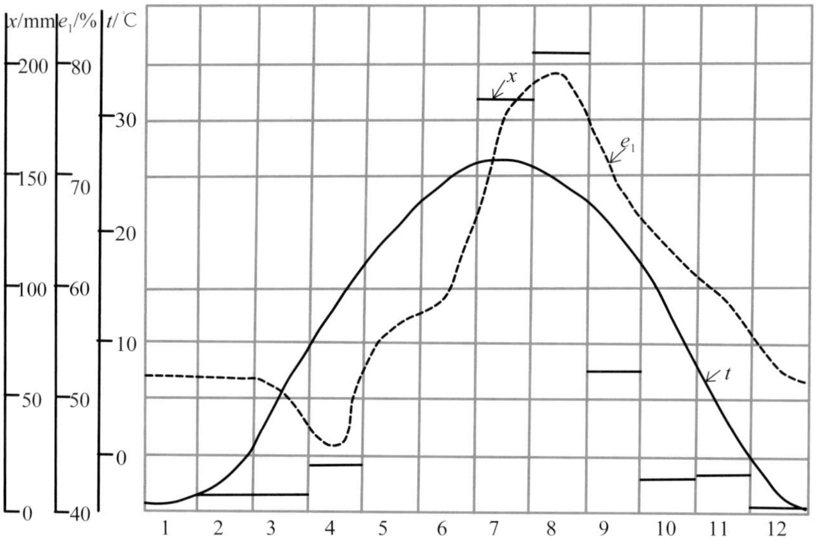

图 2　北京降水量、气温及相对湿度年变程图（多年月平均）

x—降水量；e_1—相对湿度；t—气温

$$e=E\times e_1$$

对北京 1 月是绝对湿度 e=3.23×0.52=1.68，进而计算湿度差 d=3.23−1.68=1.55。

这样我们就可以代入公式，求出北京 1 月的蒸发度：

$$И_M=1.55\ (15+3\times 2.5)=35.0\ (\text{mm})$$

用同样的方法计算出北京 12 个月的蒸发度和年蒸发度，计算得的结果如表 2 所示。

表 2　利用马叶尔公式计算蒸发度成果表

月份	1	2	3	4	5	6	7	8	9	10	11	12	全年
t/℃	−4.7	−2.0	4.9	14.0	19.8	24.8	26.2	24.8	19.9	13.0	4.2	−3.0	−
E/mm	3.23	3.95	6.49	11.99	17.32	23.48	25.52	23.48	17.42	11.23	6.17	3.68	−
e_1/%	52	52	51	46	56	59	76	79	70	62	59	53	−
e/mm	1.68	2.06	3.31	5.51	9.70	13.85	19.39	18.55	12.20	6.96	3.64	1.95	−
d/mm	1.55	1.89	3.18	6.48	7.62	9.63	6.13	4.93	5.22	4.27	2.53	1.73	−
W/（m·s^{-1}）	2.5	2.7	3.0	3.3	2.8	2.3	1.7	1.6	1.9	2.2	2.3	2.5	−
$И_M$/mm	35.0	43.8	76.4	161.2	178.3	210.9	124.4	97.6	108.1	91.6	55.4	38.9	1221.6

根据此公式计算出北京年蒸发度等于 1221.6 mm。

下面再采用 $И_M=0.0018\,(25+t)^2\,(100-e_1)$ 进行计算。

根据表 1 中 1 月的资料：t=−4.7℃，e_1=52%，这样就可以直接代入公式，求出北京 1 月的蒸发度：

$И_М$=0.0018（25–4.7）^{2}（100–52）=35.6（mm）。同样计算出北京 12 个月的蒸发度，其结果如表 3 所示。

表 3　利用伊凡诺夫公式计算蒸发度成果表

月份	1	2	3	4	5	6	7	8	9	10	11	12	全年
t/℃	–4.7	–2.0	4.9	14.0	19.8	24.8	26.2	24.8	19.9	13.0	4.2	–3.0	–
e_1/%	52	52	51	46	56	59	76	79	70	62	59	53	–
$И_М$/mm	35.6	45.7	78.8	134.2	159.0	183.0	113.2	93.7	108.9	98.8	62.9	40.9	1154.7

根据此公式的计算，北京年蒸发度等于 1154.7 mm。

由此可以看出，根据这两个公式计算的结果无论是逐月的蒸发度或是年蒸发度都是很相近的，取二者的平均值，北京年蒸发度大致等于 1190 mm。

把计算出来的蒸发度与实测蒸发度 700 mm 比较以下，则两者相差很大，计算蒸发度相当于实测蒸发度的 1.7 倍（1190/700）。这就说明苏联所适用的这些公式对我国（至少是华北平原）来说是不适用的。但公式的基本形式是正确的，我们只需确定一下公式中的经验系数，就可以拟出适用于我国的公式。

在这里还不能确定这些经验系数，由于上述的计算中实测蒸发度时采取最近短期的观察，而其他气象因素是多年平均的资料。正确的做法应当是有意识地设置大口径蒸发计或不同口径的几个蒸发计测定出正确的蒸发度，同时搜集相同时期内的气象资料进行计算，然后逐月进行对比，这就不难确定公式中的经验系数值。

由于我国幅员广大，像这样的经验系数可能不止一组而是几组。所以应当在不同的区域分别进行这样的研究，这项研究应当作为气象学家的任务。

目前我国东半部的气象站已经分布得相当稠密，并且观测的年限也很长，所以只需选择几个代表性的地点（如海拉尔、长春、北京、呼和浩特或包头、兰州或西安、武汉、上海、成都、广州）进行确定经验公式的研究，其他地点就可以根据确定好的公式来计算蒸发度，潮湿系数问题也就可以解决。而在我国西半部气象站还很稀，应特意设置气象观测站。在新疆的准噶尔盆地、塔里木盆地、青海的柴达木盆地至少都应有一个观测站，另外在天山、阿尔泰山山区也应设站。在西藏地方除拉萨、葛大克等城市外在羌塘高原上至少也应设置一个观测站。此外在昌都、河西走廊、西宁、银川、甘肃北部、鄂尔多斯沙漠和内蒙古锡林郭勒盟等代表性地区都应该有控制点。这样加上东部地区，在全国范围内能有四五十个控制点的资料，基本上就能掌握各个地区的潮湿系数，也就可以做出较为正确的气候潮湿性分带图。

五、结语

潮湿系数的研究，不仅对水文地质区划具有决定性意义，而气候潮湿性分带图本身就是一种最理想的气候区划图，它对于土壤、植被以及自然景观区划也都具有同样重大的意义。在我国发展国民经济的第一个五年计划中，确定了中国科学院研究工作的一项重点——中国自然区划的研究，这项研究的实际意义在于促使我们合理的规划发展国民经济（尤其是农业、林业、畜牧业、都市建设）的远景。而潮湿系数的研究可以作为自然区划研究的最主要的基础。

假若从目前开始，我国的气象学和气候学家，自然地理学家以及水文地质学家都能注意到这一问题的研究，那么在两三年内不难获得初步的成果。

最好是各个主要气象站、水文地质站以及有关高等院校分别进行所在地区的研究，这样将有助于这项工作的早日完成。

参考文献

Б.Л. 李奇柯夫 .1954. 论杜库恰耶夫的水平分带规律在潜水方面的应用及其他地下水对水平分带的从属性 [M]. 北京：科学出版社 .

М.М. 克雷洛夫 .1955. 中国地下水分区描述的方法问题 [M]. 北京：地质出版社 .

П.Н. 特维尔斯戈伊，等 .1951. 气象学教程 [M]. 北京：高等教育出版社 .

С.И. 科斯普，等 .1951. 气象学与气候学原理 [M]. 北京：中华书局 .

本文原发表于《水文地质工程地质》，1957 年，第 6 期，第 19 ~ 23 页。

我国潜水的形成及其地球化学作用的方向

方鸿慈
（地质部水文地质局）

一、序言

当我们进行中国潜水区划研究时，首先考虑的是决定区域潜水形成条件的几个基本特点。这些基本特点主要包括三方面：①气候条件尤其是气候的潮湿程度及其分带性；②区域潜水的地球化学作用方向；③潜水的动态成因类型。

而这三方面本身又是相互联系、相互影响的。假若我们能结合着这三方面进行分析研究，然后总括之，就有利于潜水区划工作的进行，并能保证区划的正确性。翻开苏联有关潜水区划的文献，我们可以找到 1949 年 Γ.Η.卡明斯基的《潜水分带性与土壤地理带》一文中所提出的有关苏联潜水分带的一种原则。他把全苏潜水分为两大基本类型：①溶滤潜水；②大陆盐渍化潜水。并且据此编制了苏联潜水分带略图。他所根据的标志是潜水的形成条件，其中包括补给、径流和排泄条件，而更重要的是把潜水的化学成分与动力条件联系起来，因此突出地体现出潜水地球化学作用的方向。他所提出的两种潜水名称本身，就能反映出这一点。

由于卡明斯基所做的潜水区划与其他学者所采取的标志不同，因此在他的图中所划分的地区界线与其他学者的划分有相当大的差别。但是这样一幅从特殊的观点所做出的潜水分带略图同样可以反映出区域的气候、地形、潜水的补给、径流和排泄条件。

我国目前正在开始水文地质区划的研究，因此有必要从各种角度来进行这一工作。笔者在本文中即根据我国潜水的形成及其地球化学作用方向这一特点，尝试地做出我国潜水分带略图，以期为我国水文地质区划研究提供一些基本资料。

本文初稿完成后，多蒙 Π.Π.克利门托夫专家和刘国昌教授的指教，提供了宝贵的意见，使得本文获得了进一步的修正。谨在此表示崇高的谢意。

二、潜水形成中的地球化学作用方向

所谓潜水地球化学作用方向，据笔者的理解可以概括为：形成在一定自然地理和地质条件下的潜水，其化学成分的形成过程与发展趋势。

结合着这种观点，卡明斯基把潜水划分为溶滤潜水和大陆盐渍化潜水。这种划分对我国当然也是同样适用的。下面就讨论一下这两种类型潜水的形成条件。

（一）溶滤潜水

溶滤潜水是在潮湿地区，亦即在年降水量超过年蒸发量的地区特征。但是在某些干旱地区的局部地下径流排泄良好的地段上也可能形成。

首先是在山地地区，在基岩的风化带里，分布着裂隙潜水，而在石灰岩分布区则可以发展为喀斯特潜水。这些水受到山区水文网的排泄作用，而具有良好的径流条件，使潜水来不及矿化，因而总是低矿化的淡水，其 TDS 不超过 1 g/L，化学类型为重碳酸水。在酸性火成岩分布区通常为重碳酸－钠（钾）水，而在石灰质岩石区则为重碳酸－钙水。在干旱地带的山区中，即使潜水的补给来源不丰，但由于山区的地形有利于潜水径流的发育，因而仍然是溶滤潜水的分布场所。

在山区中发育的溶滤潜水和地表径流一起沿着山坡流向下方，流到与山区相衔接的广阔平原或山间盆地中去。

首先流到由冲积锥所组成的山前倾斜平原上（图 1）。在冲积锥顶部的砾石部分中，发育着溶滤潜水，但这里已不是裂隙水而是孔隙水。潜水由降水、部分地表径流的渗入和有时是来自基岩的地下径流所补给。潜水流量很大，水质仍然是重碳酸型的淡水。沿着潜水的流向，土石颗粒越来越细，砾石被砂所代替，再往下方出现了黏质土的夹层，潜水埋藏在砂层及黏质土层的互层中，而在黏土层间的砂质土中的水则表现为承压的性质。由于颗粒的变细，结果造成了潜水的回水，潜水离地面很近，形成了土壤的沼泽化，而有部分潜水溢流于地表形成泉（潜水溢出带）。

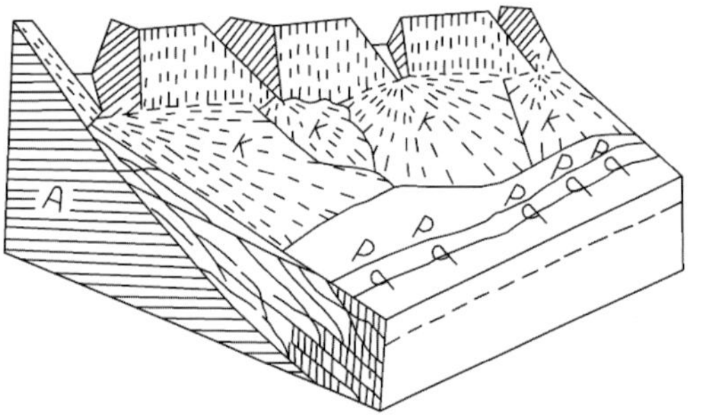

图 1　潜水在山前倾斜平原中的分布略图

A—隔水层；K—冲积锥；P—泉

随着潜水自冲积锥顶部向边缘部分的运动，在大多数的情况下，潜水的化学成分也发生了变化。潜水的 TDS 沿着流向而逐渐增高，这种 TDS 的增高一方面由于潜水在流动过程中的溶滤作用，另一方面在潜水溢出带以下，埋藏很浅的黏质土中的潜水径流很迟缓，而部分消耗于蒸发，产生了盐分在潜水和土壤中的聚积。在这一发展过程中，潜水 TDS 的增高程度，还要取决于区域的自然地理和地质条件。

假若山前倾斜平原与具有外流水系的广阔平原相衔接，即使潜水在它流动过程中，由于溶滤作用与蒸发作用使它们的矿化程度有所提高，但是笔者认为这部分潜水仍属于溶滤潜水。因为就区域潜水盐均衡的观点来看，盐分的含量并没有发展的趋势。至于有些个别的低凹地段，潜水的 TDS 增高到微咸水乃至咸水的程度，并且这种 TDS 的增高还在逐年发展着，像这样的地段应属于卡明斯基所谓的溶滤潜水带之间的大陆盐渍化水地段。

假若山前倾斜平原是与内流盆地相毗连，那么它们的情况就不同了，它们将过渡到大陆盐渍化潜水带。

（二）大陆盐渍化潜水

大陆盐渍化潜水则是在干旱草原、半沙漠和沙漠地区形成的。这些地区降水量很少，蒸发作用很强烈并且有时成为潜水消耗的唯一方式。

由于在干旱地区，很难发育强大的地表水流，而只能形成短小的内流水系，流向山间的盆地中去。而这些内流盆地也正是大陆盐渍化潜水分布的典型地带。

内流山间盆地的水文地质特点，表现在由山区边缘向盆地中心的潜水水文化学分带上。

前面已经提到，在干旱地区的山区和山前倾斜平原中，地下径流条件相当良好的潜水仍然是溶滤潜水，保持着重碳酸盐的矿化类型，TDS 不超过 1 g/L。及至山前倾斜平原的边缘部分，由于地下径流困难，已有局部潜水消耗于蒸发，于是潜水 TDS 增加到每升几克，矿化类型过渡到硫酸型乃至硫酸 – 氯化型。再向盆地的中心，地下径流趋于停滞状态，潜水的消耗形式主要是蒸发，这就过渡到大陆盐渍化潜水带，水的 TDS 发展到每升十几克甚至几十克，矿化类型过渡到氯化 – 硫酸型乃至氯化型，同时阳离子由钙过渡到以钠占优势。

大陆盐渍化潜水带的盐均衡处在“正”的状态，亦即潜水中的盐分逐年不断地增加着。

关于山间盆地的水文地质和水文化学的分带规律，如图 2 所示。

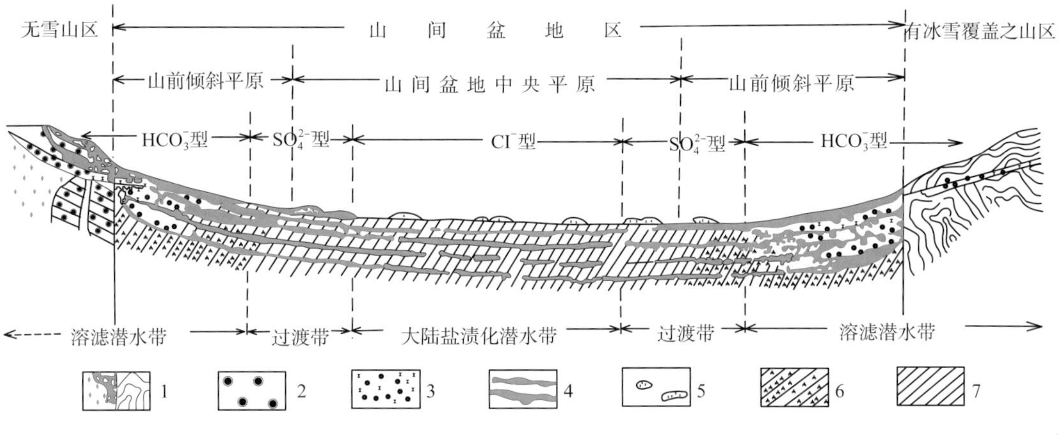

图 2　山间盆地水文地质条件示意图

（参考 И.В. 波波夫的资料改绘）

1—基岩；2—巨砾体石沉积；3—洪积卵砾石；4—冲积洪积砂；5—风成砂；6—分选的洪积黏质土；7—洪积黏质土

在这里还需要解释一下，当笔者编制中国潜水分带略图时，感觉到我国地形特点与苏联有所不同。那就是我国西半部除山地外，高原还占有广大的面积，在这些高原上的潜水的地球化学作用方向表现得不是很鲜明。

首先，卡明斯基所谓的山区溶滤潜水，显然主要是指基岩风化裂隙中的潜水，它们由于山区的地形而造成了相当好的径流条件。而我国高原的地质情况大体是在基岩上覆以不同厚度的第四纪沉积物，像这样的地带，含于第四纪疏松沉积物中的潜水显然呈孔隙水存在。假若它们没有发展为大陆盐渍化水的条件，笔者把它列为一般的溶滤潜水中，即不加“山区”的字样。如我国陕甘黄土高原就属于此类。

另外，同样的高原也可能有基岩广泛出露，而潜水主要存在于基岩风化壳中，像这些地带即使没有明显的山地地形，可是笔者仍然把这一带的潜水划为山区溶滤潜水。

这样，我们可以把这两种类型的潜水按其分布地带总括在表 1 中。

表 1　潜水分类表

<table>
<tr><td rowspan="2">山区（包括部分高原）–溶滤潜水（部分高原中可能间有盐渍化潜水地段）</td><td>具有外流水系的平原（包括部分高原）及山前带–溶滤潜水（局部凹地间有盐渍化潜水地段）</td></tr>
<tr><td>内流山间盆地–大陆盐渍化潜水</td></tr>
</table>

三、我国潜水的形成及其区划

笔者根据卡明斯基的原则，亦即以潜水的形成条件为标志编制了中国潜水分带略图。在中国采用了与卡明斯基的图相同的图例，以便可以把这张图视为苏联潜水分带略图的连续。

下面就根据编制的图件资料来叙述一下中国各个区域潜水的形成并着重于潜水地球化学作用的方向。

首先讨论我国东北地区。沿长白山脉、大小兴安岭是山区溶滤潜水的分布地带。在这些山区广泛分布着酸性火成岩，由于气候的寒冷，潜水的溶滤作用并不十分强烈，由此潜水的 TDS 很低，形成富含硅酸的重碳酸–钠的矿化类型。实际上水中硅酸的绝对含量是不多的，但由于 TDS 极低，相对来说硅酸就占有相当大的百分数；阳离子中以钠为主，这是由于酸性火成岩中的钠长石（或钾长石）受到溶滤的结果。

山区裂隙潜水流到与其毗连的松辽平原中，这些平原由于具有外流水系，因此基本上发育着溶滤潜水。在松花江平原上的潜水为松花江所排泄，水的矿化仍然保持着重碳酸型，但个别低凹地段，如滨洲铁路与嫩江–松花江之间的三角地带，由于地形的低凹产生了局部盐渍化，并且时常是重碳酸–钠型的盐渍化–碱化。在黑龙江、松花江和乌苏里江汇合处的所谓三江低地，产生严重的沼泽化，但由于气候比较潮湿（降水量>蒸发度），水的 TDS 很低，因此没有发现盐渍化现象。辽河平原的潜水由松辽分水岭流向南方入海，在这样的径流过程中，水的 TDS 有所提高，尤其是在辽河下游地带，潜水径流迟缓，并兼受海水的影响以及灌溉制度的不合理，因此发育着氯化–硫酸型甚至氯化型的盐渍化水地段。

在内蒙古呼伦贝尔草原上，由于气候比较干旱，地势比周围低凹，形成呼伦池、贝尔湖等内陆半咸水湖，因此分布着大陆盐渍化潜水带，但盐渍化程度并不很高。

在华北地区的冀热山地、山西高原和山东丘陵都是山区溶滤潜水发育的场所。山西高原中的汾河、沁河谷中的冲积层溶滤潜水，同地表水流一起流入于华北平原，华北平原的边缘，冀热山地南麓、太行山东麓和山东丘陵的外缘广泛分布的山前地带，是重碳酸–钙型的巨大潜水流分布地带，在供水方面意义很大。山前带的潜水流到广阔的冲积平原上，华北冲积平原的潜水总流向大致向东流向海洋。在这漫长的流途上，潜水的矿化度逐渐增高着。但由于华北平原处在湿度适中气候带，蒸发作用还不是潜水消耗的主要形式，潜水 TDS 的增高在相当大的程度上是由于潜水沿途溶滤作用的结果，所以就整个区域而言，还应属于溶滤潜水带。

然而在黄河下游，由于河床淤积颇高，使河水位经常高于两岸低地，这样河水就补给着潜水，在低凹地段上潜水排泄条件不良，而消耗于蒸发；另外，在沿海一带兼受海潮的影响，因此在这些地区都发育着盐渍化潜水地段。

我国东南部，广泛分布着丘陵山地，气候很潮湿，年降水量可达 1000~2000 mm 甚至更大。在这种气候与地形的条件下，广泛发育着山区溶滤潜水。由于径流条件良好，潜水来不及矿化，因此基本上都是重碳酸型的淡水。在江南丘陵、东南沿海丘陵和大别山一带，广泛分布着酸性火成岩，使潜水具有重碳酸－钠型的矿化类型。在广西北部和云贵高原一带是为石灰岩广泛分布区，因此发育着重碳酸－钙型的喀斯特水。

坚硬岩石构成的这些山区，地表径流非常发育，解决供水问题主要依靠于此。不过还需指出在山区中广泛分布着山间河谷冲积层潜水，但因河谷冲积扇很窄，并且分布很零散，因此在小比例尺的图中无法把它们表示出来。此外，沿海地带的丘陵直接与海洋毗邻，因此没有较宽的滨海平原。山区的裂隙潜水、河谷冲积层潜水和地表水流一起，以较短的流途、较大的坡度而流入海洋，因此不会产生盐渍化水地段。

四川盆地是一个具有外流水系的盆地，长江中游由此通过，在盆地东端打开出口，使发源于盆地边缘山地的地表径流得以汇入长江而后外泄。这样在盆地中广泛分布的白垩化砂岩风化带中的潜水和成都平原的洪积－冲积层潜水也和地表水一样有它的出路，潜水或被地表水流所排泄，或沿河谷冲积土以地下径流的方式流向下游。于是四川盆地中 的潜水保持为径流条件良好的溶滤潜水，水质以重碳酸型的淡水为主。

长江下游冲积－湖积平原中的潜水，在它流向海洋的过程中，虽然矿化程度有所提高，但因位于潮湿气候带，可以认为盐渍化现象是不显著的。珠江河谷冲积层和三角洲冲积层的潜水，则更是如此。

我们西南青藏高原的情况，目前还了解得很不够，可是根据气候和地形的资料可以做出一般的推测。

在西藏东部和东南部为具有外流水系（雅鲁藏布江、怒江、澜沧江等）的峡谷地带，高山区的溶滤潜水以及河谷冲积层潜水大部通过河流排泄到海洋中，因而潜水保持为重碳酸的矿化类型。

藏北高原地带就显然不同了，这一地带呈冻漠（苔原，тундра）的自然景观，可是又与苏联欧洲部分最北端的冻漠水带不同。由于地区的位置和标高关系，气候既干且寒，并且地表比较平坦，径流条件不良，因此表现在潜水地球化学作用方向是高处岩石中的盐分被溶滤，随水流挟带至低凹处，由于水分的不断蒸发，使水的 TDS 不断提高，特别是反映在该区的腾格里海和几百个咸水湖的存在上。因此可以推断，这些低凹地段的潜水也必然是硫酸型乃至氯化型的盐渍化潜水。但是这些低凹地段是零星分布的，因此在图中没有把它们连成一个带，而用许多盐渍化水地段的图例来表示它们。

柴达木盆地由于气候的干旱以及盆地的地形，而形成典型的大陆盐渍化潜水分布地区。潜水由盆地边缘的重碳酸型水逐渐过渡到盆地中心的氯化型水，表现出明显的水文化学分带。

河套平原、鄂尔多斯沙漠和陕甘黄土高原可以列为由潮湿气候向干旱气候的过渡带。

鄂尔多斯沙漠三面为黄河所环绕，但仅在边缘部分稀少的地表水流可以流入黄河、沙漠的中部有一些咸水湖的存在，说明这些低凹地带的潜水也应为咸水型的大陆盐渍化潜水，但是由于资料很少，只能根据咸水湖的分布大致勾出它们的范围。

南西的陕甘黄土高原的情况就有些不同了，在高原上发育着泾、渭、洛三河，这些河流切割着地表而形成较深的峡谷，使高原上的潜水得以被地表水流所排泄，因而基本上都是溶滤潜水。由于这些潜水都存在于黄土层或河谷冲积层中，形成孔隙水，而与山区基岩裂隙水有所区别。黄土层中的潜水，一般埋藏很深（几十米以下），因此给引水技术带来了困难。

大青山南麓的呼和浩特—包头以至贺兰山东麓的银川一带，构成所谓河套平原。沿山前地带的溶滤潜水，流向下方而与黄河冲积层潜水相连，并为黄河所排泄，是为半干旱地带中水量最好、水量最丰的地带。

我国西北干旱地带，包括内蒙古的北部、甘肃北部和新疆全部，这是我国大陆盐渍化潜水的主要分布区。

关于内蒙古北部的水文地质资料，目前非常缺乏，甚至连地质资料也很少，所以只能根据地形、水文及部分地质资料进行推测。在大兴安岭西麓和阴山北麓之间的东部联合旗一带地势比较低凹，并有咸水湖的分布，可以认为是大陆盐渍化水带。从多伦向北至西部联合旗一带，根据片段的地质图，其中有玄武岩、流纹岩和花岗岩等火成岩出露，所以笔者把它划为山区溶滤潜水带。在大青山、狼山北麓由山区潜水向北过渡为大陆盐渍化潜水，由于地形的关系，其间的山前带远不如河套平原那样发育，所以在图上没有表示出来。

甘肃北部、祁连山北麓的河西走廊山前地带是低矿化溶滤潜水的分布带，是今后发展工业和扩建城市最适合的场所。随着潜水的流向北方，TDS 逐渐增高，过渡到额济纳旗的大陆盐渍化潜水带。

在新疆昆仑山、天山和阿尔泰山之间的塔里木盆地、准噶尔盆地以及吐鲁番盆地与柴达木盆地的情况一样，为我国大陆盐渍化潜水典型分布区。可以看到像图 2 所表示的明显的水文化学分带规律。在盆地边缘仍然可以遇到水质优良的山前带溶滤潜水，是为新疆供水水源最有希望的地带。

四、结语

像这样的潜水分带原则肯定还有它的片面性。即使在某种程度上可以反映出气候条件，但是像我国东北角的多年冻土带就不能表现出来。此外，划为同一带的各个区域，它们的水文地质条件也有所差异。例如，新疆的几个典型盆地与内蒙古境内的大陆盐渍化潜水带，它们的表现程度就有些不同；陕甘黄土高原与华北平原上的溶滤潜水的埋藏条件也有所不同；云贵高原和广西北部的喀斯特水与东南沿海丘陵的火成岩裂隙水的水量、水质显然也有区别。所有这些更详尽的水文地质特点在这张略图中都不能够完全地反映出来。

正像序言中所指出的那样，本文只是对潜水区划提供一方面的论证，因而必须与其他标志结合起来研究，才能做出完善的潜水区划图。

假若今后能获得较多的水质分析资料，还可以在本文所提出的分带图的基础上；按照 И.В.嘎尔莫诺夫的原则，编制我国潜水化学分带图。

在 1955 年 Г.Н.卡明斯基又提出了《苏联水文地质区划原则》一文。在该文中更进一步结合苏联大地构造，编制了《苏联水文地质区划略图》，其中并反映出自流水的区别。很明显，卡明斯基的这一研究是在他 1949 年的著作基础上发展起来的。卡明斯基的水文地质区划新原则也正为我国水文地质区划的研究指明了方向。

最后需要指出，在本文中所提出的大陆盐渍化潜水与溶滤潜水的划分原则，不可避免地还存在着很多问题，甚至是原则性上的错误。并且这张图的实际资料是非常不足的，而具有相当大的推测性。所以，希望在各个区域从事实际工作的同志能从实际资料上对本文不正确的地方加以纠正。

参考文献

Б.Д. 鲁萨诺夫 .1956. 关于中国区域水文地质条件的资料 [M].

M.E. 阿利托夫斯基，A.A. 康诺波梁诺夫 .1955. 地下水动态研究方法指南 [M]. 北京：地质出版社 .

M.M. 克雷洛夫 .1955. 中国地下水分区描述的方法问题 [M]. 北京：地质出版社 .

П.П. 克利门托夫 . 1955. 水文地质学 [M]. 北京：地质出版社 .

地质部水文地质工程地质局 .1956. 三百万分之一中国水文地质分区图说明书（初稿）[R].

地质出版社 . 1953. 中华人民共和国分省地图 [M].

中国地质工作计划指导委员会 .1949. 三百万分之一中国地质图 [R].

本文原发表于《水文地质工程地质》，1957 年，第 10 期，第 5 ~ 9 页及第 23 页。

河西走廊的水文地质区划（摘要）

方鸿慈
（甘肃省地质局水文地质工程地质队）

一

在甘肃省的西北部，自乌鞘岭以西至甘新交界，南迄祁连山，北迄龙首山、合黎山、马鬃山之间的狭长地带，叫作河西走廊。

自新中国成立后，河西走廊的国民经济建设有了飞跃的发展，从而显示出一个非常美好而繁荣的远景。为了满足工矿企业、城市建设、农田灌溉、畜牧、铁路等方面的供水水源，以及扩大耕地面积而进行土壤改良，都需要有相应的水文地质资料作为依据。因此，有必要进行水文地质区划的研究。

关于河西走廊的水文地质区划，已在段永侯、范锡朋等同志的文献中有所论述。其中一些区划的基本原则正是本文中所采纳的。而目前有利的是河西走廊的水文地质普查工作已经基本完成，因此在区划的界线上能够做到进一步的精确。

由于水文地质区划的目的是用来作为规划国民经济发展的依据，因此本文尽量考虑其应用方面，对河西走廊来说也就是针对供水和土壤改良两方面。

还有一个相当重要的原则，那就是水文地质区划的成果必须浅显易懂，不仅使水文地质工作者能够看懂，而更重要的是要使计划部门和各个企业部门的领导同志也能看懂，这样才能真正发挥区划成果的作用。

本文就是在这种思想指导下而撰写的。

二

河西走廊是东西延长 1000 多千米的狭长地带，是一个完整的自然地理单元。南部的祁连山海拔大都在 3000 ~ 5000 m 之间。北部以龙首山—合黎山—黑山—宽台山及马鬃山为界，构成所谓北山，海拔在 1500 ~ 2500 m 之间。夹持于南、北两山之间的走廊平原，海拔东部在 1500 m 左右，西部低至 1000 m，由于内部为一些块状隆起所分割，因而在地形上又可划分为几个小单元（盆地），每个小单元（盆地）内，地势一般南高北低，坡度平缓。

河西走廊深处内陆，降水量稀少，年仅 100 mm 左右，而年蒸发度竟达 2000 mm 以上，潮湿系数为 0.05，是为典型的大陆干旱气候。但祁连山北麓的年降水量大部在 300 mm 左右，必须强调指出这一点，它对河西走廊地下水的补给起着决定性的作用，忽略这一点也就无法解决河西走廊蕴藏着丰富地下水的根本问题。

本区河流都属内陆水系，其中以白宁河（石羊河）、黑河、北大河、疏勒河、踏实河和党河为最大。这些河流的共同特点是：在山区承受降雨和融雪所补给，及至出山口后，由于山前砾石带透水性很强，于是产生地表水的大量渗漏，因而河流流量大减甚至断流，在走廊北部由于潜水溢出而形成河流的源泉，河流末端潴成盐湖。

在大地构造上可以划分为祁连山褶皱带、马鬃山－阿拉善地台以及介于二者之间的走廊凹陷带。

祁连山褶皱带除包括祁连山主脉外，还包括北缘的隆起（龙首山、合黎山、黑山、宽台山）。造山运动始于加里东期，其后经几度发展，直到现代祁连山的上升运动仍在持续。

马鬃山属于阿拉善地台的最西段，由于长期剥蚀的结果，形成了剥蚀残山。

走廊凹陷带分为两个亚带：一个是祁连山内部的山间凹陷，其凹陷程度很大，常达 2000 ~ 3000 m；另一个是马鬃山地台的边缘凹陷，一般凹陷深度较小，但基底较为开阔。而走廊凹陷带内沉积了很厚的第四纪地层，是为河西走廊内主要含水层所在。

第四纪沉积有下更新世洪积相玉门砾岩及湖积－冲积相砂泥岩；中－晚更新世洪积相酒泉砾石层及湖积－冲积层；现代的河谷冲积层、湖积—冲积层、洪积层和风积层。

祁连山上的降雨或融雪沿着山麓形成地表径流，它对基岩裂隙潜水起着排泄作用。当地表径流出山之后，首先遇到的就是山前洪积倾斜平原顶部的酒泉砾石层。由于酒泉砾石层透水性很好，并且潜水位很深，大量地表水流至此产生垂直渗漏，走廊第四纪地层的地下水绝大部分就是以这种方式获得补给。

从水文地质观点出发，可以把走廊内的第四纪地层看成是一个完整的含水组合体。

走廊的南缘酒泉砾石层，有时也包括玉门砾岩层，形成了巨厚的潜水含水层。潜水流在各个盆地里大致由南向北流动。在各个盆地北部所谓的“黄土”平原是为黏质土和砂的交互层分布所在，至此浅水只埋藏在透水性极弱的第一层黏质土中，它们已不具供水的意义，而却成为导致土壤盐渍化的因素。在黏质土之间的砂层形成了承压水含水层，在适当的条件下还可以形成正水头承压水，亦即一般所谓的自流水。

走廊内部降水量很少，因而对潜水几无补给作用。在走廊北缘的“黄土”平原上，潜水绝大部分消耗于蒸发。也有小部分潜水溢出成泉，它们补充了来自南方的河流流量，或使已消失的河流在此重新出现。地表水和少量潜水流从黑山—宽台山的个别峡口流至以北的盆地中去。

走廊平原潜水的水文化学具有分带性，一般山前砾石带的潜水 TDS $<$ 1 g/L；随着潜水流向北方，TDS 逐渐增高，及至北部“黄土”平原上的潜水，TDS 增至每升十几克至几十克，个别低凹地段竟达 100 g/L 以上。“黄土”平原上的多层承压含水层，其水质仍为低矿化的淡水。

三

本区划的重点放在走廊平原内部，至于祁连山、走廊山脉马鬃山只做概略的区划与描述。由于基岩中的层间水目前研究得很不够，因此本文主要是第四纪水文地质区划。

但是基岩所组成的这些山区对平原第四纪地层地下水的形成起着决定性作用，它们作为平原地下水的补给源地或成为地下径流的隔水障碍。因此山区的区划不从其本身的水文地质条件出发，而以其对平原地下水的形成所起的作用出发。这样就决定了第一级区划单位（区）的划分是以全区的气候、地形为基本标志。

根据这一原则，把研究范围内划分为 4 个区，其对走廊平原地下水形成条件的影响如下：

Ⅰ. 祁连山水文地质区——走廊平原地下水的补给源地。

Ⅱ. 走廊山脉水文地质区——对来自南方的地下径流起阻挡作用，但个别峡口可使潜水流通过。区内降水、地表径流对北部地下水有附加补给。

Ⅲ. 马鬃山水文地质区——作为走廊地下径流的隔水障碍。

Ⅳ. 走廊平原水文地质区——走廊平原地下水的分布区。

由于在同一区里，自然地理条件和地质条件又有些不同，因而第二级单位——亚区的划分可以用局部的自然地理和地质岩性为标志。这样将 4 个区划分为以下几个亚区：

Ⅰ甲. 祁连山高山亚区

Ⅰ乙. 昌马盆地亚区

Ⅱ甲. 龙首－合黎山亚区

Ⅱ乙. 黑山－宽台山亚区

Ⅱ丙. 南、北截山亚区

Ⅳ甲. 武威盆地亚区

Ⅳ乙. 张掖－民乐亚区

Ⅳ丙. 酒泉盆地亚区

Ⅳ丁. 赤金盆地亚区

Ⅳ戊. 金塔－花海子盆地亚区

Ⅳ己. 敦煌－安西盆地亚区

第三级单位——地带的划分，应该反映出供水和土壤改良方面的评价，因而应当以地下水的埋藏条件为标志。

走廊平原的潜水一般分布在山前砾石带内，水量丰富，水质又很好，是为适宜供水的地带。但由于砾石带表面是戈壁滩，因此一般不是农垦区。从供水条件来评价，潜水埋藏深度是一个主要因素，深于 100 m 以上的地带不适宜开采或不可能开采，浅于 100 m 的地带适宜开采。

盆地北部“黄土”平原的承压含水层水量仍很大，水质仍较好，完全可以作为供水和灌溉水源。由于这一带表层为黏质土，因此为农垦区；在潜水埋藏很浅的低凹地段形成土壤的盐渍化和沼泽化。从开采条件出发，承压水可以分为自流水（正水头承压水）

和半自流水（负水头承压水）。把承压水划分为这样两个地带，对当地农业规划来就是很需要的。

因而把走廊平原地下水划分为 4 个地带，其特征如下所示：

1）潜水深藏地带——潜水埋藏深于 100 m，一般不易开采或不能开采。

2）潜水浅藏地带——潜水埋藏深度浅于 50 m 地段可作为大型供水源地，50 ~ 100 m 地段可作为中型供水源地。

3）半自流水地带——可作为大型供水水源，便于就地开采用于灌溉。个别低凹地段形成盐渍化土壤。

4）自流水地带——可作为大型供水水源，自流灌溉尤为便利。土壤盐渍化程度与范围更大。

在北部的土壤盐渍化地段，从土壤改良目的出发应把它们的分布界限勾出来，但盐渍化土壤分布地段并不与自流水或半自流水分布地带相吻合，因此在区划图中用特殊的附加符号来表示它们的分布范围。

四

本文中对走廊平原（第Ⅳ区）的几个盆地（亚区）进行了水文地质描述与评价。

综上所述，不难看出河西走廊虽位居干燥气候带，但在有利的自然地理和地质条件下，地下水形成条件非常优越，因而蕴藏着丰富的地下水资源。

区内主要的含水层是酒泉砾石层及较新的冲积 - 洪积层。从供水观点出发，最适宜开采的是潜水浅藏地带，今后新兴城市的部署可据此来考虑。

在盆地北部的“黄土”平原是为发展农业的地区，这一带的承压水应作为灌溉水源，自流水的利用固然便利，但对半自流水亦不应忽视、放弃。

发展本区农业的主要问题，不在于灌溉水源，而在于盐渍化土壤的改良。土壤改良的根本措施是排水以降低潜水位，排出水应导入附近河流令其外泄。

祁连山麓的矿业基地供水水源主要应依靠山峡筑库蓄水来解决。

畜牧区布局在肃北前山草原，从地下水利用观点出发是不利的，今后可考虑在农垦区之间适当部署畜牧地段。

今后水文地质工作方向是：在普查的基础上进行重点地区的详查，包括新兴城市、工矿基地的地下水源勘探；还包括国营农场灌溉水文地质条件的研究。

在走廊地区以往对基岩层间水研究很少，今后必须在可能的蓄水构造内勘探基岩地下水。更主要的是今后应相继展开地下水动态的长期观测工作，查明地下水动态变化规律，进而掌握全河西走廊的水均衡。另外在重点地区如供水水源地、大型农场进行详细的动态与均衡的研究，以便查明地下水储量变化提出合理的利用方案，并在潜水均衡计算的基础上论证排水 - 土壤改良的措施。

本文原发表于《水文地质工程地质》，1959 年，第 7 期，第 30 ~ 32 页。

水文地质工作有着广阔的前途

方鸿慈
（甘肃省地质局水文地质工程地质队）

水文地质是一门新兴的科学，在我国还是新中国成立后，在党的正确领导下，才逐渐成长起来的。不可否认，在过去短短的几年内，我们做了不少工作，取得了巨大成绩。但随着国民经济建设飞跃发展，对水文地质工作的需求也越来越迫切。

过去几年来，水文地质工作的重点放在了普查方面。在水文地质工作刚刚开始的年代里，这样做是完全正确的。也就是说在开始的阶段，首先要对全国主要地区的水文地质条件进行一般的了解，它对国民经济远景规划有着重大意义。但是以前的普查工作，大多在第四纪地层广泛分布区，以潜水为主要研究对象。今后在基岩分布区进行自流水的勘探，摸清自流水的分布规律，还需投入很大的工作量。

另外，今后将在普查已经基本完成的地区，相应地开展供水水源、灌溉、土壤改良、水工建筑、矿区水文地质、油田水、矿水等专门性调查，通过这些工作才能更具体地、确切地解决生产实际问题。

由于地下水本身是随时间变化着的，要掌握地下水的动态规律，就需要延续很长的时间。这就意味着水文地质调查是长期性的，有很多生产实践问题，若不根据地下水动态长期观测，就得不到彻底的合理解决。例如，供水水源地下水勘探所获得的成果，只能说明勘探期间的地下水资源，而今后在自然因素与人为因素的影响下，地下水将会产生如何的变化，必须通过长期观测去完成。又如，解决土壤改良问题，在普查中只能查明土壤盐渍化的一般分布规律，指出改良土壤的基本方向。但远远不能具体解决问题，这项任务的解决必须通过地区潜水动态与均衡的研究。并且还要结合农业技术措施，通盘来考虑，是一项非常复杂的工作。再如，矿山水文地质调查、油田水调查，不仅在矿产勘测时要做水文地质工作，而且在矿区投入生产之后，仍需长期不断地进行工作。还如，水工建筑物的水文地质调查，必须经过精密的试验研究，掌握水文地质计算所需要的精确数据之后，才可能进行设计。由此可见，今后的水文地质工作将由以普查为重点，逐步过渡到以详查为重点，将越做越细致，越做越精确。

水文地质站的工作可以说是永久性的。由于自然现象的发展是无止境的，国民经济的发展也是无止境的。不能把水文地质站的工作单纯地看成是简单的观测工作，它是一项理论性最强，而且是最能解决实际问题的研究工作。我们在不久将会看到全国水文地质站网，将要为满足国民经济建设的需要，逐步建立和日益成长起来。

由上所述，说明有很多水文地质工作都是才刚刚开始或者是还没有展开。因此在广大的水文地质工作者面前摆着更多更艰巨的任务，我们相信水文地质工作在党的建设社会主义总路线的光辉照耀下，在 1958 年“大跃进”的基础上，将会继续跃进。

本文原发表于《水文地质工程地质》，1959 年，第 7 期，第 41 ~ 42 页。

关于几个水文地质专业术语的解释

方鸿慈
（甘肃省地质局水文地质工程地质队）

在水文地质方面有一些基本术语，目前对某些人来说还不能认为是很明确的。由于某些术语在书本上找不到它的定义式的解释，有些术语则由于翻译上的不妥当，还有一些虽然翻译上并没有错误，但由于读者从中文字面上自加揣测而曲解了原意，所有这些都造成了对基本术语的误解。由于基本概念不清，不仅限制了个人在这门科学上的造诣，也多少妨碍了这门科学的正常发展。

本文根据近年来所发现的一些比较容易模糊的基本术语，根据笔者个人的理解加以阐述，其中也包括一些译名的纠正。本文亦难免有错误之处，尚希读者指正。

一、地下水的形成条件

地下水的形成条件是一个含义很广的术语，实际上水文地质学的全部内容也就是研究地下水的形成条件和分布规律。

但是由中文字面来理解，这一术语往往容易局限于“补给条件”方面，这是不正确的。

实际上地下水的形成条件包括地下水的起源、补给、运动和排泄条件，也包括地下水化学成分的形成过程。如与分布规律（包括地下水的埋藏条件及其在空间上的变化）结合在一起，也就构成了全部的水文地质条件。

不能孤立地看待地下水形成中的各个组分（补给、运动、排泄和化学成分的形成），因为这些组分之间是互相依存、互相联系着的，并且统统受到区域自然地理和地质因素的影响。

二、地下水的补给条件

地下水补给条件这一术语本身并没有什么难解之处，但在具体分析某区地下水补给条件时，往往也暴露出来对这一术语的概念不清。

地下水可以依靠降水、凝结水、地表水以及来自其他含水层的地下水来补给。

所谓降水补给，实际上很难遇到当地的降雨降落到地表后，即刻产生渗入，穿过包气带而达到潜水面。大多的情况下都是暴雨形成暂时性的地表径流，而在径流过程中产生渗入而补给着地下水，这种补给方式也应包括在降水补给的范畴。

地表水的补给一般可以有两种方式：一种是经常性的地表水流在潜水位较深的地段产生垂直渗入（像河西走廊山前砾石带、北京永定河冲积扇顶部）；另一种是在河流下游三角洲一带，河水位经常高于两岸潜水位，于是从河流水边缘产生下降式浸润曲线而补给着地下水（如黄河下游）。往往容易造成一种错觉，就是对一些河谷（尤其是河漫滩）冲积层潜水，由于它们与河水有着密切的水力联系，因此往往被误认为受地表水的补给。解决这样的补给关系问题也很简单，假若做出等水位线图，再不然只需正确地测量河水位和河边潜水位高程，即刻就可以查明。一般在河流中、上游都是潜水补给河水，只有在洪水期或可遇到河水暂时补给潜水。至于开采河谷潜水时，井水位低于河水位，而造成了河水补给井水，这只能说是在人为活动影响下造成的，而不是天然的补给关系。

同一含水层（组）的地下水由上游流至下游，这不能叫作补给。例如，河西走廊赤金盆地第四纪地层中的地下水流至酒泉盆地，我们就不能说酒泉盆地地下水受着赤金盆地的地下水所补给，它们实际属于同一含水层，而系上、下游的关系。这部分水量对赤金盆地来说是流出量，对酒泉盆地来说是流入量。当然基岩地下水流入第四纪含水层时叫作补给。

三、地下水的埋藏条件

埋藏条件（условия залегания）这一术语在地质学中译为产状，亦即埋藏条件与产状是同一述语。曾见在同一文章中出现了：“地下水的埋藏条件”和“地下水的产状”两个标题，这就令人莫解了。产生这种错误的原因大多是把埋藏条件误解为“埋藏深度”。

实际上地下水的埋藏条件的含义也很广泛，绝不仅限于埋藏深度。它包括由含水层的岩性和产状所决定的地下水类型（潜水或承压水，孔隙水、裂隙水或喀斯特水）；含水层厚度，水力坡度；潜水埋藏深度或承压水顶板深度以及隔水底层的深度等。也就是表明地下水在空间存在的性状，如扩大来说就构成了分布规律的概念。

四、层状水

在地下水的分类中，我们最常用的有萨瓦连斯基－奥弗琴尼柯夫系统：包气带水、潜水、自流水（承压水）；兰格系统：土壤水、潜水、下降层间水（非承压的）、上升层间水（承压的）。但是我们也曾遇到层状水（плаетовые воды）的名称。

层状水的术语首先见于苏联地质局 1928 年制定的地下水分类表中，它对每一类型的地下水都划分为层状水和地下川。根据解释：层状水是渗流于沉积岩层中的；而地下川是沿裂隙流动的。同样的术语后来也见于 Н.Н.斯拉夫扬诺夫的地下水分类表中：表层水（包气带水），层状水（饱水带中的水），坚硬裂隙岩层中的地下水。

由此可见，层状水就是我们最常见的、大体均匀分布在沉积岩层中的地下水，它们绝大部分应为孔隙水，但也可能是裂隙水（见克利门托夫《水文地质学》）。据笔者的理解，这种层状－裂隙水是指大体均匀分布在一定岩层的成岩裂隙中或是孔隙经溶滤扩大而成的裂隙中的水。

不管怎样，在我们的实践中可以避免采用这一术语，但是见到了它也应有明确的认识。

五、自流水

学名自流水的原文叫作 артезианские воды（阿尔特水），这一名称是由法国阿尔特（Артуа）的地名引用而来的。遗憾的是这一名词在几十年前就被译为“自流水”。从中文字面来理解，自流水显然是喷出地表的，但是阿尔特水的原意不一定指喷出地表的水，它也可以不喷出地表，但它必须是承压的。所以对于这种地下水我们索性就用它的同义词承压水更为合适一些。

需要指出，作为地下水基本类型之一的阿尔特水，它们喷出地表与否不是主要的，同一阿尔特水含水层，它们在个别地段可以自喷，在另一地段也可以不自喷，而我们不能把这统一的含水层叫做两个名称。因此，阿尔特水喷出地表与否，只能作为划分亚类的标志。

在我国目前广泛通用“自流水”（指正水头承压水）和“半自流水”（指负水头承压水）的名称。这样就与学名自流水有些区别，它们之间的对应关系如表 1 所示。

表 1　自流水同义语及含义

学名的用法	我国习惯上的用法
自流水＝承压水：正水头承压水、负水头承压水	承压水：自流水、半自流水

因此，建议当我们编写通俗性文献时可以采用习惯上的用法，而对一些正式的科研报告（如中国自流水分区）和阅读翻译过来的外文书籍时，必须理解自流水这一学名的真实定义。

六、岩石的水容度

岩石的水容度（влагоемкость）是水理性质的一项指标。遗憾的是这一术语的译名太紊乱了，曾见有水容度（或水容量、水容性），持水性，吸水性（或吸水量），含水量（或含水率）等译名。

就俄文直译应为水容量 [влаго（水分），емкость（容量）] 或水容度，用来做定性指标译为水容性也未尝不可。它的定义是“岩石能以容纳并保持一定水量的性能”。在工程地质学中常把它译为持水性或吸水性，与原来的含义尚无任何出入，但是译为含水量则是很不恰当的。

若将岩石的天然水容度（它与天然湿度是同义语）叫作天然含水量，还看不出有什么缺陷。但是在岩石水容度的分类中，用含水量就犯了根本的错误。我们知道容水的——黏土、亚黏土等；弱容水的——黏土质砂、黄土等；不容水的——砂、砾石等，这里如若采用“含水量”的译名，则黏土就变成了含水的岩石；而砂、砾石反为不含水的岩石（克利门托夫：《水文地质学概论》的译本就是这样误译的）。

因此建议以后遇到这一术语时一律用水容度（定量的）或水容性（定性的）。天然水容度也可以用它的同义语天然湿度，不要用“天然含水量”。

七、岩层含水性与富水性

岩层含水性（водоносность）与富水性（водообильность）实是两个术语。由于翻译上的不严格，很多人把这两个术语互相混淆 [查依采夫《综合水文地质图编制法》的译文把“富水性”误译为“含水量”；奥弗琴尼柯夫《普通水文地质学》的译本（1954）把“强富水的”译为“含水极丰富的”]。

岩层含水性并不仅指水量方面，它包括岩层的全部含水特征。而这全部的含水特征也正是查依采夫拟定的“岩层含水性图”中所表达的全部内容：岩层的时代、岩性成分；富水性；水的化学特征（TDS）以及地下水的埋藏条件。

由此可知岩层富水性仅仅是岩层含水性中的一项主要内容，而包括在含水性之中。富水性是以钻孔的最大可能涌水量来表示的含水层水量丰富程度的指标。这一术语本身并没有什么不明确的地方，问题在于这样一项指标具体到各种条件下如何确定（如水位深度及最大抽水降深问题、含水层分组问题、钻孔口径问题等），尚值得讨论研究。

八、地下水普查与勘探

地下水普查与勘探是我们常遇到的专业名词，同时也是“水文地质学”中的一门主要分科名称。不过对这一术语在目前相当普遍地存在着错误的理解。

错误的根源就是把这里的“勘探”误解成“勘探工程”(钻探、坑探等)。正因为如此，于是就很容易把“普查”误解成“水文地质测绘”。

地下水普查与勘探实际上就是详细程度不同的水文地质调查的总称，而并不代表水文地质工作种别。普查是初步的、概略的水文地质调查，而勘探则是较详细的水文地质调查。一般把水文地质调查分为三个详细程度不同的阶段，它们所包括的工作内容大致如下所示。

普查阶段：1∶20 万 ~ 1∶10 万（在我国有时也包括 1∶50 万）水文地质测绘；较少的勘探量和实验工作量。

初步勘探阶段：1∶5 万 ~ 1∶2.5 万水文地质测绘；较多的勘探量和实验工作量；常常需要进行地下水动态观测。

详细勘探阶段：＞ 1∶1 万水文地质测绘；很多的勘探量和实验工作量；继以地下水动态长期观测。

由此可知，“勘探”有两种不同的含义：一种是表示调查的阶段或详细程度（与普查相对应）；另一种则是表示工作的种别（与水文地质测绘、实验工作、地下水长期观测相平行）。

因此，为了避免这种误解，只需把表示调查阶段的“勘探”改称为“勘查”，这样也就可以区别开了。同样，“地质勘探学院”的“勘探”也应理解为勘查，而不是勘探工程。

本文原发表于《水文地质工程地质》，1960 年，第 5 期，第 34 ~ 36 页。

关于河西走廊第四纪地质问题的几点意见

方鸿慈
（地质部西北地质科学研究所）

河西走廊是指甘肃省西部祁连山以北、龙首山—合黎山—宽台山（统称走廊北山）以南的北西西向狭长平原。这一平原在大地构造上属于北祁连地槽的山前凹陷，在这凹陷盆地里堆积着巨厚的第四纪地层，其中蕴藏着丰富的地下水，所以研究河西走廊的水文地质条件首先必须对其第四纪地质进行研究。

关于河西走廊的第四纪地质问题至今还研究得很不够。虽然黄汲清先生以及苏联Г.П. 果尔什科夫、B.H. 帕甫林诺夫都曾注意过那里的第四纪地质，尤其是新构造运动，并提供了一些很宝贵的资料（黄汲清，1957；帕甫林诺夫，1957），然而终非系统的全面的研究。1955 ~ 1956 年余伯良先生对玉门至永昌间的新构造运动以及第四纪地层做了较细致的观察，提出了较为系统的总结。之后，段永侯同志在该区进行了踏勘，于 1959 年发表了《甘肃河西走廊（永昌至玉门）第四纪地质问题》（段永侯，1959）一文，较全面地叙述了该区第四纪沉积物成因类型、古夷平面以及第四纪地层的分层问题，对后来的工作奠定了一定的基础。

然而上述工作大多偏重于地表出露的第四纪地质的观察与研究，而对走廊盆地内部的第四纪地质（亦即与水文地质关系最密切的部分）由于当时缺乏实际资料，从而探讨得很少。这就导致某些见解的片面性，并使得某些论断不够正确。

自 1956 年以来，甘肃省地质局水文地质队在该区开展了大量的水文地质普查与勘探工作，相继取得了盆地内 100 ~ 200 m 深度内的有关第四纪地层资料。但遗憾的是对这些实际资料的分析、研究做得很不深入，一些第四纪地质问题的主要点仍然束缚在前人所下的结论上，这就使得河西走廊第四纪地质的研究多年来几乎没有显著的进展。

近年来笔者有机会接触到河西走廊的一些第四纪地质问题，从中发现前人对该区第四纪地质的某些见解尚有值得怀疑之处，现提出个人的几点看法，以供从事该项工作的同志参考。

一、关于河西走廊第四纪地层划分的初步意见

关于河西走廊第四纪地层划分问题，研究得还不十分清楚。由于该区以洪积层为主

的第四系中极少化石，并且相当大的一部分埋藏在地下，给地层划分带来了很大困难。只有根据岩层层位关系、岩性对比、地貌条件以及新构造运动的显示等来作为地层划分的依据。

在早期，石油工业部玉门矿务局的资料都把玉门砾岩划为新近纪（曾用 R_4、N_4 等代号），而把巨厚的酒泉砾石层划为第四纪（实为更新世）。1956 年出版的《中国区域地层表》（中国地质学编辑委员会等，1956）基本上就是如此划法，而在更新统的表层尚包括 2m 厚的黄土。在今天看来这种划法是不够妥当的。

在祁连山前山带广泛出露的玉门砾岩，大多与新近纪疏勒河组伴生，并且不整合地覆盖在疏勒河组之上。由于近年来在疏勒河组中发现了 *Metacypris*、*Cypris* 等介形类化石，划为上新世（N_2）已无疑义，因而玉门砾岩显然是第四纪早期的产物。正像黄汲清先生很早就指出玉门砾石层应是最老的更新统乃至下中更新统，酒泉砾石层应属于上中更新统或上更新统（黄汲清，1957）。

自 1956 年以来，水文地质界一向把玉门砾岩划为下更新统（Q_1），把酒泉砾石层划为中－上更新统（Q_{2+3}）。笔者目前即采用这种划法。虽然当前还不能肯定它是千真万确的，但至少可以相信玉门砾岩同酒泉砾石层（包括它们的同期异相产物）代表整个更新世的沉积。

以往学者根据祁连山前山带所出露的更新统的观察，还对玉门砾岩和酒泉砾石层做了进一步的划分。例如，黄汲清先生早在 1941 年就曾把老君庙附近出露的玉门砾岩，以不整合分之为上、下两部（黄汲清，1957）。余伯良先生在玉门市盆地的荒田地发现二叠纪窑沟系（P_y）逆推到第四纪较老的砾石层（曾用 Q_{cx} 代号）之上，而后又被较新的砾石层（Q_c）不整合地覆盖着（余伯良，1957）。B.H. 帕甫林诺夫一向把酒泉砾石层划为中－上更新统，对某些剖面还细分为下酒泉层（Q_2）和上酒泉层（Q_3）（帕甫林诺夫，1957）。之后，段永侯同志也同意这种划法，在他的文章中写道“$Q_{Ⅱ}$主要是指那些受了剧烈构造变动的成层砾石而言，仅在侵蚀剖面上可见，即余伯良先生所定的 Q_{cx} 层；$Q_{Ⅲ}$在前山带和走廊中广泛出露的戈壁砾石皆是”（段永侯，1959）。以上都可说明玉门砾岩与酒泉砾石层在它们沉积过程中，曾经受过新构造运动，而有过沉积间断。上述的划分在相对时代上可以肯定是正确的，只是各层的绝对时代以及不同剖面的对比问题还需要进一步调查研究来解决。目前可以暂时采纳段永侯同志的划法，把酒泉砾石层分为上（Q_3）、下（Q_2）两部分。当然这只能对侵蚀剖面做如此划分，在走廊凹陷盆地里 Q_3 戈壁砾石之下仍然存在着 Q_2 乃至 Q_1 的地层，根据钻孔岩心把它们划分开来确实很困难。

在这里着重援引段永侯同志初步拟定的河西走廊第四纪地层分层表如表 1 所示（段永侯，1959）。

表 1　河西走廊第四纪地层分层表

时代	岩层
$Q_{Ⅳ}$	河流冲积层
	风成沙丘
	山前坡积与洪积层

续表

时代	岩层
$Q_{Ⅳ}$	其他：包括残积、山地坡积和冰碛及其混合类型
$Q_{Ⅲ-Ⅳ}$	黄土类黏质砂土、湖沼相黏质砂土、砂质黏土及化学沉积
$Q_{Ⅱ-Ⅲ}$	酒泉砾石层 $Q_{Ⅲ}$ 与 $Q_{Ⅱ}$
$Q_{Ⅰ}$	玉门砾岩

（据段永侯，1959）

段永侯同志的分层表中问题最大的是“$Q_{Ⅲ-Ⅳ}$”（上更新－全新统）。根据这一划法，在 $Q_{Ⅱ-Ⅲ}$ 与 $Q_{Ⅳ}$ 之间又多出一个“$Q_{Ⅲ-Ⅳ}$”的时代单位（或地层单位），这一点是不合理的。假若该层做跨统解释，则是讲不通的；若做 $Q_{Ⅲ}$ 或 $Q_{Ⅳ}$ 解，尚能成立，但不宜这样地列在地层表中。笔者认为他所谓的“$Q_{Ⅲ-Ⅳ}$”黄土类黏质砂土、湖沼相黏质砂土、砂质黏土及化学沉积似乎部分属于 $Q_{Ⅲ}$ 的表层，部分则属于 $Q_{Ⅳ}$。

同样，在甘肃省地质局水文地质队的有关报告中也都划分出“$Q_{Ⅲ-Ⅳ}$”的时代（地层）单位。例如，范锡朋同志在其玉门－永昌间水文地质普查报告书中划分出上更新－全新统，包括两层，他写道：“（1）洪积砾石层——较中－上更新统为新，覆盖在酒泉砾石之上；（2）洪积黄土——按其分布的地貌条件与酒泉砾石层的关系应属于 $Q_{Ⅲ}$，但尚无足够的证据。”根据笔者的意见，他所谓的洪积砾石层既然较中－上更新统为新，就应划为 $Q_{Ⅳ}$；至于洪积黄土就像他本人所说的应属于 $Q_{Ⅲ}$（确切地说，相当于 $Q_{Ⅲ}$ 的表层），划为“$Q_{Ⅲ-Ⅳ}$”才更是没有根据的。关于这一点，在后面还要谈到。

1963 年出版的《中国的新生界》一书，对河西走廊第四纪地层分层如表 2 所示（全国地层委员会，1963）。

表 2　第四纪地层分层表

时代	岩层
Q_4	风成砂、冲积物
Q_3	马兰黄土（新黄土）
Q_2	酒泉砾石
Q_1	玉门砾岩

注：第四纪（系）符号 Q_1、Q_2、Q_3、Q_4，与现在的 Qp_1、Qp_2、Qp_3、Qh 相对应，下同。

（据全国地层委会员，1963）

这一分层表虽然概略一些，其中“马兰黄土”的叫法上及其是否能构成一个地层单位，笔者还有不同的意见（解释见后），但在层序概念上是正确的。

笔者针对上述分层中所存在的问题做了必要的澄清，现提出河西走廊第四纪地层划分简表如表 3 所示。

表 3　河西走廊第四纪地层划分简表

时代	岩层
Q_4	风积层、冲积层、洪积层、坡积层、湖积层、沼泽沉积、化学沉积等

续表

<table>
<tr><th>时代</th><th colspan="2">岩层</th></tr>
<tr><td>Q_3</td><td rowspan="2">酒泉组</td><td>上酒泉组</td></tr>
<tr><td>Q_2</td><td>下酒泉组</td></tr>
<tr><td>Q_1</td><td colspan="2">玉门组</td></tr>
</table>

由此可见，笔者主张把“玉门砾岩”名之为玉门组；把“酒泉砾石层”名之为酒泉组。所以采用这样的命名，正像后面即将谈到的各该组地层的岩性不仅限于砾岩和砾石，还包括处在同一层位、同一成因类型（或成因系列）的其他一些岩性。1961 年玉门矿务局的资料也曾把玉门砾岩、酒泉砾石层命名为“群”，其用意想也不外于此。在以往也正因为命名不当，而曾发生过许多误会，甚至发现了其他的岩性就把它定为另一时代的产物，上述“上更新 – 全新统”地层单位的出现与此并非无关。

二、关于河西走廊第四纪沉积的岩性与成因类型划分的几点意见

下面根据笔者已确定的第四纪地层系统，探讨各组（统）沉积物的岩性及其成因类型，并进一步解释上述分层中的一些问题。

（一）下更新统玉门组

玉门组在祁连山前山带出露最为广泛，尤其以玉门盆地最为典型，它与新近系上新统疏勒河组（N_2）大都相伴出露。岩性以灰色砾岩为主，成层较显著，一般为钙质和泥质胶结。由南向北砾径上略有变小，根据余伯良先生的资料，延至走廊凹陷带被砾状砂岩、砂岩所代替。这种山前堆积且略有分选性的砾岩层，一致认为属于洪积类型，已无疑义（余伯良，1957）。此外，在个别的玉门组砾岩中，曾发现有冰川擦痕，说明其间有冰水沉积。

值得注意的是，在酒泉盆地的北部坝格楞、鸳鸯乡一带出露着一套浅棕黄色泥质粉砂岩、砂质泥岩及砾岩互层（据载在走廊盆地北部的深钻孔中也曾揭穿此层）。1958 年以来，甘肃省地质局水文地质工程地质队的有关报告中把它定名为“坝格楞组”。据载根据岩层接触关系、岩性的对比（?），并有化石为依据（但未提及化石名称），划为下更新统（上部），亦即玉门砾岩的同期异相沉积，成因类型为冲积 – 湖积相。这样的判断诚然有它的可能，亦即可以设想当早更新世时，来自祁连山区的洪水携带大量碎屑物质，在当时的山前带沉积了卵石、砾石，较细粒的物质则随着洪水流向下游（或纳入河道），在盆地北缘沉积了下来。后经新构造运动，在现今的祁连山前山带出露着砾岩，而在走廊北山则出露较细的碎屑岩，按道理是可以讲通的。只是后者的成因类型也应当划为洪积相，或冲积 – 洪积相。不过我们在近两年去该区考察时，根据“坝格楞组”与其上下岩层的接触关系来看，还有属于中更新世的可能，并且前人所发现的化石是否即下更新统

的标准化石也还值得怀疑，因此还有待进一步研究解决。

（二）中 - 上更新统酒泉组

过去对河西走廊中 - 上更新统所谓“酒泉砾石层”的岩性，大多误解为仅限于砾石，这种误解显然是局限于根据地表露头的观察所致。至于走廊凹陷盆地内部的该组地层的岩性与分布情况究竟如何，这一点已被近年来甘肃省地质局水文地质工程地质队的勘探工作所揭穿。下面只要列举几个剖面便可以说明这一问题（图 1）。

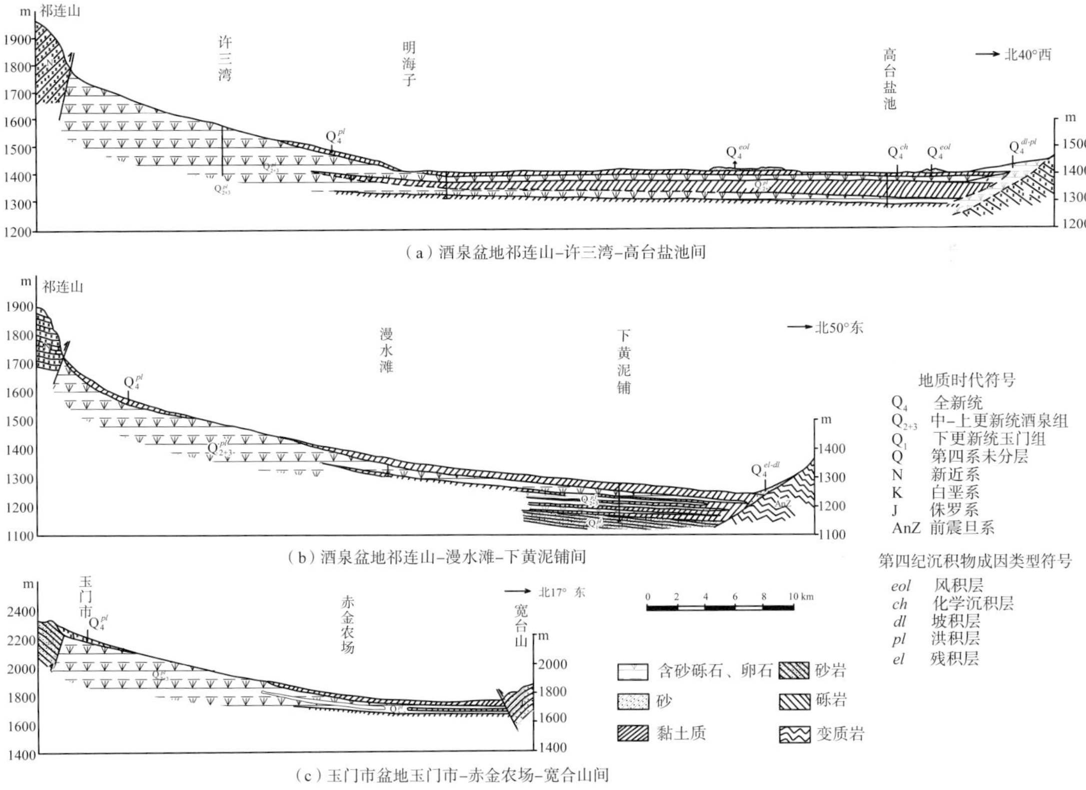

图 1　河西走廊坳陷盆地第四纪地质剖面示意图

由图 1 可知，在走廊盆地内部的酒泉组的岩性显然是从南向北由粗变细，亦即由卵石、砾石逐渐过渡为含砂砾石、砂与亚砂土、亚黏土的互层。这一套砂性 - 黏性土（或砂质 - 黏质土）显然是与砾石层处在同一层位上，也就是沉积时代与其相当，同为中 - 晚更新世的产物（表层出露者则为上更新统）。这种由近山区沉积大块岩砾向着远离山区沉积着细粒岩屑，恰恰是干旱带山前倾斜平原所固有的沉积特征。在成因类型上，砾石层一致公认为洪积相，间或有冰水相；处在同一层位的砂性 - 黏性土显然是在同一的外营力作用下沉积下来的，也应当是洪积相，或由其转化的冲积 - 洪积相。曾经有人把黏性土划为湖相沉积，这种判断是论据不足的。И. В. 波波夫也早已指出山间盆地（或山前平原）中的黏性土是洪积相。

下面再对《中国的新生界》一书所谓的更新统上部“马兰黄土”提供一些看法（全

国地层委员会，1963）。这一层实际上相当于范锡朋同志所谓的“上更新－全新统”洪积黄土（王连琪同志的报告中谓之洪积亚砂土），也相当于段永侯同志所谓分布在洪积扇边缘部分的“$Q_{Ⅲ-Ⅳ}$”洪积黄土类黏质砂土（段永侯，1959）。确切地说，它不仅是亚砂土（黏质砂土），还可以遇到亚黏土。这一层的实质，我们只要看看上述的剖面图（图1）以及两个钻孔地层柱状图（图2）就清楚了。

它不仅出露于更新统的表层，而向下它与砂层（或含砂石层）做互层出现若干次。在下黄泥铺 [图2（a）]100 m深的第四系（实即中－上更新统）内出现10次；在赤金农场公路旁 [图2（b）]73 m深度内出现6次；有些地段层次还要多一些，它的分布深度则涉及整个酒泉组。由此可见，前人所谓的“马兰黄土”以及“上更新－全新统”洪积黏性土只不过是酒泉组最表面的一页薄层（прослой，layer），根本够不上一个地层单位。

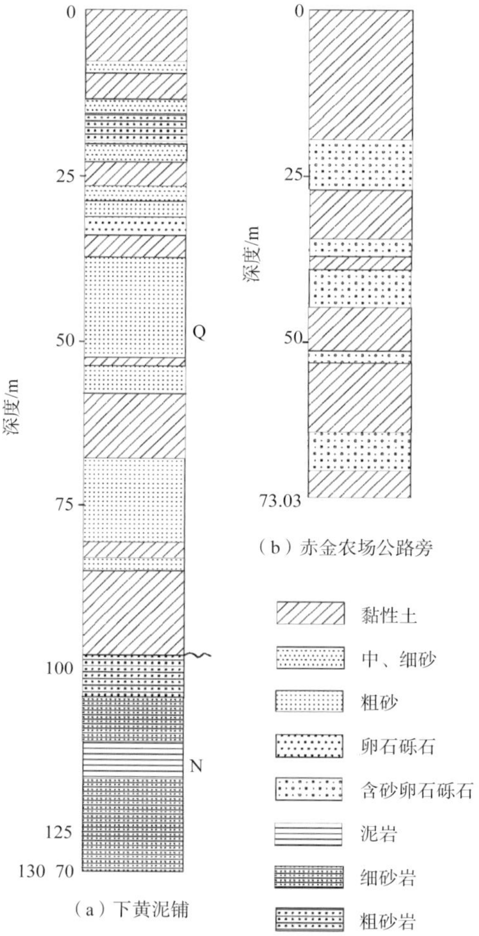

图2　河西走廊北部钻孔地层剖面图

（根据甘肃省地质局水文地质工程地质队的资料整理简化）

综合上述，笔者所称的酒泉组，是指属于中－上更新统的一套由卵石、砾石逐渐过渡为砂性－黏性土的地层单位。它的成因类型是洪积相（间或有冰水相），在走廊盆地北缘或则过渡为冲积－洪积相。

（三）全新统各种成因类型的沉积

河西走廊全新统（Q_4）沉积物的成因类型是多种多样的，其分布则较为零星。一般来说，主要有风积层、冲积层、洪积层、坡积层、湖积层、沼泽沉积和化学沉积以及一些近缘类型的复合相。它们大多零星分布在较老地层（主要是酒泉组）之上，但风积层往往也还覆盖在属于本统的其他成因类型沉积之上；化学沉积往往与湖相沉积相伴生，而在湖相沉积中又常常夹杂着局部的沼泽相沉积。

以往对本区全新统成因类型的划分中，问题最大的是沼泽相沉积。诚然，沼泽相沉积是有的，如在明海子以北的硝海子所见者，然而真正的沼泽相沉积毕竟不像过去所划的那样广泛。笔者认为应当把沼泽相沉积与其他类型沉积的沼泽化区别开来，判断沉积物的成因类型应以导致该沉积物停积下来的主导外营力为标志。一般在潜水溢出带附近，由于潜水接近或溢出地表，在地貌上呈现沼泽景观，但无论如何并不意味着该处的沉积物都是在沼泽的作用下才停积下来的。就像 И.В.波波夫在他的山前和山间盆地相景观分带略图中，就把黄土沼泽亚带和盐渍化沼泽亚带划为山前扇形洪积平原地带的一个组成部分。由此可见，在沼泽化地段的沉积物成因类型，应以其沉积当时的外营力来判断。具体来说，要根据该沉积物的岩性、与外围岩层的接触关系以及当地地貌条件来考虑。假若建立了这样的概念，再重新审核一下过去所划的沼泽相沉积，将有相当大的一部分会剔出去，甚至它的沉积时代也不全部是全新世，可能还要早一些。

此外，过去对湖积层的划分也在某种程度上存在着类似上述的问题。

三、河西走廊第四纪地层的初步综合

以上阐明了笔者对河西走廊第四纪地层划分及其成因类型判断的意见。下面就基于这种论点，扼要地拟定了该区第四纪地层分层表（表 4），供大家参考。

表 4　河西走廊第四纪地层分层表

地层单位			岩层	岩性与分布
第四系	全新统	Q_4	各种成因类型沉积（与上下顺序无关）风积层	广泛地分布在武威盆地东部，在酒泉盆地东北部以至高台、临泽、张掖一带零星分布；岩性为各种粒度的砂，在地貌上常组成沙丘、沙堆、沙垅
			化学沉积	分布在玉门盆地、酒泉盆地北部最低凹地段，在赤金堡盐池湾、高台盐池分布者为岩盐，在明海子以北硝海子分布者为芒硝
			湖积 – 沼泽沉积	主要分布在各个盆地北部的地表积水地带，以酒泉盆地硝海子较显著，据载在新城湖、花城湖、西明海湖一带亦较为发育；岩性为亚砂土、亚黏土、黏土并夹有泥炭薄层
			冲积层	分布在近代河谷两岸，在河流上游（山区以至盆地南部）分布者多为卵石、砾石，在酒泉以下的北大河、张掖以下的黑河、武威以下的石羊河则以砂为主
			洪积层	分布在祁连山山前带，在玉门盆地及酒泉盆地西南部分布者岩性多为卵石、砾石，在酒泉盆地东南部及张掖盆地分布者多为黏性土，地貌上常组成小型洪积扇，冲积黏性土有时也延展到盆地的北部
			坡积层	主要分布在走廊北山山前带，以张掖盆地北缘的龙首 – 合黎山南麓最为发育；岩性为块石、碎石与黏性土的混合物

续表

<table>
<tr><th colspan="3">地层单位</th><th colspan="2">岩层</th><th>岩性与分布</th></tr>
<tr><td rowspan="3">第四系</td><td>上更新统</td><td>Q_3</td><td rowspan="2">酒泉组</td><td>上酒泉组</td><td>出露于祁连山前山带和部分断块山的顶部，并广泛分布在走廊盆地的上部；岩性由南向北由卵石、砾石逐渐过渡为砂性－黏性土互层。在各个盆地南部砾石裸露地表构成戈壁滩。成因类型以洪积相为主，间或有冰水相，在盆地北部可能过渡为冲积－洪积相</td></tr>
<tr><td>中更新统</td><td>Q_2</td><td>下酒泉组</td><td>仅出露于祁连山前山带和部分断块山的顶部，露头岩性为成层卵石、砾石，经受构造变动，与上酒泉组呈不整合接触。在走廊盆地里伏于上酒泉组之下，岩性同上酒泉组，与之分界面不明，可能为假整合接触。成因类型同上酒泉组。
酒泉组总厚度以酒泉盆地西南部为最大，据载达 800 m</td></tr>
<tr><td>下更新统</td><td>Q_1</td><td colspan="2">玉门组</td><td>出露于祁连山前山带，以玉门市附近分布最广且厚，最大厚度据记载达 850 m。受到剧烈构造变动，与酒泉组呈不整合接触，岩性以巨砾岩、砾岩为主，延至走廊凹陷带逐渐被砾状砂岩、砂岩所代替。在走廊盆地深部尚伏于酒泉组之下，岩性除砾岩、砂岩外尚可遇到粉砂岩、泥岩。在走廊北山出露的“坝格楞组”粉砂岩、泥岩、砾岩互层可能为其同期异相产物。本组成因类型为洪积相，间有冰水相</td></tr>
</table>

结语

本文仅根据目前所掌握的资料对河西走廊第四纪地层划分和成因类型问题做了初步探讨与综合，旨在使今后的工作有规律可循。

诚然，河西走廊第四纪地质问题是很复杂的，有很多问题远没有研究清楚。上述的分层中，玉门组与酒泉组的绝对地质时代分界是否在晚更新世之末，尚无确凿的证据，还有待今后研究解决。而玉门组和酒泉组本身又包含着几个沉积旋回，这一点应从盆地北部黏性土与砂（或含砂砾石）的互层来探索（实际上，盆地南部巨厚的卵石、砾石也是由粗细不同的互层组成，但研究起来要困难得多）。而沉积旋回又与新构造运动的节奏、地貌发展的阶段（以古夷平面、阶地为标志）、冰川洪水的周期性有密切的联系。因此，必须把以上诸方面结合在一起互相印证地进行研究，才有可能较彻底地解决该区第四纪地质发展历史。显然这是一项长期的、艰巨的任务。

当前应从精密分析第四纪地层剖面着手，除了根据地面的观察之外，主要还须依靠于钻孔岩心的精确鉴定与对比。只要较正确地掌握了第四纪地层岩性在空间的分布规律，就会在第四纪地质研究方面做出成绩。而河西走廊第四纪地质的研究，总要同具有现实国民经济意义的水文地质工作一起来进行，这样才能付诸实现并及早取得研究成果。

参考文献

全国地层委员会 .1963. 中国的新生界 [M]. 北京：科学出版社 .

中国地质学编辑委员会，中国科学院地质研究所 .1956. 中国区域地层表（草案）[M]. 北京：科学出版社 .

段永侯 .1959. 甘肃河西走廊（永昌至玉门）第四纪地质问题 [J]. 中国第四纪研究（2）：42 ～ 53.

黄汲清 .1957. 中国新构造运动的几个类型 [M]]// 中国科学院第一次新构造运动座谈会发言记录 . 北京：科学出版

社 .
B . H . 帕甫林诺夫 .1957. 中国新构造运动的一些痕迹 [M]// 中国科学院第一次新构造运动座谈会发言记录 . 北京：科学出版社 .
余伯良 .1957. 甘肃走廊新构造运动的特征与意义 [M]// 中国科学院第一次新构造运动座谈会发言记录 . 北京：科学出版社 .

本文原发表于《地质论评》，1964 年，第 6 期，第 479 ~ 484 页。

中国干旱地区水文地质区划原则

方鸿慈
（地质部西北地质科学研究所）

我国干旱地区属于北半球干旱带的一部分，占据着我国西北及内蒙古的大部分。总面积约达 250×10^4 km^2，约合我国陆地总面积的1/4。

干旱地区的基本特征是缺少降水（年降水量多小于100 mm），蒸发强烈（年蒸发度达2000 ~ 3000 mm），从而导致湿度不足（潮湿系数小于0.12）。在这种气候条件下，较大的河流无法形成，较小的河流因受山地的阻隔，又无法流入海洋，因此基本上是内陆流域的所在。我国干旱地区大部分为平原所占据，它们大多被山区所包围而构成山间盆地，从而有利于地下水的聚集，在山间盆地巨厚的第四系中，一般蕴藏着丰富的地下水，成为近年来勘察与开采的基本对象。

在划定我国干旱地区的界限时，显然不能机械地根据某一气候标志的等值线，更重要的是要针对研究对象的特点来考虑。从水文地质观点出发，必须照顾到水文地质单元的完整性，而尽可能不用气候指标把完整的水文地质单元分隔开来。

根据上述原则，笔者所划定的我国干旱地区边界：西自边界的喀喇昆仑山口，沿昆仑山脊往东，绕柴达木盆地南缘分水岭，折向北方，沿祁连山脊向东，经过乌鞘岭，越过黄河，沿鄂尔多斯沙漠的南缘，再穿过黄河，向北，经大青山，沿蒙古高原中部的阿巴嘎旗分水区直至中蒙边界，西面与苏联、北面与蒙古人民共和国相接壤。

它的范围，大体包括准噶尔盆地、吐鲁番－哈密盆地、塔里木盆地、柴达木盆地、河西走廊、鄂尔多斯高原和属于干旱地区部分的内蒙古高原。其中还围绕或间隔着阿尔泰山、天山、昆仑山、北山、祁连山、贺兰山和大青山等山脉，以及较湿润的蒙宁黄河平原。

内蒙古高原和鄂尔多斯高原，从气候条件来看，西半部属干旱地区，东半部则过渡为半干旱区，在过去曾有过不同的画法。考虑到内蒙古高原中部的阿巴嘎旗熔岩台地不仅具有较高的高程，并成为分隔东、西地表水和地下水流域的分水岭〔根据地质部水文地质工程地质研究所内部资料《内蒙古高原东部（锡林郭勒盟）水文地质条件的初步研究》〕，这样把阿巴嘎旗台地分水区作为我国干旱区的东部边界是较为恰当的。而鄂尔多斯高原，在大地构造上有它明确的界线，但作为干旱区来说，应当更侧重于自然景观特征，在这里把沙漠的东南缘作为干旱区的边界。

柴达木盆地，在过去多划归青藏高原里（地质部水文地质工程地质局，1958；地质部水文地质工程地质研究所，1959），但考虑到，它发育有完备的干旱区自然景观壳（宋德明，1964），从水文地质条件来看，它不同于藏西北冻漠带，也不同于藏东高山草原带，而与西北区的几个大型山间盆地是相类似的，因此把它划入研究区。

在进行干旱地区水文地质区划时，首先应当明确区划所针对的地下水基本类型。由于潜水与自流水的形成条件不同，它们的区划原则是不同的。前面已经谈到，我国干旱地区的地下水主要分布在平原区，尤其是山间盆地的第四系中蕴藏着具有重大国民经济意义的潜水及与其密切联系着的浅层承压水。而平原潜水在其形成上又与山区基岩潜水有关。因此本文把潜水作为水文地质区划的基本对象。

潜水的形成首先受制于自然地理因素，而气候是产生各种自然地理作用的根本原因。然而干旱地区本身，主要就是根据气候因素划分出来的。显然，气候因素就不再是进一步进行水文地质区划的标志。

第一级区划单位，应当把我国干旱地区划分为几个最大的、独立的水文地质单元。笔者认为这里有必要援引潜水流域的概念，只有一个完整的潜水流域，才能在地下水均衡方面构成一个独立的单元，而地下水均衡可以理解为地下水形成过程的总和。

考虑到这一点，第一级区划单位就不能像过去那样局限于某一山区或狭义的盆地（如准噶尔盆地、柴达木盆地等）。必须把某一平原以及作为该平原地下水发源地的山区划在一起，作为一个完整的潜水流域。事实上，当我们在阐明某一盆地的水文地质形成过程时，很自然地会把与它相联系的山区包括进来，例如，脱离了天山南麓、昆仑山北麓，就无从阐明塔里木盆地地下水形成，脱离了祁连山北麓也无从阐明河西走廊的地下水形成。因此，上述原则早已被以往的科学实践所采纳了，而潜水流域与地表水流域基本上是相吻合的，亦即把这一单位的界线划在两个流域的分水岭上是再恰当不过了。分水岭在气候、水文、植被和土壤的自然区划中，都常常作为基本分界线，从水文地质观点出发，这一论点也是极其重要的。由此可见，第一级区划也就是划分潜水流域，它的划分标志是山势－水形（оро—гидрография）。笔者把第一级单位直接名之为潜水流域。

根据上述原则，将我国干旱区划为以下几个潜水水文地质流域：Ⅰ.布多河，Ⅱ.额尔齐斯河，Ⅲ.额敏河，Ⅳ.乌伦古河，Ⅴ.准噶尔，Ⅵ.伊犁河，Ⅶ.吐鲁番—哈密，Ⅷ.塔里木；Ⅸ.柴达木，Ⅹ.疏勒河，Ⅺ.河西走廊；Ⅻ.北山—阿拉善；XⅢ.鄂尔多斯—蒙宁黄河平原，XⅣ.内蒙古干旱高原。

所划分的潜水水文地质流域，绝大部分是内陆流域，只有鄂尔齐斯河和蒙宁黄河平原是外流流域。由于受到资料的限制，除了某些封闭的山间盆地外，正确地划分潜水流域还是有困难的。

首先，河西走廊与阿拉善高原的地下水不能说其间没有联系，由于阿拉善高原中的额济纳河是为河西走廊黑河的下游，显然地表水以及河流冲积层潜水是在联系着的。然而阿拉善地区当地降水极少，地表广泛覆以沙漠，在自然景观上有别于河西走廊，具有典型沙漠地下水的形成条件，而河西走廊北面有北山及其东延部分为屏障，使得走廊平原第四系的地下径流受到阻隔，而进入阿拉善高原的部分也就很有限了。在这里把它们划分开来，严格说来应理解为同一流域的上下游两个组成部分。另外，北山本身降水极少，成为一个无地表水流的山区，它对河西走廊、疏勒河流域的地下径流，起着完全的阻隔作用，然而北山东侧微弱的潜水径流对阿拉善高原稍许有些补给，从而把北山同阿拉善高原划为同一潜水流域。

比较独特的是鄂尔多斯高原，在这里是根据沙漠覆盖层的范围圈划出来的，它不是一个完整的潜水水文地质单元。在高原中部极其干旱，有极少数的间歇性河流，纳入内陆湖泊中，湖周的潜水仍属于内陆潜水，然而它的外缘的地表水以及微弱的潜水径流排泄到黄河平原中去，从大的方面来看，则属于外流流域。这样，鄂尔多斯高原潜水就局部地与黄河平原潜水发生了联系，而黄河平原潜水又与来自西方贺兰山、北方大青山的地表水和潜水径流有关。因此，在这里把贺兰山、大青山南麓、蒙宁黄河平原同鄂尔多斯高原划为一个潜水水文地质流域。但对整个黄河潜水流域来说，它只不过是处于干旱地区范围内的一个区段。

此外，这里把布多河、额尔齐斯河、额敏河和伊犁河流域，也都各自作为独立的潜水流域。虽然它们大部分延展到苏联境内，在我国所占的范围很小，但那里的潜水是彼此分隔的，并已不同准噶尔盆地发生联系，因此有必要把它们划开。

第二级区划单位——区（район）的划分，要反映出它们在整个水文地质流域地下水形成过程中，所占有的独特地位。

首先有必要按地貌分为山区与平原区，两者的地下水形成条件与分布规律是迥然不同的。山区基本上是基岩分布区，分布着基岩裂隙水、喀斯特水以及研究得很差的层间水（大部分是承压水）。又由于山区的标高不同，所处的自然地理部位不同，依据当地的水分条件又有湿润与干旱之分。湿润的山区，则作为平原地下水的发源地，干旱的山区则只对平原地下径流起着隔水屏障的作用。此外，同一山区也可能划分到两个或两个以上流域里，这是由于第一级区划原则已经把它划分开来，由此也可说明山区基岩层间水并不是这里的侧重面。平原区又可分为山间盆地和高平原，前者分布在西北地区，后者则分布在内蒙古地区。山间盆地巨厚的第四纪沉积，含有极其丰富的地下水源。而高原区广泛出露白垩系—古近系 - 新近系基岩，覆以不厚的第四纪沉积和风成沙漠覆盖层，无论在基岩或第四系中潜水都是很贫乏的。

由此可见，区的划分标志是区域地貌，同时各个地貌区，在总的岩性上也有所不同，从而影响到岩层含水性的不同。因此，岩性在区的划分上也是从属性的标志。

在基岩所组成的山区里，往往又分布着一些小型的山间盆地或洼地，但它并不改变该山区在整个潜水流域地下水形成过程中所起的基本作用。同样在大平原里，也还断续地出露着由基岩所组成的丘陵山地，虽然这些丘陵对平原地下径流有局部阻挡作用，但也并不十分影响平原地下水的总的分布规律。这些小型山间盆地以及断续分布的丘陵，不再作为区级以下的区划单位，只在区划图中表示它们的存在。

作为极小比例尺的水文地质区划，划分到第二级已经完全够了。根据上述，笔者所拟定的干旱地区水文地质区划原则，可归纳为表 1 所示。

表 1　干旱地区水文地质区划表

区划级别	名称	编号	划分标志	水文地质含义
第一级	潜水流域	Ⅰ	山势、水形	在潜水均衡和形成方面构成完整的、独立的总体
第二级	区	$Ⅰ_1$	地貌、岩性	在流域潜水形成过程中占有独自的地位，并各具有不同的岩层含水性

根据上述原则，共划分 14 个潜水流域和 33 个区。它们的名称援引在区划图的说明中。笔者认为，在小比例尺水文地质区划图中应尽可能地反映出潜水形成作用的基本特征。Γ.Η. 卡明斯基曾经根据地下水的形成特征，提出了苏联领域内潜水分带方案。他把潜水的形成概括为两个阶段：①溶滤潜水；②内陆盐渍化潜水。在这里，笔者运用了 Γ.Η. 卡明斯基的主导思想，结合我国干旱地区的具体情况做了进一步的补充。

（一）山区基岩裂隙潜水

Γ.Η. 卡明斯基曾把山区潜水统划为溶滤潜水。但在我国干旱地区，有必要把它们划分为强烈溶滤和微弱溶滤潜水。

（1）山区基岩强烈溶滤潜水

主要分布在阿尔泰山、天山、昆仑山、祁连山、大青山。在这些高大的山区里，基岩节理裂隙发育，尤其是这里具有较大的年降水量，致广泛分布着裂隙潜水；在灰岩分布区（如天山、昆仑山的局部地区）还可以是喀斯特水。它们受高山冰雪融水和雨水所补拾，在陡峭的山地地形条件下，潜水径流条件良好，使潜水来不及矿化，从而一般都是低矿化的淡水。而更重要的是，这些山区作为干旱地区地表水流的发源地，而山间盆地丰富的地下水，主要依靠发源于这些山区的地表水所补给。那么归根到底，这些山区乃是山间盆地地下水的发源地。

（2）山区基岩微弱溶滤 – 中等矿化潜水

主要指北山、阿拉善和内蒙古北部丘陵以及吐鲁番 – 哈密盆地、柴达木盆地中的分水丘陵所分布者。当地气候干旱，降水极缺，潜水补给来源不丰，因此基岩潜水极其贫乏，且分布零星，大部分地区实际上没有潜水分布。地表水流也几乎不存在。由于山势平缓，潜水径流缓慢，导致 TDS 稍高。这些丘陵山地，对平原地下水起不到发源地的作用，主要作为平原地下径流的隔水屏障。

（二）山间盆地第四系地下水

以准噶尔盆地、吐鲁番 – 哈密盆地、塔里木盆地，柴达木盆地、疏勒河盆地和河西走廊分布者最为典型，根据它的形成过程可以划分为溶滤潜水和内陆盐渍化潜水两大类型。

（1）山前砾石倾斜平原溶滤潜水

分布在上述盆地的山前带，这一带的宽度在各个盆地不一，一般均在 20 ~ 40 km，塔里木盆地最宽处达 100 km，河西走廊最宽处达 60 km，第四系岩性为含砂的卵石、砾石，厚达数百米。发源于山区的地表径流，流至山前带洪积卵石、砾石所组成的戈壁平原上，产生大量的渗漏，成为山间盆地地下水的主要补给来源。此外，局部的山区基岩地下水（主要指喀斯特水和层间水）以及降落在本区内的雨也可能有些补给作用。山前带潜水含水层厚度很大，潜水径流条件良好，从而具有丰富的动力储量，潜水埋深由靠近山区大于 100 m，至砾石平原前缘逐渐接近地表。潜水 TDS 大多在 0.5 ~ 1 g/L，很少大于 1 g/L。成为干旱地区最重要的地下水资源。

（2）黏质土平原内陆盐渍化潜水

分布在各个盆地靠近中央或一侧的低凹地带。岩性系由山前带砾石逐渐过渡而来的砂层与黏质土（亚砂土、亚黏土）的互层。黏质土平原中的地下水主要是来自山前带的地下径流，而当地的降水和灌溉水也有一些补给作用。潜水在这里只埋藏在表层黏质土中，径流迟缓，埋藏深度很浅，致使潜水消耗于蒸发，于是产生了盐分在土壤和潜水中的聚集，这样就过渡为内陆盐渍化潜水。TDS 增高到每升几克，甚至几十克，在潜水径流停滞带还可高达百克以上，在地表上出现盐湖，并有盐类沉积，成为现代开采的盐矿地。内陆盐渍化潜水，参与了成壤作用，成为导致土壤盐渍化的不利因素。但须指出，在黏质土平原内部与黏质土互层存在的砂层中，普遍含有低矿化承压水，层数各地不一，TDS 小于 1 g/L 或 1 ~ 3 g/L，水量也很丰富，有者自流水头可高出地面几米甚至几十米。可作为发展该区农业的主要供水水源。

（三）河流冲积平原溶滤潜水（局部为盐渍化潜水）

黄河冲积平原在蒙宁境内贯穿我国干旱地区，其中含有溶滤潜水。在山间盆地里，内陆河流冲积平原潜水常与山前带潜水构成统一含水层。河流上游冲积层岩性为卵石、砾石，到中游为砂，下游为粉、细砂。由于含水层透水性良好，并与河水有密切的水力联系，一般均保持为低矿化淡水。只有在河流末端潴于内陆盐湖，如塔里木河的罗布泊、乌伦古河末端的布伦托海、额济纳河末端的居延海等是。而在湖周存在着内陆盐渍化潜水，它往往与山间盆地黏质土平原的盐渍化潜水相连续。但河流冲积平原低矿化潜水在一定程度上深入到缺水的沙漠区或高矿化潜水区，成为该区唯一的供水水源。

（四）高原基岩弱溶滤 – 中等矿化潜水

主要指内蒙高原和鄂尔多斯高原的基岩区所分布者，前者主要分布在古、新近系中，后者主要分布在白垩系中。由于当地降水极缺，因此裂隙潜水贫乏，加以地形平缓，潜水径流条件极差，基岩的含盐量又很高，导致潜水具有稍高的 TDS。但须指出，鄂尔多斯高原白垩系中含有自流水，水量充沛，水质亦佳，是该区最主要的地下水源。

（五）剥蚀平原第四系微弱溶滤 – 中等矿化潜水

主要分布在内蒙古高原内的小型剥蚀洼地、北山丘陵间的剥蚀洼地和山前坡积带。那里基岩埋藏不深，第四系覆盖不厚，岩性以坡积—残积的碎石、角砾为主。由于地处干旱，潜水缺少补给来源，从而潜水极贫乏，且分布不均，径流迟缓随即消耗于蒸发。水文化学方面，看不到像山间盆地地下水那样明显的分带规律，一般 TDS 多在 3 g/L 左右，可作为牧业供水和居民点供水水源。

（六）沙漠覆盖层矿化不一的潜水

沙漠覆盖层的广泛分布是干旱地区自然景观特征之一。在我国干旱地区以塔里木盆地的塔克拉玛干沙漠、准噶尔盆地的库尔班通古特沙漠、河西走廊的腾格里沙漠、阿拉善高原的巴丹吉林沙漠、蒙宁黄河平原的乌布兰和沙漠、鄂尔多斯高原的毛乌素和库布齐沙漠、内蒙古高原的以林塔拉和浑善达克沙漠最为著称。对沙漠覆盖层潜水目前还研究得很不够。但总的来看，沙漠覆盖层潜水有它自己的补给来源。根据资料记载（李宝兴，1964），降水对沙丘水有一定的补给作用，在准噶尔盆地和内蒙古高原沙丘中的淡水还可能接受融雪水的补给，在内蒙古地区凝结水的补给也有可能。但是一般来说，大部分沙漠覆盖层是不含水的，即使含水，也很少具有实际意义。但也有一部分沙丘潜水与下伏含水层有着密切的联系，往往构成一个统一的含水层，那么它的水文地质特征就取决于下伏含水层，从而可有各种的 TDS。在区划图中，对于一些分布范围不广的沙漠，可把它略掉，但分布较广的地区，为了现实地反映出那里的自然条件，仍然把它们反映出来。

本文通过区划原则的探讨，初步概括了我国干旱地区潜水的形成，并在区划图中反映了各种形成类型潜水的分布规律。因此，对以后的水文地质科学研究和普查、勘探工作有着一定的指导意义。当我们总结区域水文地质条件时，可以按本文所划分的潜水流域范围来进行。当我们开展个别地区的水文地质勘查时，也可以从区划图中了解该地区在整个潜水流域中所处的部位，从而有助于勘察设计的拟定。其中还间接地反映出各个地区所存在的水文地质基本问题，例如，山前平原溶滤潜水，是我们今后解决供水问题的重要研究对象；在盐渍化潜水分布区，发展农业应着重进行土壤改良水文地质的研究；对那些潜水不发育的地区，就表明了勘察该区基岩承压水的必要性。

本文所拟定的小比例尺干旱地区水文地质区划方案，还只是区划的初步阶段，内容是很概略的，只能把它看作是中国潜水区划有关干旱地区部分的一个补充。

至于赋有一定国民经济任务（供水、土壤改良、水工建筑等）的大比例尺水文地质区划，可以在本文的基础上，针对各个流域或区分别地进行。它们的区划原则，则按所提出任务的不同而不同，但无论如何，作为大比例尺区划的标志应当是更具体反映含水岩层特征的一些因素（如岩性、潜水埋藏深度、潜水化学成分、富水性等等），这已不是本文所要讨论的范围了。

参考文献

B.H. 库宁 .1958. 荒漠地下水的形成条件 . 干燥区和黄土区的地理问题 [M]. 北京：科学出版社 .

H.K. 吉林斯基 .1960. 水文地质学发展的新方向 [J]. 水文地质工程地质专辑（2）.

地质部水文地质工程地质局 . 1958. 中国区域水文地质概论 [M]. 北京：地质出版社 .

地质部水文地质工程地质研究所 . 1959. 中国潜水区划（初稿）[M]. 北京：科学出版社 .

樊延平 . 1964. 柴达木盆地的水文地质条件及分区讨论 [M]，治沙研究（6）. 北京：科学出版社 .

方鸿慈 . 1958. 我国潜水的形成及其地球化学作用的方向 [J]. 水文地质工程地质（10）.

И.В. 加尔莫诺夫 . 1960. 潜水分带划分原则 [J]. 水文地质工程地质专辑（2）.
李宝兴，赵运昌 . 1964. 塔里木盆地的地下水及其形成条件 [M]. 治沙研究（6）. 北京：科学出版社 .
李宝兴 . 1964. 论中国干旱—沙漠区水文地质区划 [M]. 治沙研究（6）. 北京：科学出版社 .
李宝兴 . 1964. 中国干旱沙漠地区水文地质基本特征 [M]. 治沙研究（6）. 北京：科学出版社 .
宋德明 . 1964. 论我国干旱区和半干旱区综合自然区划（摘要）[C]// 一九六二年自然区划讨论会论文集 . 北京：科学出版社 .
孙培善，孙德钦 . 1964. 内蒙古高原西部水文地质初步研究 [M]. 治沙研究（6），北京：科学出版社 .
赵济，徐振溥 . 1964. 关于我国干旱地区自然区划的几点意见（摘要）[C]// 一九六二年自然区划讨论会论文集 . 北京：科学出版社 .
赵运昌 . 1964. 准噶尔盆地的地下水 [M]. 治沙研究（6）. 北京：科学出版社 .
中国科学院地理研究所 . 1959. 中国地貌区划（初稿）[M]. 北京：科学出版社 .
中国科学院地理研究所 . 1959. 中国综合自然区划（初稿）[M]. 北京：科学出版社 .

本文原发表于《西北地质科技情报》，1965 年，第 1 期，第 1 ~ 6 页。

试论地方病病因与防治研究的水文地质科学途径

方鸿慈
（河北省地质局水文地质四大队）

地方病顾名思义是一类地方性分布的疾病。主要的地方病种有大骨节病、克山病和甲状腺肿等。这些地方病分布在我国16个省（自治区），尤以黑龙江省和陕西省较为严重。地方病区的人民深受疾病的摧残，严重地影响体质健康。尤其是大骨节病对劳动力的破坏性很大；克山病还有致命的危险。为了在较短的期间内消灭这些地方病，积极开展地方病病因与防治的研究，是当前科技工作者的一项极其光荣和艰巨的任务。

笔者在三年前，在毛主席指引的光辉“五七”道路上，得有机会踏上了陕西省北部的一个地方病社（黄龙县三岔公社），当时并没有研究地方病的任务。在短短的一个月的期间里，通过与当地贫下中农共同生活中的体验，通过对当地水文地质条件的概略了解，在前人的某些有益工作的启示下，初步断定地方病是由于饮用某种特异成分的地下水所引起的，并且认为科学地解决地方病病因和防治问题，很有必要进行系统的水文地质调查研究。

从那时起，笔者开始注意收集、学习有关地方病的资料，并运用水文地质理论进行分析，越来越增强了对上述认识的信心。并且感到过去的资料关于地方病病因的见解还处在“众论纷纭”的阶段，一些较正确的方向性意见还没有得到应有的支持和发扬。这样下去，势必影响地方病问题的早日解决。故此，在本文中着重从水文地质学的角度提出地方病病因与防治的原则性意见以及今后的研究途径，以便和生化病理工作者一道推动地方病研究的步伐，同时提醒水文地质工作者的重视。

但要指出，本文是在业务学习的基础上编写而成的，资料收集受到一定的限制，特别是对陕北以外的病区的水文地质条件不很掌握。因此，文中错误和片面之处自知难免，恳切希望批评指正。

一、地方病与水文地质的密切关系

地方病既然是一类疾病，看来应属于医务工作者研究解决的问题。这类疾病的地方

注：本文所讨论的地方病仅限于大骨节病、克山病、甲状腺肿以及氟斑牙，其他地方病种暂作别论。

性分布显然是与自然环境（原生环境）有关。对自然环境的研究已不属于一般医学的范畴，而属于地学领域。于是，近十几年来各种专业的地学工作者深入地方病区，从其本专业所研究的对象去探索地方病的病因。

从以往的地方病环境病因研究资料来看，大多侧重从自然地理的某些方面——气候、植被、土壤、地貌等一一去进行探索的。但是单纯的气候上的干湿寒热、植被上的繁茂稀疏、土壤上的肥沃贫瘠、地貌上的高低陡缓，显然不会作用于人们的机体使之患得像大骨节病、克山病或甲状腺肿那样的地方病。这些地方病的发生显然是符合于“病从口入”这一原则的，亦即必然与人们须臾不可即离的水或粮食有直接的关系。

确实在过去曾有部分科学工作者试图探索粮食与地方病的关系。但是稍一联系地学实际就可看出这一设想是不能成立的。因为在大体相同的气候、土壤条件下，既有病区，又有非病区；况且在病区之内往往还有不少的非病村，亦即通常所谓的“健康岛”，这无论如何不能用那里所生产的粮食成分上的差异来解释的。

为了进一步说明这一问题，不妨举一个实际例子。陕西省黄龙县三岔公社有个李家塔大队，下分三个生产队：李家塔、泉坡、严家畔。其中泉坡队和严家畔队都是病村，而李家塔队却是非病村。这三个生产队在相毗连的黄土原上从事农业生产，怎能解释李家塔队的耕地里所生产的粮食就同那两个病村的耕地里所生产的粮食能有那样截然的不同呢？

况且，有个别病区确实采取从外地调入粮食的办法来试探它是否能奏效于地方病的防治，但结果是否定的。

由此可见，无论从理论上以至试验上都否定了粮食作为导致地方病的因素的臆断。那么，地方病只能是由于饮水所引起的。

为了说明地方病与饮水的密切关系这里仍然举上述李家塔大队为例。只需经过概略的水文地质调查，我们就可以得知泉坡队和严家畔队所饮用的是出自上三叠统延长组的泉水，而李家塔队所饮用的则是延长组地下水流经较长的埋藏谷中的第四系黄土而出露的泉水。我们知道，地下水从一个时代的岩层流入另一时代的岩层，往往是它的化学成分发生较大变化的契机。原来该地段延长组中的地下水（潜水）是致病水，当它流经第四系黄土层时，溶滤了黄土中的一些可溶盐，从而稍许改变了它的化学成分，也正是这一改变使原来的致病水成为非致病水。于是李家塔队成为病区中的“健康岛”的奥秘，也就可以揭晓了。

这里需要说明，致病水与非致病水的分界线不完全同于岩层分界线；致病水流入另一岩层总要经过一段流程才能逐渐过渡为非致病水。其次，千万不要误解凡是流经黄土层而出露的泉水都是非致病水，具体情况要具体分析。

值得赞扬的是1969年陕西省毛泽东思想卫生工作队延安水土病因调查组的调查报告中，首先指出：“在志丹、安塞至延安的麻洞川公社一线，Cr_1p^1、J_1y^2 及 T_3y^4、T_3y^5”的砂岩中的水造成不同程度地方病产生。这就指明了地方病与地下水的关系，开始触及问题的本质。这和当时同期的资料相比，不能不说是一个进展。

近年来笔者把陕北（注：本文所说的陕北是指水文地质区划上的；它比行政区划上的陕北范围稍大一些，亦即相当于鄂尔多斯盆地在陕西省的部分）地方病的分布与区域水文地质条件相联系，从中发觉一项非常重要而饶有兴趣的事实。

陕北地方病的分布范围（图1）所示，大体上呈北东—南西向的帚形条带。过去有的资料曾用气候因素来解释这一分布规律，当然是不能自圆其说的。用植被、土壤、地貌诸因素也是全然不能做出解释的。

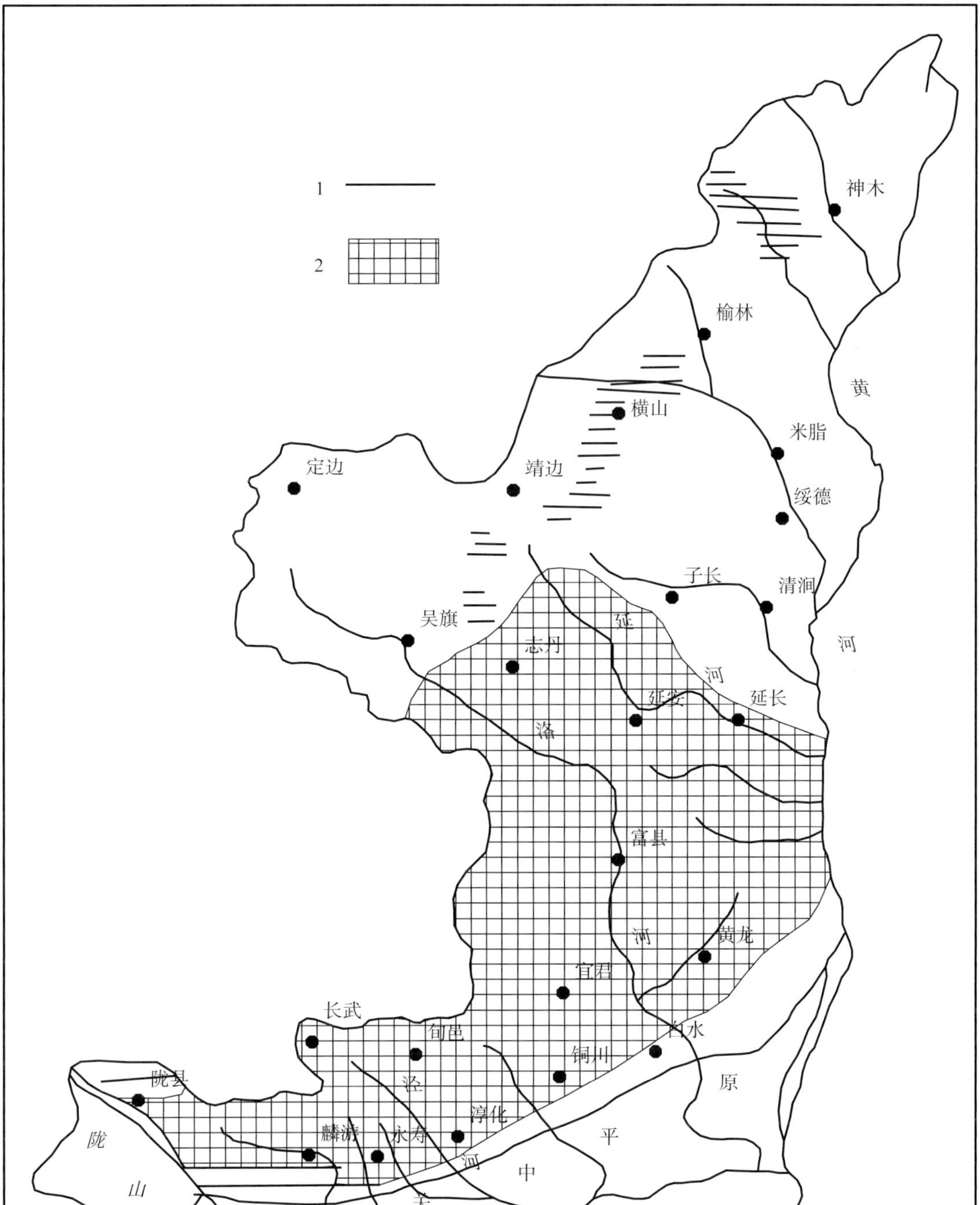

图1　陕北地方病分布示意图
（引自陕西省地质局第一水文地质队的资料）
1—大骨节病分布范围；2—克山病分布范围

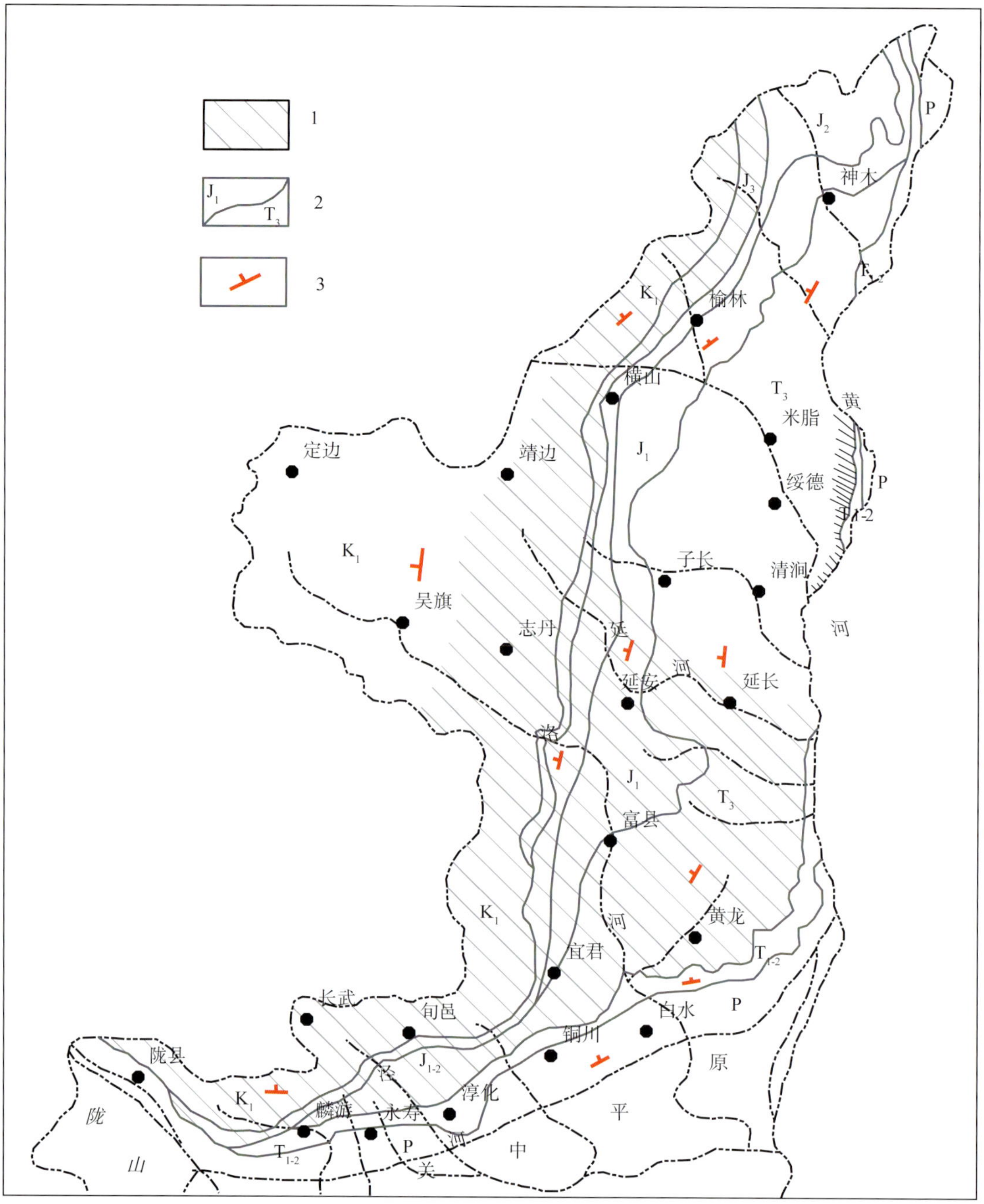

图 2　陕北基岩水文地质略图

（参考陕西省地质局第一、第二水文地质队的资料编制）

1—与含油地层有关的致病地下潜水带；2—含水岩组的时代与界限；3—岩层产状

我们再来看看陕北的地质、水文地质情况（图 2）。陕北盆地分布着巨厚的中生界，它们走向北东，以缓角度倾向于北西。在这套中生界中有三个含油岩统：上三叠统延长组（含多层油页岩间有油砂层）、下侏罗统延安组（上段含有油页岩）、上侏罗统安定组（下段含有油页岩）。其中的地下水化学成分的形成受着油层的显著影响。但延长组和延安组在延川－子长以北油页岩均尖灭[注：地质资料根据全国地质委员会《中国中生代陆相地层》(1963)以及银川石油勘探局一一零队《鄂尔多斯盆地地层》(1960)]，因此这一带除外。至于中侏罗统直罗组和下白垩统志丹群的最下段虽然本身不含油层，但由于古风化壳（及由其强化了的构造裂隙）发育深度已深及下伏含油地层，从而其中的地下水的化学成分仍在一定程度上受到油层的影响。这样，在平面上就构成了一个北东—南西向的与含油地层有联系的潜水带（自流水补给区）。

我们把图1和图2相对照，就可以清楚地看到，陕北地方病的分布范围恰恰和与含油地层有联系的潜水带基本上符合。也就是说，地方病是由于饮用这些特定地层中的特异成分的地下水所引起的。这对于说明地方病与水文地质的密切关系，是再有说服力不过的了。

当然，不同地方病区的水文地质条件是可以有相当大的差别的，不一定都像陕北那样。但总归可以发现地方病的分布与当地水文地质的某种密切联系；地方病必然分布在某一特定的地下水水化学异常带中（相对于广泛的非致病水背景区而言）。

试问其他的饮用水体[注：其他的饮用水体主要指河水和某些地方的窖水。至于沟水（河沟水）实际上是泉流，并沿途接受地下水的补给，它的化学成分反映着补给它的地下水的化学成分，从这种意义上说仍属于地下水的范畴，从而可以是致病水]能否导致地方病呢？回答是不能。至于它的理由在后面适当的段落里再作阐述。概括地说，在自然界的水体之中，只有储存和潜流于岩石裂隙或孔隙中的地下水与周围介质的接触面积最大，相互作用的时间最长，所起的化学作用最为充分。从而可以形成多种多样的水质，其中包括像地方病致病水那样的特异水质。

应当庆幸的是科学发展到今天，已经形成了专门研究地下水的科学——水文地质学。它研究地下水的形成条件与分布规律，从而帮助人们合理地开发地下水利和防治地下水害。那么，由于地下水所引起的地方病害，无疑地属于水文地质学所研究解决的问题。

二、关于地方病区的水文地质特征问题

从以往的地方病环境病因研究资料来看，经常出现这种情况：甲地总结出的病区应具备的自然条件，在乙地则并不具备；乙地归纳出的致病水水质特征，在甲地却不以为是。这究竟是什么原因呢？须知我国各个病区的水文地质条件是不尽相同的，致病水的水文化学特征也有一定的差别。所以在研究地方病区的环境问题上，绝不可“以管窥天”，把一个病区的情况误认为是所有病区的情况。

我国地方病区水文地质条件的多样化，对我们研究地方病却是有利的。使我们便于从各个病区的特殊的本质概括出所有病区的共同的本质，早日探索出有关地方病环境病因的普遍规律。

于是，很有必要对我国地方病区进行水文地质类型的划分，这项工作在过去尚未进行。根据目前掌握的极有限的资料，经过初步分析，至少可以划分出以下两个基本类型：

1）与含油地层有关的病区水文地质类型：属于此类型者有陕西北部、甘肃（至少有

一部分)、山西、还可能有青海、四川以及台湾等省的病区。

2）与酸性火成岩有关的病区水文地质类型：属于此类型者有陕西南部以及黑龙江、吉林、辽宁、内蒙古、山东、河北、云南等省（自治区）的部分或全部病区。

看来还有其他的类型，有待于我们今后去进行归纳。

在研究地方病区的水文地质特征时，重点在于水文地球化学方面；过去在这方面的研究还是不够深入的。致病地下水既然具有特异的水质，那么它就不单纯是由于溶滤作用形成的。可以说单纯的溶滤地下水不会是致病水；而致病水必然是在溶滤作用的基础上经受过某种改变过程。

下面针对上述两大类型，探讨致病水形成的水文地球化学作用。

首先以陕北为例，探讨与含油地层有关的病区水文地质特征。在陕北的中生界，从上三叠统延长组直至下白垩统志丹群的下段中的潜水都在一定程度上与含油地层发生着联系（图 2 及图 3）。病区所饮用的主要是砂岩裂隙 – 孔隙水。而与砂岩作互层存在的泥、页岩（包括油页岩）由于裂隙 – 孔隙细微、渗透性弱，从地下水动力条件来说它是相对隔水层。但从水文地球化学来看，泥、页岩与砂岩裂隙 – 孔隙水构成一个相连通的整体而有着内在的联系。

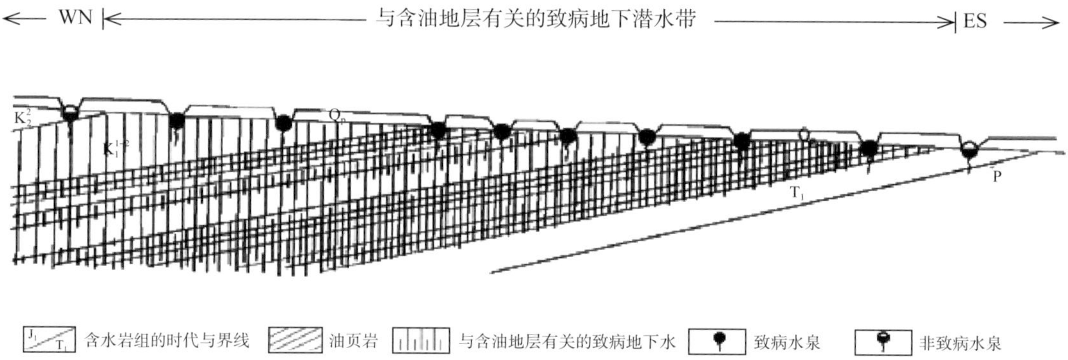

图 3　陕北水文地质模式剖面图

与油页岩相联系的地下水受到有机质（C）的脱硫作用，按下列反应式进行：

$$SO_4^{2-}+2C+2H_2O \rightarrow 2HCO_3^-+H_2S\uparrow$$

在这一反应中逸出 H_2S。近年来，在陕北进行的水文地质测绘或钻探工作中，曾经遇到过出自含油地层的地下水具有腐卵臭（即 H_2S 臭)，更证实了脱硫作用的存在。

由于脱硫作用使水中的 SO_4^{2-} 显著减少（可以达到零)，这是本类型致病水的一项水文化学特征。在脱硫作用中一个分子的 SO_4^{2-} 产生两个分子的 HCO_3^-，水中的 HCO_3^- 大大增加了，可达 3 ～ 4 mmol/L。但是 HCO_3^- 的溶解度有限，超过此限的 HCO_3^- 就不能在水中存在，于是接着又产生另一作用—脱碳酸作用：

$$2HCO_3^- \rightarrow CO_3^{2-} + H_2O + CO_2$$

CO_3^{2-} 从水中析出必然要结合相当量的阳离子作为碳酸盐沉淀下来。被结合的阳离子仅限于碱土金属，因此 Ca、Mg 的含量相应减少。根据陕西省病研单位的资料，陕北致病水的镁钙比值（Mg/Ca）均小于 1.1（志丹至宜川）或 1.0（淳化至永寿），镁钙比值在说明着镁、钙沉淀速度不同，因此它具有水化学成分形成上的意义；并可用来作为初步识别当地致病水的一项标志。

由于致病潜水处于强烈水交替带，因此水的总矿化量不高，大多在 0.5 g/L 左右；水的总硬度多在 1.5 ~ 3 mmol/L。由于水中的 $HCO_3^- > (Ca^{2+}+Mg^{2+})$，从而只具有暂时硬度，亦即永久硬度等于零，这又是一项特征。

此外，还有一种改变水的化学成分的作用——微量元素富化作用。本类型致病水多少富含一些来自油层中的 I、F、Br、B 和微量金属元素（包括放射性元素 U、Ra、Rn）以及环烷酸。但它们的绝对含量仅仅比一般淡水（河水及单纯的溶滤地下水）中者略高一些，很少超过饮用水水质评价标准中的允许含量。正因为如此，往往容易被人们所忽视。

有人要问，既然此类型致病水与含油地层有关，那么一些大油矿区该是最严重的病区了吧？其实不然。因为人们饮用的是淡水，而处于封闭构造的典型油田水却是盐水至卤水，根本不能作为饮用。所以只限于那些既与含油地层有一定联系，而又处于强烈水交替带的淡水；且作为当地的饮用水源者，才能成为发病区。

至于与酸性火成岩有关的病区水文地质类型是这样确定下来的：当我们把陕西南部以及黑龙江、吉林、辽宁、内蒙古、山东、河北等省（自治区）的地方病分布范围与当地地质条件相联系，就可察觉它们大多分布在酸性火成岩（主要是花岗岩）山区及其山前地带，这就充分说明酸性火成岩这一地质因素是决定致病地下水形成的主导因素。

研究得比较详细的黑龙江省小兴安岭、张广才岭及其山前平原的病区可以作为本类型的代表。根据黑龙江省地质局水文地质队的资料，本类型致病水的化学特征是：低矿化量（$M < 0.2$ g/L）、低硬度（0.75 ~ 3 mmol/L）、阳离子主要缺 Ca^{2+}，阴离子缺 SO_4^{2-} 间或缺 HCO_3^-，弱酸性反应（pH 值大多介于 6.0 ~ 6.6），比起一般的淡水略微富含一些微量金属元素：Cu、Fe、Mn、Pb、Zn、Cd、Sr、Ba、Ni 等以及放射性元素 Rn、U。

这样的致病水显然是在溶滤－微量元素富化作用下形成的。致病地下水成生在酸性火成岩风化壳中；并处于强烈水交替带，径流条件良好，从而水的 TDS 和硬度很低。至于较富含微量元素，显然与酸性火成岩特有的副矿物成分有密切联系。

至于山前平原第四系中的潜水有两个补给来源，一是当地的大气降水；另一则是来自山区的酸性火成岩裂隙水（致病水）。也就是说在这两种水的混合作用下形成的。所以山前平原靠近山区部分的潜水仍然是致病水；越远离山区则降水补给所占的分量越大，稀释着微量元素的浓度，并在沿途溶滤作用下，提高着水的 TDS 和硬度，减轻着水的致病程度，终于逐渐过渡为非致病水。

至于本类型病水的弱酸性反应，据吉林省病研单位 1972 年和 1973 年的资料认为是近代植物分解出的腐殖酸污染所致。根据致病水的 pH 值从山区至低平原逐渐增大，说明酸性水形成于山区。倘若这些山区普遍是植被发育，并且基岩地下水埋藏很浅，那么腐殖酸通过土壤水、沼泽水间接地污染地下水是有可能的。倘若并不具有这样的污染条件，那么酸性水的形成则是由于酸性火成岩中的主要造岩矿物——钾长石、钠长石的分解，使水中饱和为游离 CO_2 的缘故。而在这两种解释中，以后者的可能性为大。

我国东南沿海花岗岩的分布是相当广泛的，为何在那里没有这些地方病呢？这是由于东南沿海各省是以河水为饮用水源的。即使河水有部分流段径流于花岗岩的表面，它也不会与岩石之间产生积极的化学作用；即使河水有一部分可以是依靠致病地下水所补给的，但是与充沛的降雨补给量相比只占很小一部分，所以河水不会发展为致病水（注：20 世纪 50 年代以来，在资本主义国家里发生了一些由于工业废水对河水的污染而导致的疾病。如日本的水俣病。但那属于公害之一的环境污染问题，亦即次生环境问题，还不同于这里所讨论的由原生环境而引起的地方病）。

由此可见，某一类型病区致病水化学成分的形成过程，完全可以并且应当运用水文地质理论加以科学的论证。致病水的形成主要取决于地质 – 岩石因素；并且可以说致病水的“成生层”是基岩。

为了鉴别致病水完全有必要确定致病水的水文化学标志；亦即致病水的那些可以用大体上的数量指标（包括一些比值）来表达的水文化学特征。不同类型病区的致病水标志是不很相同的；同一类型的不同病区的致病水标志在数量指标上也可有些不同，所以应该分别地进行探索。

应当指出最近黑龙江省地质局水文地质队根据黑龙江省中部病区的客观事实，确定致病水的 $Ca^{2+} < 1.75$ mmol/L、$SO_4^{2-} < 0.175$ mmol/L、$HCO_3^- < 3$ mmol/L。当然，这些指标作为该区致病水的一些水文化学标志是完全可以的。但是千万不要误解符合该标志的水就一定是致病水；很多河水和部分溶滤地下水的上列三项离子都低于该指标，但为非致病水。而陕北的致病水中的 HCO_3^- 却又远远超过上列指标（1.5 mmol/L）。

到目前为止，对于致病水水文化学标志的研究还是不全面的，并且只适用于一定范围的病区。尽管如此，它仍然有着重要的意义。当某一病区的致病水水文化学标志经研究确定无误后，我们无须进行病情调查，只要看到该区水点的水质分析成果，马上就可断定水的致病与否。这将大大推动地方病病因与防治的研究。

三、关于饮水中的致病因子的探索问题

人们饮用致病水而导致地方病，那么究竟水中具有什么样的成分而使人的机体发生病变呢？这就是饮水中的致病因子问题，亦即地方病病因问题。

在过去，生化病理工作者在探索饮水中的致病因子方面做了不少的工作。他们研究饮水中可能存在（或缺乏）的化学元素对人的机体的生化病理作用，提供了一定的线索。一旦致病因子探索出来后，就更有助于科学地论证防治地方病的措施。

不同的地方病种的病因是否相同呢？根据大骨节病、克山病和甲状腺肿在一定程度上有着共生关系；说明它们的病因是大同小异的。值得提出的是，过去似乎认为甲状腺肿的病因已经解决了，那就是饮水中缺碘。但是我们通常所饮用的最好的水几乎是不含碘的，而致病水特别是与含油地层有关的致病水不是缺碘，恰恰相反，含碘却较多。所以尽管用碘剂确能治疗甲状腺肿，但其病因也并非饮水中缺碘；很可能是由于水中的碘与另一微量元素之间的比例失调所致。关于这一问题，还有进一步研究的必要。至于氟

斑牙、氟骨症是由于水中的含氟量较高，这显然是无疑的。

到目前为止，对致病因子的研究还是比较孤立的、零碎的，还没有肯定的、统一的见解。下面归纳一下关于饮水中致病因子的几个主要说法，并表明自己的倾向。

（一）缺乏常量元素（离子）——过低矿化水说

由于致病水有一个比较显著的化学特征，那就是矿化量较低，亦即缺乏常量元素（离子）。在阴离子中主要缺 SO_4^{2-}，阳离子中主要缺 Ca^{2+} 兼或缺 Mg^{2+}。所以很容易给人一种印象：缺乏这些常量元素（离子）是致病因子。在群众中广泛采用的朴素的水质改良措施无不从提高水中的常量元素出发，并且据说都有一定的效果。表明这一说法多少有些道理。

笔者在初期也曾经是这样认为的。理由是：人们如若经常饮用蒸馏水是要致命的；而矿化过低的水也就接近于蒸馏水，从而饮用就会致病。

但是我们稍微注意一下，大部分河水和处于强烈水交替带的溶滤地下水的矿化量都很低，往往小于 0.5 g/L，甚至小于 0.2 g/L；常量离子的含量也都小于已确定的临界值，但经饮用并不发生地方病。这就否定了将单纯缺乏常量离子作为致病因子的说法。但是它作为复合致病因子的一个组成部分还是很可能的。关于这一点在后面还要谈到。

（二）富含腐殖酸说

在普遍倾向于无机病因的同时，出现了个别主张有机病因的说法，并认为水中的腐殖酸是致病因子。主张此说的在我国有吉林、内蒙古等省（自治区）的病研单位，在国外则只有日本。

虽然在目前尚不能完全否定某些致病水的弱酸性反应有可能是由于腐殖酸的间接污染所致；但是把腐殖酸作为致病因子的说法，笔者是不能同意的。理由是：①富含腐殖酸的重力水只限于沼泽水，它具有不良的物理性质：着色和异味，按一般的饮用水水质评价标准来衡量就划为不能饮用之例；而病区饮用的致病水的物理性质基本良好，说明即使含有腐殖酸，也远没有达到危害的程度。②有很大一部分致病水呈弱碱性反应，它们是不会富含腐殖酸的。尽管不同类型病区的致病水的成分可以有所差别，但作为致病因子的物质必然是相同的。不可能一些病区已肯定为无机病因，而另一些病区却是有机病因。③主张此说者对病村的饮水状况缺乏周密的调查，从而对一些水点的致病性做了错误的判断。例如，他们把陕北的上三叠统延长组的致病泉水，主观地定为“重病村内好水”，而把非致病的窖水又误认为是“重病村饮水”。可见，由此导出的腐殖酸致病因子说肯定是不正确的。

当然，窖水是会富含腐殖酸的，不仅如此，它还常含有病菌。但它只是导致肠胃病：痢疾、伤寒、霍乱等的水源，还不是这里所讨论的地方病致病水。

在这里有必要阐明窖水不是致病水的理由。窖水是我国黄土高原区所特有的人工水源，在黄土高原区基岩地下水埋藏很深，往往深达百米左右。而生产队坐落在塬面上，为了吃水每天要下百米的深沟挑取泉水，劳动量相当繁重。故此，社员在塬面上打一二十米深的窖（旱井）以收集暴雨水，作为饮用。但每年所收集到的窖水有限，很难维持半年之用；在干旱年份甚至滴水未收。因此生产队仍然是以泉水为主要饮用水源。倘若该生产队为病村，那么他们所饮用的致病水只能是泉水；这可以由相邻的没有窖水、只饮用同层泉水的病村所证实。另一方面，倘若窖水是致病水的话，那么地方病应零星分布在整个黄土高原的范围；绝不会像图 2 那样作北东—南西向的帚形带状分布。

（三）较富含微量元素的低硬度水说

值得注意的是国外很多报道指出，饮用软水的地区心脏病死亡率高（克山病是一种地方性心肌病变）。1969 年美国施罗德（H.A.Schroader）指出："环境中的 Ca 是生物吸收外界元素的一种调节剂""生物体由环境中吸收元素与环境中的 Ca 的浓度成反比；高浓度的 Ca 影响生物对 Mn、Fe、Zn、Cu、Pb、Cd 等金属元素的吸收。"同年瑞典的贝奥克（G.Biorck）也曾指出："好像将 Ca 的浓度作为别的某种真正病因的'指示剂'更好理解，微量元素可能是这样一类起作用的因子。"这些见解引起笔者很大的注意。

我们知道水的硬度是由 Ca、Mg 组成的，Ca 与 Mg 是化学性质相近的碱土金属，因此施罗德和贝奥克所说的 Ca 应当也适用于 Mg。也就是说水的硬度越低则人体吸收其他微量元素（大多是有毒的）相对就多了，于是就起到了致病作用。

从前面列举的致病水矿化量（g/L）来看，黑龙江省致病水多＜ 0.2 g/L ；而陕北致病水多在 0.5 g/L 左右，最高可达 0.75 g/L，所以还找不到致病水的矿化量统一指标。我们再来看看致病水的总硬度（mmol/L），黑龙江省致病水多为 0.75 ~ 3 mmol/L，亦即软水—微硬水；而陕北致病水多为 1.5 ~ 3 mmol/L，亦即微硬水。从而水的硬度较低可以作为一项共同性标志。

河水和溶滤地下水虽然有时总硬度也很低，＜ 3 mmol/L 者不在少数，但不致病，那是由于它们所含微量元素是微不足道的缘故。我国已知病区的地下水，或与含油地层有关；或与酸性火成岩有关，都具有微量元素富化的条件，加上上述的低硬度的条件从而构成了致病水。这是完全解释得通的。正因为根据病区水文地质条件所决定的致病水化学特征同生化病理学研究的初步结果能以相互印证，因此笔者主张此说。

施罗德将 Ca（或硬度）所起的作用叫作"调节剂"；贝奥克把它叫作"指示剂"。不过笔者认为虽然微量元素是直接作用于人的机体的致病物质，但硬度大小对于微量元素能否起到致病作用又是一个决定性因素；从而这里把水的低硬度与较富含微量元素二者合在一起叫作复合致病因子。这样叫法无论在识别致病水方面或者在改良水质方面都有积极意义。

当前复合致病因子的常量离子方面已经接近于解决了，今后应致力于微量元素方面的探索。看来克山病与大骨节病的病因的差异，很可能在于水中微量元素的种别或含量的差异上，这一点值得我们今后予以注意。由于微量元素的种类繁多；并且还涉及一些微量元素之间的比值问题，因此在探索上要比常量离子方面来得复杂一些。

前面已经谈过致病水水文化学标志，当然它还不一定是致病因子（过去大多把两者混为一谈，从而所提出的致病因子往往容易被人们所否定）。而致病因子则必然可作为致病水标志，而且是直接标志。

仅仅局限于某一类型病区所独有的致病水标志肯定不是致病因子。而不同类型病区的致病水的一些共同性标志基本上可以确定为致病因子了。这也就是从水文地质角度探索致病因子的根据。

可见，致病因子与致病水标志的探索方法是不相同的。后者是以一个病区的致病水和与他相毗连的非致病水的水质比较而取得的；而前者则是从不同类型的各个病区致病水的水质对比而概括出来的。我国至少有两种水文地质类型的病区，因此在探索致病因子方面比起其他任何国家都为有利。

不过，水文地质工作者应当经常注意生化病理学的研究成果，它将对我们有很大的启发。另一方面，生化病理工作者也不要脱离致病水的客观实际，盲目地探索任一元素对人的机体的病理作用。只有水文地质工作者与生化病理工作者共同协作，互相取长补短，才能及早地把致病因子探索出来。

四、防治地方病的基本措施——改良水质

根据上述可知，地方病的发生是由于人的机体与饮水水质之间所产生的不可调和的矛盾。若要防治地方病，或则改造人的机体；或则改换水源或改良水质。

人的机体对饮水水质的适应性，是百万年来人类发展过程中逐渐形成的。现代人的祖先，从猿人开始就生活在靠山近水的原野中；中经古人和新人阶段，以至新石器时代的我们的近祖，基本上都是以人们最易发现和取得的河水为饮用水源（注：陕西省关中平原是古人类发源地之一，远自五六十万年前的蓝田猿人，近至五千年前的半坡人都是以古渭河及其支流河水为饮用水源的。半坡人遗留下来的勺水工具的形式，充分说明是用来勺取河水的）。由于人口的不断繁殖，也由于人类的生活手段发展到一定的高度，大致在5000年前开始有一部分人逐渐扩展到远离河流的山区或高原区去生活，从而也就开始以地下水的天然露头——泉及泉流（河沟水）为饮用水。这些山区和高原区的地质条件所决定的地下水水质，有一部分已不近于人们所适应的河水水质。而人类的机体又不可能在千百年内进行调整，以适应水质的改变，于是就发生了地方病。可见，如欲在人的短暂的一生内实现机体的这一改造，显然是难以做到的（诚然，用服药的方法防治地方病是可行的；但那还不是改造人的机体，而属于变相的改良水质）。

采用改换水源的方法能否防治地方病呢？当然，地方病患者如果转移到非病区去生活，那么病情会逐渐减轻甚至最后痊愈。但是我们究竟不能荒废地方病区的广大土地，使之变为“无人区”。那么，能否在病村当地找到新的非致病水源呢？这又是一个水文地质问题。

我们知道，地方病区饮用的是第一层地下水（主要是潜水），如果找寻新的深层非致病水源，就要进行勘探。问题在于绝非任何病区在可采深度内（不大于200 m）都有非致病水层的分布；可以说大部分病区是不存在的。即使个别病区或病段勘探出深层非致病水源，但由于病村的分布是分散的；每个病村需打一个深孔，成本浩大，生产管理费用昂贵，非一般社、队所能负担。倘若仅仅就少数条件具备的城镇用开采深层非致病水的方法来防治地方病，而弃广大农村于不顾，这不符合毛泽东同志提出“把医疗卫生工作

的重点放到农村去”的教导，一般是不宜采用的。

由此可见，面向广大农村唯一可行的、符合多快好省原则的防治地方病的方法是改良现饮用水的水质。

事实上改水防病措施已广泛被采用。具体的方法有：压硫、压煤（含硫煤）、羊粪灰过滤、草木灰过滤、硫黄加石子过滤、煤炭过滤、药物过滤、食用或往饮水中加锅板盐、食用或加卤碱、食用或加“68.1”药粉、加光卤石、加水氯镁石、加硫酸镁、加硫酸钙及重碳酸钠等。它们的原理是同一的：增加水中所缺的常量元素——主要是镁盐和钙盐。在这些改水方法中，压硫、压煤和“改水剂”过滤都缺乏严格的量的概念；并且有些还带有朴素的性质。锅板盐、卤碱及其制品“68.1”药粉虽然主成分是氯化镁，但又含有较多的其他卤族元素（I、F、Br）以及微量金属元素，因此不是理想的改水剂。食用某些改水剂则不如将它加放到饮用水中来得牢靠。比较起来上列措施中以加硫酸镁（对陕北致病水）和加硫酸钙及重碳酸钠（对黑龙江省致病水）最为合理。

由于不同类型致病水的化学成分是有较大差别的，所以不存在一个对所有致病水都适用的改水剂。即使同一病区不同地段的致病水成分也是有所差别的，所以改水剂的用量也应有所不同。

为了科学地论证某一病区的改良水质措施就需进行必要的水文化学计算。在这里先要建立以下三个概念：

改良水质对象，被改良的具有某种成分的致病水。

改良水质目标，改良后所欲得到的具有某种成分的非致病水。

改良水质处方，改良水质时所加放的改水剂（盐类）及其剂量。

需要说明，这里所讨论的前提是提高致病水的常量离子（主要是硬度）就可以抑制致病物质——某些微量元素的致病作用。所以并没有考虑减少微量元素的含量。这样做对于绝大部分致病水都能达到改良水质的目的，只有有毒元素超过允许含量者例外。

首先，一个病区的所有被饮用的致病水点都是改良水质对象。这样对每一病区需要拟定几十个至百余个处方，无论在计算上或推广使用上都太繁杂了。在这里就要运用水文地质学中所常用的分区（区划）的方法，编制地下水（水质）致病程度分区图。将一个病区按致病水的某一主要水文化学标志或几项标志的组合，人为地划分 2 ~ 5 个（视致病水成分差幅大小）不同致病程度的区段。在每一区段中选一致病程度最高者作为改良水质对象，而据此计算出的改水处方适用于该区段的所有致病水点。

改良水质目标（非致病水）是普遍存在的，那么我们如何来选择它呢？我们知道，很多病区的致病水在它向下游潜流过程中逐渐过渡为非致病水（黑龙江省病区就是一个明显的例子）；也就是说下游非致病水是由上游致病水在天然条件下演变而来的。那么我们用人工的方法实现这一演变该是最经济合理的，亦即在病区下游选择一个典型非致病水作为全病区的改水目标。有些病区致病水排泄于河谷冲积层中，这时可不能把河谷冲积层潜水选为改水目标，因为它同致病水的形成条件不同；二者的化学成分呈突变的关系，甚至有时非致病的河谷冲积层潜水的矿化量比致病水还低。在这种情况下，就需在病区外围选择一个在水文化学上与致病水有渐变关系的非致病水作为改水目标。

需要指出，地下水的化学成分还存在着随时间而变化的问题，亦即水化学动态问题。它将使致病水的致病程度发生变化，其中包括致病程度的加重。为了安全起见，我们应当选择矿化量较高（高于该区非致病水最低矿化量 0.1 ~ 0.3 g/L）的非致病水作为改水目标。这样即使致病水的矿化量在天然动态下降低了 0.1 g/L（硬度相应降低，致病程度加重），经改水措施后仍可达到非致病水的水平。

值得提出的一个特殊问题是：在我国有饮用开水的习惯。而与含油地层有关的致病水的一项特征是只具暂时硬度 [即 $HCO_3^- > (Ca^{2+}+Mg^{2+})$]。这种水经煮沸后，Ca^{2+}、Mg^{2+} 即作碳酸盐从水中沉淀下来，这对于地方病是非常不利的。不过可作为改水目标的非致病水必然具有一定量的永久硬度（最好不小于 4.5），所以这一问题完全可以通过改水措施而得到解决。

改良水质处方实际上就是改良水质目标与对象在常量离子上的差值。计算时需要采用毫克当量形式的水质分析成果。算出离子差值后，阴离子按 Cl^-、SO_4^{2-}、HCO_3^- 的顺序，阳离子按 Na^+、Ca^{2+}、Mg^{2+}（它的反应能力弱于 Ca^{2+}）的顺序配合成盐类，然后再换算为各种盐类的 mg/L。

处方的最初计算结果可能是很繁杂的，往往包括五种盐类，这就需要进行简化。简化的原则是剂量少的盐类并到化学性质相近的剂量较多的盐类中。例如，少量的 $CaSO_4$，可以按当量换算为 $MgSO_4$；少量的 Na_2SO_4，可以换算为 NaCl。处方的最终形式以不超过三种盐类为宜。

下面任选一个致病水作为改水对象，一个非致病水作为改水目标，用来说明改水处方的计算步骤。

首先，以改水目标各项离子含量减去改水对象各项离子含量，得到离子形式的改水处方（表 1）。

表 1　改水处方表（离子含量）

项目	离子含量 / (meq · L^{-1})					
	Na^+	Ca^{2+}	Mg^{2+}	Cl^-	SO_4^{2-}	HCO_3^-
改水目标	7.8	3.8	4.8	3.9	7.2	5.3
改水对象	2.7	1.5	1.6	0.2	0.4	5.2
改水处方	5.1	2.3	3.2	3.7	6.8	0.1

然后将改水处方的各项阴、阳离子配合成盐类，再进行简化和单位换算，得到最终的处方(表 2)。

表 2　改水最终处方表

离子形式改水处方	盐类形式改水处方	简化后的改水处方与单位换算		
meq/L	meq/L	meq/L	mg/L	g/50kg
Na^+5.1—Cl^-3.7	NaCl　3.7 Na_2SO_4　1.4	NaCl　5.1	295	14.75 ≈ 15
Ca^{2+}2.3—SO_4^{2-}6.8	$CaSO_4$　2.3 $MgSO_4$　3.1	$MgSO_4$　5.4	325	16.25 ≈ 16
Mg^{2+}3.2—HCO_3^- 0.1	$Mg(HCO_3)_2$ 0.1	忽略不计	—	—

最终处方的剂量单位用克/100斤（1斤＝500 g）表示之。这是由于改水操作需由社员每家每户各自进行。社员计量水的单位用斤；而每挑水两桶约重100斤（水量稍少些并无大碍），至于药片、一般都以克为单位，社员并不生疏。社员只需把每挑水倒在水缸里，按处方加放药片（如药片不能速溶则研成粉末），然后加以搅拌，这样每天所饮用的就是非致病水。当然改水防病措施不能有所间断，即使在痊愈之后，仍需继续采用。

以上所讲的就是运用水文地质知识论证改水防病的基本原理。

五、地方病防治水文地质调查的初步方案

根据上述可以清楚地看出，为了解决地方病防治问题完全有必要进行专门性的水文地质调查；笔者把它名之为地方病防治水文地质调查。这一命名本身就赋予了明确的目的性。

当前除了黑龙江省地质局水文地质队之外，基本上都还没有开展这项工作，所以一般地说我们还缺乏这方面的经验。但是我们可以根据水文地质普查与勘探原理；吸收其他目的的水文地质调查的一些行之有效的方法，拟定地方病防治水文地质调查的初步方案，这对于今后开展这项工作，或者能有所帮助。当然这一方案还需在实践过程中不断地加以修正。

调查区的面积由几十至几百平方千米，可按行政区划（县）或结合自然条件圈定。由于不了解非病区的一方，也就无从了解病区的一方，所以测区范围最好是适当地包括与病区相毗连的部分非病区。但像陕北那样大面积的病区范围往往是做不到的；这时就需根据区域水文地质资料，在测区以外选择一些与测区有联系的非病区，布置一些必要的路线踏勘和取水样工作。

调查的基本手段就是水文地质测绘（一般不需要钻探）；测绘比例尺以1:5万为宜。由于每一生产队至少有一个饮用水点（泉、井），它也正是水文地质测绘中的地下水观察点。当这些水点还不能查明某些地段的水文地质条件时，就要选择一些无人饮用的泉进行观察；有时还需布置少量的试坑。

地方病防治水文地质调查的任务，主要有以下几个方面。

（一）查明地下水形成的自然地理和地质条件

在自然地理方面仍然是查明地势、气候与水文的基本情况，及其对地下水形成的影响。至于土壤、植被已不是决定地下水形成的主导因素，一般无须进行调查。

河沟水是由地下水所补给的（降雨补给瞬时即逝），所以它有可能是致病水。而河沟水的水文资料是收集不到的，甚至在地形底图上也没有表示。这时就需追索河沟水的源头（泉），将它的流经路程填绘在图件上，并通过访问了解它的水情。

在地质方面应着重于基岩的调查研究，因为致病水形成于基岩之中。在黄土高原区，基岩表面覆以几十米至百余米的黄土层，为了突出反映基岩地质，除了一般的地质图之外，还需编制基岩地质图。

地貌因素在地下水形成中所起的作用大小不同。例如，黑龙江省德都县，“地貌景观由南向北：丘陵区—山前波状平原—Ⅰ级阶地—河漫滩。病势由南至北逐渐变轻”。说明地貌与地方病病情存在着现象上的联系，其本质是地下水依地貌部位由南向北逐渐增高着矿化量和硬度；减轻着致病程度。这就表明地貌因素在地下水形成中起着一定的作用，这时研究地貌也就较有意义，并应编制地貌图。在黄土高原区，黄土地貌类型（塬、梁、峁）和基岩地下水的关系较为疏远，并且一个测区经常只属于一个地貌单元，当然也就失去了意义。在这种情况下，应着重微地貌的观察，必要时把它表示在地质图上。

（二）查明地下水的形成条件与分布规律

要查明测区内地下水的类型及其分布规律，探讨地下水的补给、径流、排泄条件。着重研究水文地球化学，阐明各个含水岩组的水文地球化学特征，探讨地下水（特别是致病水）的化学成分形成过程。而对岩层富水性的研究则降到次要地位。

要详细观察描述地下水观察点（泉、井），判断补给该水点的含水层。这时需对水点附近的地质情况进行充分分析，绘制水点附近的水文地质剖面图。往往某一主要含水层的水流经另一不厚的含水层而后出露于该水点，这时补给水点的含水层应写两个岩组。只有这样才便于我们正确分析问题。

对河沟水也要进行研究，特别是对那些饮用河沟水的病区。例如，陕北南缘麟游、永寿一带有地方病分布（图 2），但是当地地下水与含油地层没有联系，不符合前面所揭示的规律。但是我们研究河沟水的源头及其所流经的水文地质基础，这一问题也就迎刃而解了。原来这一带的河沟水发源于上三叠统延长组，它是致病水。在它径流过程中很快地进入了奥陶系灰岩区，那里的潜水位顿然下跌。而致病河沟水只能产生一些垂直渗漏，再也不能接受非致病潜水的补给，从而仍保持为致病水。所以那一带饮用河沟水（唯一的经常性水源）的生产队也就成了病村。有趣味的是，不符合规律的陕北北部神木以西一带，恰恰也类似这种情况。

要选择具有代表性的泉和河沟水进行流量测定；对于井的抽水试验则可以不做。

对所有的泉以及有意义的河沟水都要取水样，作病研水质分析。由于目前对致病水文化学标志，特别是致病因子尚未确定，所以水质分析项目要求齐全。计分以下几组：

第一组：水的物理性质、pH 值、Cl^-、SO_4^{2-}、CO_3^{2-}、HCO_3^-、NO_2^-、NO_3^-、NH_4^+、Ca^{2+}、Mg^{2+}、Na^+、K^+、Fe^{2+}、Fe^{3+}、游离 CO_2、侵蚀性 CO_2、耗氧量、焙干残渣。

第二组：F^-、Br^-、I^-、$HSiO_3^-$、HPO_4^{2-}、$HASO_4^{2-}$、HBO_2、Mn^{2+}、Al^{3+}、Cu^{2+}、Pb^{2+}、Zn^{2+}、H_2S、E_h（氧化还原电位值）。

第三组：微量元素的光谱半定量分析。在积累了一定资料之后可以逐渐减少第二组中的一些不必要的项目。甚至光谱分析也可不作；只选择一些关键性微量元素作定量化学分析。

当然，进行病研水质分析不仅是对致病水，同样也对非致病水。二者分析数量之比可要取 2:1。

在编制水文地质图时，主要表示第一个含水层（基岩的和第四系的）；并着重反映各含水岩组的基本水文化学特征：水化学类型和矿化量。在研究病区的地下水时，把矿化量（M）小于 1 g/L 的水笼统地划为淡水显然是不够用了。应当沿用河水按矿化量的分类：$M<0.2$ g/L 的弱矿化淡水（过淡水）；M=0.2 ~ 0.5 g/L 的中矿化淡水（中淡水）；M=0.5 ~ 1.0 g/L 的强矿化淡水（微淡水）。有时甚至还需要采用矿化量间隔更微小的等值线。当勾画水文化学界线时要充分考虑地下水流向、水力坡度、各个含水岩组间的水力联系以及水文地球化学联系，不可机械地采用内插法。

（三）探讨致病水水文化学标志和拟定地下水致病程度分区

致病水水文化学标志的确定是以致病水与非致病水水质分析结果的比较为基础的，所以总要预先知道每一分析水样的致病性。为此，在编写调查设计时，就要向有关县、公社了解病村分布情况。在水文地质测绘中，我们无须进行详细的病情调查：统计各病种的发病率（病患人口 / 村屯总人口）。因为发病率受到很多人文和经济地理因素的影响，例如，每一村屯人口年龄配比、性别配比、居住史配比以及生产水平、交通情况、生活水平都不会是一样的，饮用同样的致病水发病率也不会相同。所以据此划分的重病村、轻病村也只是概略的。当然，每至一生产队访问、核实各个病种的有无是必要的；而更重要的是确切了解他们所饮用的水源。然后进行水点调查和取样，并注明该水样的致病与否。无人饮用的水点，先不要主观地断定它的致病性；留待探索出致病水标志后再来确定它。应当注意，往往一个病村饮用两个以上的水源，这就要分别了解每个水源的饮用状况。当几个水源属于不同层的地下水，或者其中有远处流来的河沟水，这就要进行水文地质分析。至于窖水不是地方病的致病水，前面已做了说明，在水文地质调查中它不作为实际资料。

在进行水质对比时，经常是统计所有致病水点以及非致病水点各项离子含量的最小值，最大值和平均值，从中可以看出致病水与非致病水的粗略差别。但是这样的统计还是不够的，由于它掩盖了单个水点的具体化学成分，尤其是无法取得以比值表示的水文化学标志。所以最好是采用水质分析结果的图解统计法，例如，阴、阳离子三角形图解；强酸 – 弱酸、碱金属 – 碱土金属的方格图解等。还可以根据具体情况，选择具有水文化学意义的两项离子作图，通过这样的统计工作，可以解决致病水水文化学标志问题。

选择二三项关键性的致病水标志对测区内的地下水划分几个不同致病程度的等级，编制地下水致病程度分区图（包括非致病水区）。当勾画各个分区界线时要以水文地质图为基础，但应简化一些不必要的界线。

（四）论证改良水质防治地方病的措施

在地下水致病程度分区的基础上按前面所讲的步骤，分别计算各区段的改良水质处方。

把计算得的改良水质处方分别注在地下水致病程度分区图上，并附说明表注明每一处方所适用的病村，那么这张图就叫作地下水致病程度及改水防病分区图。它对指导地方病防治工作有着实际意义。

以上所述，就是地方病防治水文地质调查的基本任务。关于水中的致病因子问题，很难在一个病区的调查中得到解决；但是不妨尝试地提出一些可能的看法，它对于致病因子的总体研究将会是有益的。

在调查结束提交报告之后，还不等于问题的解决。我们需要向病区所在县的党委和革委会详细汇报调查成果。在县委的领导下，责成有关医药公司生产改水药片；之后以公社为单位举办改水防病学习班，由每一大队（或队）选派一名改水员（可由赤脚医生兼任）参加。在学习班上由我们讲解改水防病的基本道理，交代每个病村所适用的改良水质处方；并进行改良水质的示范操作。学习结束后，大队（或队）改水员将改水操作传授给每家每户；并负责经常性的检查与指导，使改水防病措施不致间断。只有这样坚持下去，才能逐渐达到防治地方病的最终目的。

物理世界是不依赖于人类和人类经验而存在的。致病地下水这一自然历史产物，可以说远在地球上还没有人类以前就已经存在了。在今天饮用致病水的发病区之外，还存在着广泛的致病水区，只是到目前为止还没有人在那里生活以证实水的可致病性而已。我国正在进行大规模的社会主义建设，特别是三线建设经常要在人迹罕至的高山深壑中进行。那里有没有水？有水的话是否会导致地方病？这将成为一个不可回避的新问题，需要水文地质工作者做出回答。可见，研究地方病病因——确定致病水中的致病因子，不仅对于防治已发病区的地方病有着重大的现实意义；而且对于规划国民经济建设的部署也有着深远的历史意义。

近年来，陕西省地质局第一、第二水文地质队在陕北进行的区域水文地质测量－普查和供水水文地质勘查工作中，都遇到了地方病的问题。但这一问题又不可能在这些工作中附带地加以研究解决。而对致病水的水文化学特征没有一个起码的认识，则将在饮用水水质评价方面得出错误的结论（绝大部分致病水按通用的饮用水水质评价标准来衡量都是良好的水），它所带来的严重后果是值得深思的。

由此可见，旨在防治地方病的水文地质调查研究已经成为当前迫在眉睫的重大课题。水文地质界应当积极开展这项工作，为地方病区广大贫下中农的健康以及合理选择工业基地做出自己应有的贡献。

参考文献

长春地质学院地方病科研组 .1973. 环境、水质与克山病病因 [J]. 中国地方病防治（3）：42–50.
黑龙江省地质局水文地质队 .1971. 黑龙江省德都县地方病水质改良水文地质调查报告书 [R].
黑龙江省地质局水文地质队陈伯中、王志诚、张清怀、张耀德 .1973. 饮水水质与克山病、大骨节病 [R].（2）.
吉林省防治地方病联合工作队、长春地质学院地方病科研组 .1972. 自然环境与大骨节病、克山病的关系 [R].
陕西省毛泽东思想卫生工作队淳化—永寿地方病水土病因调查组 .1969. 陕西省淳化、永寿、乾县地方病与水土关系初步调查小结 [R].
陕西省毛泽东思想卫生工作队延安水土病因调查组 .1969. 定边至新寺河一线地方病病因调查小结 [R].

本文原发表于《水文地质工程地质》，1974 年，第 4 期，第 1 ~ 18 页。

陇东陕北承压水盆地几个基本水文地质问题的分析

方鸿慈
（河北省地质局水文地质四大队）

近年来我国的水文地质工作越来越多地涉及基岩地区。大型基岩承压水盆地是基岩供水最有意义的水文地质构造类型之一；国内外很多城市和工矿企业供水都是利用这种类型的基岩承压水。

鄂尔多斯盆地总面积达 23×10^4 km^2，居全国八大盆地的第三位。仅盆地主体部分（天环凹陷和陕北斜坡）亦达 14×10^4 km^2，从地质构造、地层岩性来看，它可能是我国首屈一指的基岩承压水盆地。尤其是该区绝大部分处于半干旱－干旱气候带，水源缺乏，第四系地下水有限，从而大力开发基岩承压水对发展该区国民经济具有重要意义。

在这一广大面积上，已完成 1∶20 万水文地质测量，普查的面积只不过 20% 左右；还有绝大部分将在今后几年去进行。已完成的部分，由于测区的局限，对某些水文地质问题的认识往往不能十分确切。因此，很有必要从宏观上对这一盆地的水文地质基本特征进行概括。

本文即根据陇东陕北地区（鄂尔多斯盆地主体）的地质构造、地层岩性，结合一些实际资料，并运用近年来已经建立的有关承压水盆地的理论，对几个基本水文地质问题——主要是承压水盆地地下水的赋存条件、运动规律和水文地球化学——进行分析。进而勾画出区域水文地质的基本轮廓，以利于今后继续在该区大力开展水文地质区测工作。由于我们直接踏勘过的路线和地段有限，并且对基础理论的理解不深，文中难免有不妥之处，希批评指正。

一、决定地下水形成的自然地理与地质条件

（一）自然地理

陇东陕北地区在自然地理方面跨越三个单元（图 1）。最北部（大致在长城以北）为沙漠草原，向北延续到内蒙古自治区境内，统称为鄂尔多斯沙漠草原。西部和南部狭长的基岩山区是六盘山和渭北山地，其间广大地区普遍覆盖有厚层黄土（包括黄土状土），

构成陕甘黄土高原。黄土塬面由西北的海拔 1 900 m 左右，向东南缓倾，逐渐降至 1 200 m 左右；在地貌上划分为北部的黄土墚峁（丘陵）区和南部的黄土塬区。

图 1 陇东陕北地区地貌略图

（据甘肃省水文地质一队，陕西省第一、第二水文地质队资料）

1—沙漠草原；2—黄土墚峁区；3—黄土塬区；4—基岩山区

本区大部分属于半干旱带气候，仅北缘的沙漠草原已属于干旱带；向六盘山及渭北山地则逐渐过渡为半湿润带。年降水量自北部的 250 mm 以下，向南递增至 700 mm 左右。

区内主要河流均沿地势的倾向自西北流向东南。泾河、洛河出渭北山地进入关中平原流入渭河；延河、无定河流入黄河。

（二）地质

陇东陕北盆地在大地构造上属于鄂尔多斯坳陷区的南部。盆地是中生代时期的大型内陆坳陷。它以前震旦系变质岩为基底，其上有震旦系至奥陶系的海相沉积；再上则为石炭系、二叠系的海相和陆相交互的沉积。在中生代经过三度坳陷，形成了三叠系红色及灰黑色碎屑沉积（上统含多层油页岩，夹有油砂）和侏罗系灰黑色、蓝灰色及紫红色碎屑沉积（上、下统有油页岩）以及下白垩统红色碎屑沉积。

震旦系至奥陶系仅出露于渭北隆起（渭北山地）和西部断褶带（六盘山及其北部）。上石炭统和二叠系分布在陕北斜坡南缘－渭北隆起的北侧，在西部断褶带亦零星出露；经历次构造运动断层褶皱较为发育，岩层倾角较陡。三叠系至侏罗系主要分布在陕北的东南部，组成陕北斜坡的主体，岩层走向由南部的近东西向至东部转为近南北向，变动轻微，岩层倾角由老至新逐渐变缓。下白垩统则在陇东、陕北均有分布，构成缓倾的向斜构造，即所谓天环坳陷（图2）。

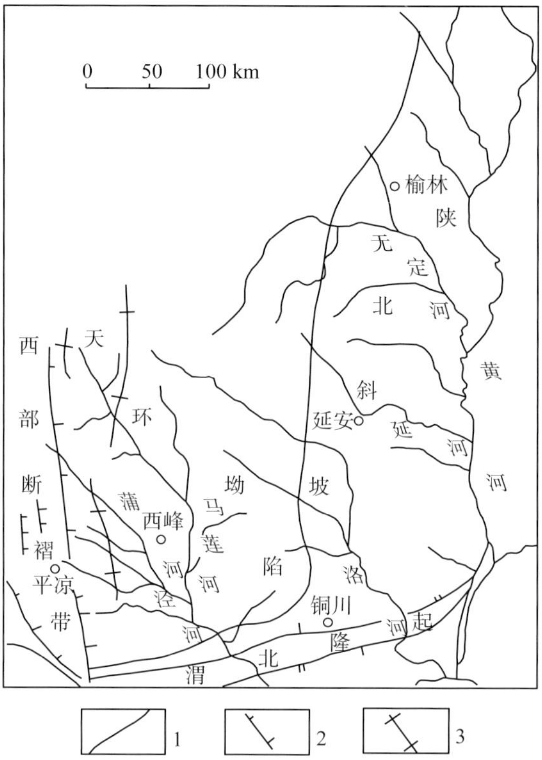

图2 陇东陕北盆地地质构造略图

1—二次构造单元界线；2—断层；3—向斜轴

此外，在本区西部零星分布着不厚的古近系砂岩、砾岩，西部和中部还分布着面积稍广、厚度不大的新近系泥岩。至更新世，本区绝大面积上沉积着几十米至百余米的黄土层；而北缘的沙漠草原则代之以更新统冲积－湖积层，并覆盖有全新统风成砂。在境内主要河流的河谷分布有全新统的冲积砂、砾石层。

二、不同地貌单元黄土层的储水条件以及其他类型的第四系地下水

陇东陕北地区最重要的地下水类型是坳陷盆地内的基岩承压水，但这一地区基岩表面大部覆盖着较厚的黄土层。所以有必要先对黄土层的储水条件做一概略的分析，并简述一下其他类型的第四系地下水。

黄土层中的地下水在陇东地区研究得比较详细。地下水主要赋存于中更新统的黄土状粉砂质亚砂土中，黄土状亚砂土被亚黏土所隔，构成多层微承压含水层；但也可把它们看作是统一的非均质潜水含水层。据甘肃省水文地质一队的资料，黄土层的储

水条件主要取决于它的地貌形态，其具有下列规律：①黄土塬区比墚峁区储水条件优越，从而塬区黄土层地下水有一定供水意义，而墚峁区则无之；②塬区黄土层的储水程度与切割深度有密切的关系，一般塬面积越大、切割越浅，则潜水埋藏也就越浅、储水也越丰富。

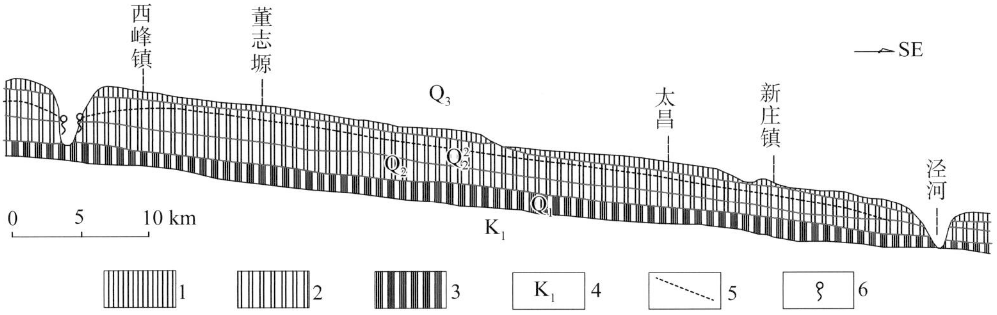

图 3　陇东董志塬更新统水文地质剖面图

（据甘肃省水文地质一队）

1—上更新统黄土；2—中更新统具多层古土壤的黄土；3—下更新统重亚黏土质黄土；4—下白垩统；5—地下水水位；6—下降泉

陇东陕北的黄土塬区基本上分布在南部，那里的年降水量达 500 ~ 600 mm，补给来源较为充分，于是形成了董志塬（图 3）、洛川塬等地的可供开采的黄土含水层。

考虑到补给量在一年里是不均匀的；只在暴雨期间才会产生雨水下渗，并补给地下水，而小雨是不起作用的。这就使得墚峁区黄土层至多有一些上层滞水，而以暂时性小泉出露；在一年的大部分时间里基本上是不含水的。塬区黄土层由于有较大的储水空间，起着调节地下水的作用，能以保证地下水在整年里不致枯竭，从而具有供水意义。

至于黄土（包括黄土状土）的渗透系数是较小的，至多不过 0.1 ~ 1 m/d。一般潜水埋藏深度较深，如 40 m 左右，降雨后垂直下渗水需经很长时间才能达到潜水面。而实际上潜水位动态与降雨的联系十分密切，滞后时间极短。有些资料认为补给方式是通过黄土层垂直节理的下渗，这一解释较为合理。1971 年我们在黄龙县三岔公社工作期间，陈庄大队负责同志提供了一个很难得的情况：在他们那里每逢暴雨期间就可听到地下有隆隆的水流声，雨后不久声音即行消失。这对我们是一个很好的启发。在黄土层中潜蚀现象很发育，如陷穴、漏斗、串珠洞、盲沟等，而这些潜蚀洞道也正是降雨补给地下水的主要通道。说明降雨通过较厚黄土层的向下运动不是渗入作用，而是漏入作用。可以认为，覆盖有较厚黄土层的基岩地下水基本上也是通过上述方式接受补给的。

根据陇东的资料，在墚峁区的沟谷（或掌形地、杖形地）黄土层中含有潜水，这种类型的潜水在陕北尚无记载。虽然沟谷黄土层潜水没有工业供水意义，并且陇东陕北农村生活用水也并不映乏（由于自古以来形成的村落就是以水源为先决条件的，至今还保留着“一村一泉”的基本格局）；但这一类型潜水对当地农业用水方面还是有一定意义的。所以今后对沟谷黄土层潜水也应予以适当注意。

陕北北缘沙漠草原区，在风成砂下伏的更新统冲积 – 湖积层中含有潜水及承压水。这种类型的地下水向北延至内蒙古自治区境内，分布面积相当广泛。钻孔出水量可达 100

m^3/d 以上，TDS 多小于 1 g/L，从而具有一定的供水意义。

区内主要河流及其支流的河谷中分布着冲积层潜水。但由于这些河谷往往不宽，冲积层潜水不甚发育。除泾河、蒲河的一些较宽的河谷段外，一般都不占什么重要位置。

三、承压水盆地地下水的赋存条件

陇东陕北承压水盆地包括二级构造单元的天环坳陷和陕北斜坡。构成含水层的岩性除上石炭统太原组及下二叠统山西组个别为灰岩、下白垩统志丹群的宜君段及罗汉洞段个别为砾岩外，其余全部为砂岩。

根据这些基岩地下水的赋存条件，陕西省第一水文地质队在延安地区工作时以及在有关陕北地方病区水文地质的文献中，曾经划分出风化壳潜水；但陕西省第二水文地质队在铜川地区工作时并未把潜水单独划分出来。我们认为关键不在于是否把潜水划分出来，而是在于正确理解地下水的赋存条件。

既然上述基岩构成一个承压水盆地，即各个含水层（组）中的地下水类型属于承压水，那么为何又可划分出潜水类型呢？我们知道，承压水的补给区和排泄区是具有自由地下水面的，单看这一部分是属于潜水的性质；特别是砂岩（或砾岩、灰岩）出露较宽的地段潜水分布也就相当广。另一方面，这些含水岩石多与泥质岩呈互层。泥质岩构成了砂岩含水层的相对隔水层。特别是在中生代后期，这些岩层埋藏较浅的部分经受了长期的风化作用，它不仅使浅部砂岩而且使泥质岩的原生裂隙（或孔隙）得到了强化，亦即裂隙宽度和容水空间相应增大，这就使得浅部的泥质岩含有一定数量的重力水。陕北农村所饮用的泉水不是全部出自砂岩中的，也有出自泥质岩中的，就说明了这一点。当然泥质岩中的地下水类型属于潜水。这与山前洪积平原前缘的表层第四系黏性土有些相似，黏性土本身含有潜水，同时又作为下伏砂砾石含水层的隔水顶板。

这里做一张模式剖面图（图 4）来说明砂岩 – 泥质互层区地下水的赋存情况。图中用黑白亮度来表示岩层的给水度（重力水容量）的大小。

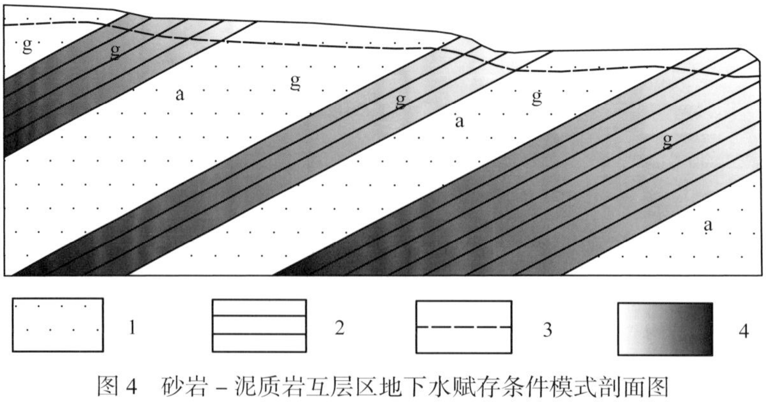

图 4　砂岩 – 泥质岩互层区地下水赋存条件模式剖面图

1—含水砂岩；2—弱透水泥质岩；3—潜水位；4—岩层给水度（由浅至深表示由大到小）；a—承压水；g—潜水

由图 4 可知，砂岩和泥质岩的给水度均随着倾没深度而减小；但砂岩的给水度远比同深度下的泥质岩给水度大。作为供水的目的层仍然是砂岩含水层。

一般说来，一个含水组的富水程度主要取决于该组的总厚度和砂岩（或砾岩、灰岩）在该组中所占的比例。下面联系到本区各个含水组（相当于地层单位的统或段）的具体岩性，阐述各个含水组的富水性。

下白垩统志丹群（K_1zh）共分为六个岩性段，最下部两段合为一个含水组共计五个含水组。在向斜轴部的泾川组（K_1^6）厚度不大，岩性为泥岩、页岩夹砂岩，富水性弱至极弱，已知泉流量一般为 0.01 L/s。往下，罗汉洞组（K_1^5）为砂岩、砾岩夹砂质泥岩，富水性中等至强，钻孔出水量 200 ~ 1000 m^3/d 以上。环河组（K_1^4）为砂岩与泥岩，页岩互层，富水性中等，钻孔出水量 200 m^3/d 以上。华池组（K_1^3）以砂岩为主，夹有泥岩、页岩，富水性中等，个别地段稍强，钻孔出水量达 500 ~ 1000 m^3d。最下部的宜君 – 洛河组（K_1^{1+2}），上段以砂岩为主，局部含泥岩或页岩，下段为底砾岩，厚度不大，两段合为一个含水组，富水性强，钻孔出水量可达 1000 m^3/d 以上。

上侏罗统安定组（J_3a）厚度不大，岩性在南部以砂岩为主夹泥岩、页岩，向北砂岩逐渐尖灭而代之以泥岩、页岩，本组底部普遍含油页岩。为弱富水至贫水的含水组，钻孔出水量在南部可达 100 m^3/d，向北逐渐小至没有意义，只是一些小泉为当地居民所利用。

中侏罗统直罗组（J_2z）厚度不大，岩性在下部为砂岩、上部为砂岩与泥岩互层，富水性弱，钻孔出水量小于 100 m^3/d。

下侏罗统延安组（J_1y）按岩性自上而下分为枣园层（J_1^3）泥岩，夹有油页岩；宝塔山层（J_1^2）厚层砂岩；富县层（J_1^1）泥岩、页岩，底部为砾状砂岩。全组富水性中等，个别地段较强，钻孔出水量 300 ~ 1000 m^3/d 以上。

上三叠统延长组（T_3y）在本区分布较广，岩性为砂岩与泥岩、页岩互层，在南部含多层油页岩间有油砂。由于砂岩与泥质岩在各段的比例不同，岩层富水性在各段也不相同，一般在一、二、四段富水性较强，三、五段则较弱。总的来看全组属于中等富水的，钻孔出水最多在 300 ~ 500 m^3/d。

下 – 中三叠统纸坊群（$T_{1-2}Zh$）在本区分布亦较广，岩性为砂岩与页岩互层，为中等至强富水的含水组，钻孔出水量达 300 ~ 1000 m^3/d 以上。

上二叠统石千峰组（P_2sq）岩性为砂岩与泥岩互层，为中等富水的含水组，钻孔出水最一般 300 ~ 1000 m^3/d。

下 – 上二叠统石盒子组与山西组（$P_{1-2}s+sh$），石盒子组岩性为泥岩夹砂岩，山西组岩性为页岩，粉砂岩夹煤层。总厚度不大，富水性弱。

上石炭统太原组（C_3t）岩性为薄层灰岩、页岩、粉砂岩、铝土页岩及煤层；厚度不大，富水性弱。

至于奥陶系则出露在本区南缘的渭北隆起，为厚层状灰岩。岩溶裂隙发育，潜水埋藏很深，在其北部 250 m 的深度内尚未发现水位，故不能作为开采对象。

这里将各个含水组的富水性以及水的 TDS 表示在前古、新近系地质图上，编成承压水盆地的水文地质示意图（图 5）。其中有很大的推断性。有关富水性、TDS，甚至岩层本身的界线都有待于今后区测过程中进一步加以修正和详细划分。

综上所述，可知本区主要含水组计有：下白垩统志丹群的罗汉洞含水组、环河含水组、华池含水组、宜君－洛河含水组；下侏罗统延安含水组；上三叠统延长含水组；下－中三叠统纸坊含水组；上二叠统石千峰含水组。它们是今后的主要勘查和开采对象。

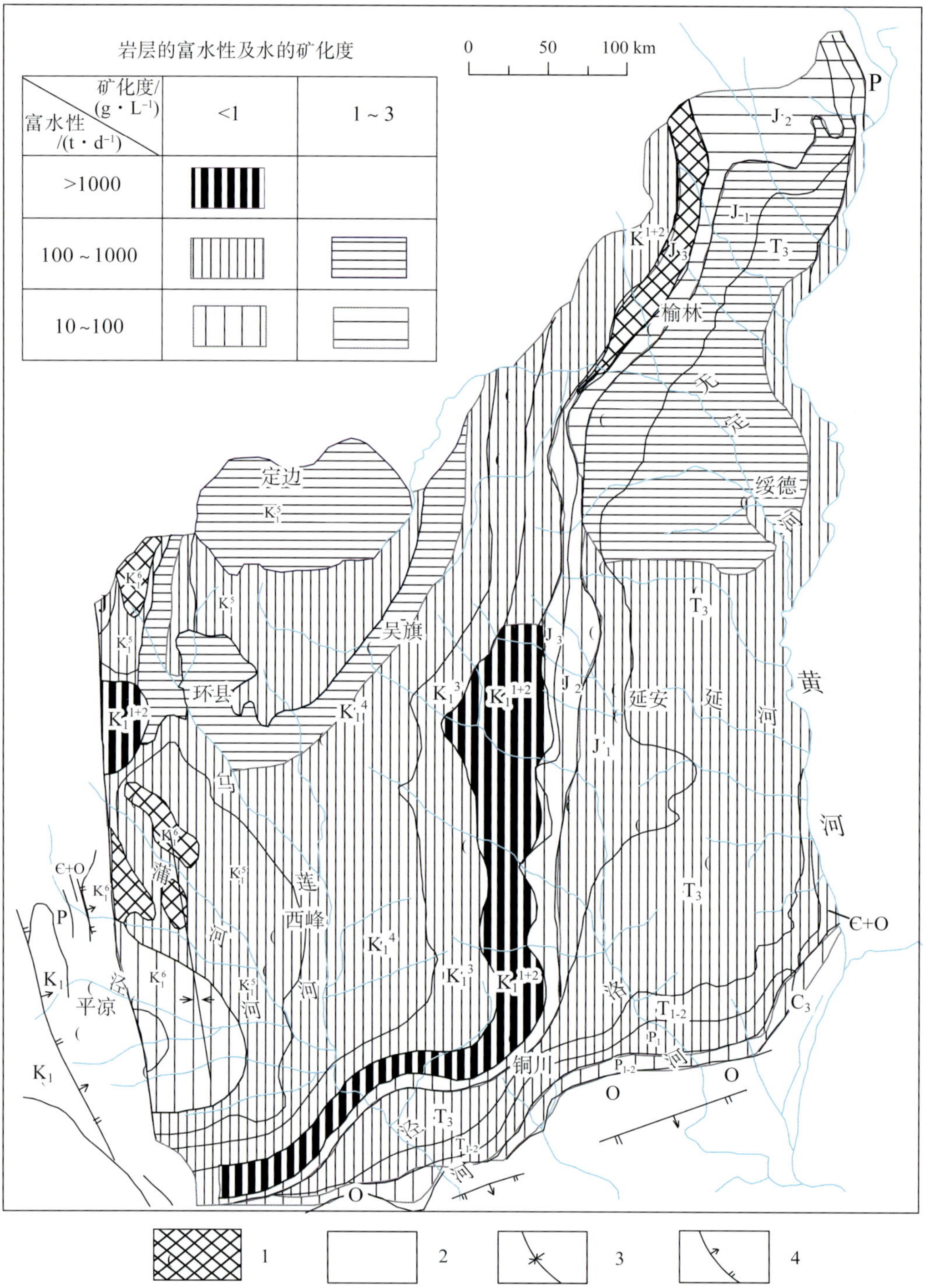

图 5 陇东陕北承压水盆地水文地质示意图

1—贫水的岩层，富水性 1 ～ 10 t/d；2—未表示含水性的岩层；3—向斜轴；4—断层

四、承压水盆地地下水的运动问题

（一）承压水盆地的两种构造类型

在20世纪60年代后期，人们开始调查陇东陕北承压水盆地时，对地下水的运动往往认识不清。例如，在陕北地区误认为地下水的流向系沿着岩层的倾向，亦即向西北方向流动。产生这种错误的原因在于对陕北各个承压含水组的构造类型认识不清；或者是过高地估计了天然条件下承压水的越流运动。直至1972年底，陕西省第二水文地质队在铜川地区进行勘查过程中，才逐渐正确地认识了该区地下水的运动问题。

为了对陇东陕北承压水盆地地下水运动进行分析，必须将整个盆地做一个连续的水文地质剖面图（图6）。从图中可知，下白垩统各含水组与侏罗系至上石炭统各含水组分属于两种不同的构造类型。

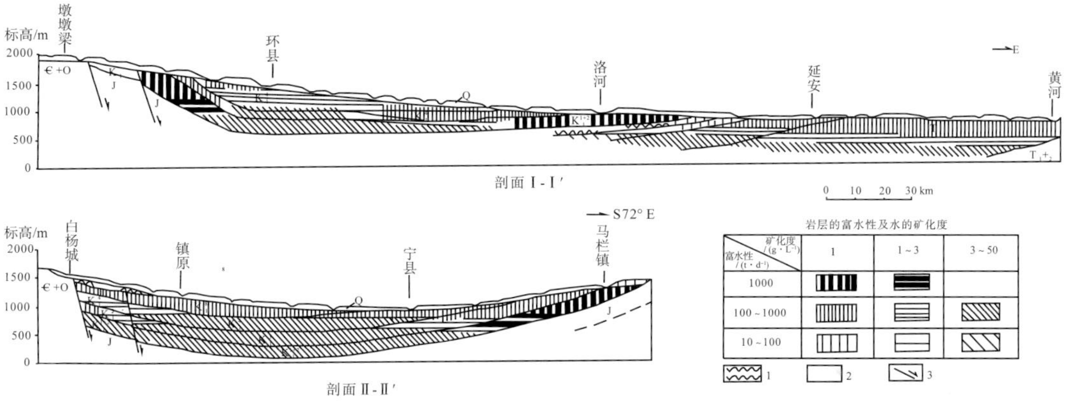

图6 陇东陕北承压水盆地水文地质剖面示意图

1—贫水的岩岩，富水性1 ~ 10 t/d；2—未表示富水性的岩层；3—断层

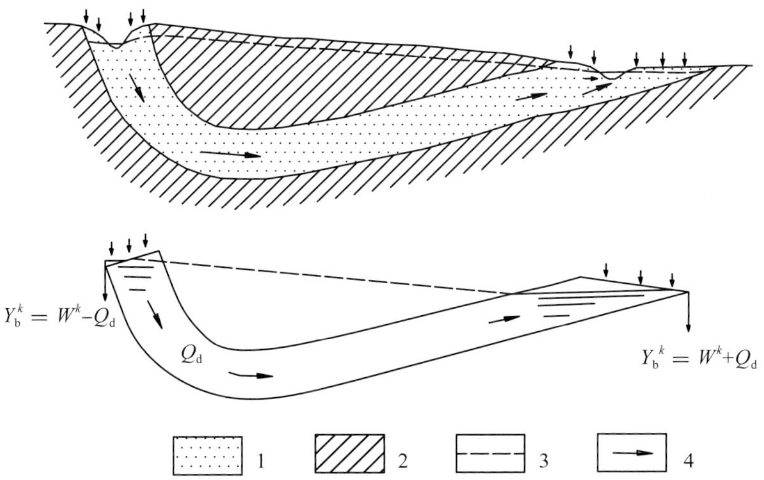

图7 过流的承压水向斜地下水运动与均衡模式图

1—含水层；2—隔水层；3—地下水水位；4—水流方向

（1）过流的承压水向斜，由下白垩统各含水组组成

本区下白垩统构成一个不对称的向斜构造，向斜的两翼都有出露（包括下伏于更新统和古、新近系之下）。区域地势自西北向东南缓倾，承压含水层的补给区位于西翼，而排泄区在东翼。亦即，在整个向斜层里存在着承压水自西北向东南的运动。该承压水盆地的构造类型为一过流的承压水向斜。

应当着重指出的是，在承压水向斜的补给区内仍然有一部分（甚至大部分）地下水就地排泄。在陇东的泾河、蒲河、马莲河均发源于向斜西翼，河流的流量沿途增大，这说明有相当多的地下基流排到河流中去。亦即，在补给区地下水所接受的降雨补给量有一部分就在补给区内产生盈溢排泄。在排泄区内所排泄的地下水量不仅是由补给区流来的断面流量，还有很大的部分是当地所接受的补给量。这里做一模式剖面图（图 7）来说明，并写出过流的承压水向斜的补给区和排泄区的地下水的近似均衡式：

对补给区（向斜西翼）：

$$Y_b' = W' - Q_d$$

对排泄区（向斜东翼）：

$$Y_b'' = W'' + Q_d$$

式中：W'、W'' 为补给区、排泄区的地下水补给量；Y_b'、Y_b'' 为补给区、排泄区的地下水排泄量（地下基流量）；Q_d 为承压含水层的断面流量。

同一含水层（组）的渗透系数一般越向深部越小，而断面流量取决于含水层深部的渗透系数（K_{min}），亦 $Q_d = K_{min}IF$。本区下白垩统在向斜轴部最深不过 1300 m，该处的含水岩层还具有一定渗透性能，加上补给区与排泄区间具有水头差，从而可以过流。

据国外资料记载，当碎屑岩层埋深在 2000 m 左右时，在上面巨大的地层压力下，该处岩层的渗透系数趋于零。当深拗向斜轴部的含水岩层渗透系数趋于零，也就不能产生过流了。另外，当向斜构造的两翼出露高程以及补给区与排泄区的地下水水位相当时，即使岩层渗透性很强也基本没有过流。这种不过流的承压水向斜的两翼相当于两个承压水斜坡。

（2）承压水斜坡，由上侏罗统至上石炭统各含水组所组成

本区从上侏罗统直至上石炭统各个含水组都属于承压水斜坡。承压水斜坡可以产生在以下几种情况：①含水岩层的倾没端逐渐尖灭；②含水层的倾没端为隔水岩层或岩体所阻；③含水层的倾没深度很大，以致渗透系数往下逐渐递减为零。本区承压水斜坡至少符合于后两种情况。

从本区水文地质略图（图 5）可知，上侏罗统以至上石炭统各含水组在向斜西翼没有出露，因而在西翼没有直接的补给区。虽然在西部断褶带这些岩层有所出露，但它与盆地主体之间呈阶梯状断层接触，很多地段下盘的各个含水层被上盘的隔水岩层所阻截。此外据资料记载，侏罗系底面最深已达 2300 m；三叠系底面最深达 3800 m；而上石炭统底面最深达 5000 m，说明这些含水组的绝大部分都已出现渗透系数递减为零的情况，也就等于含水组的尖灭。上述情况可以说明这些岩组构成了承压水斜坡。

图 8 为承压水斜坡的模式剖面图。承压含水层的补给区和排泄区都在同一侧（向斜

东），而地下水的排泄量（地下基流量）大体上与补给量相均衡，即 $Y_b=W$。

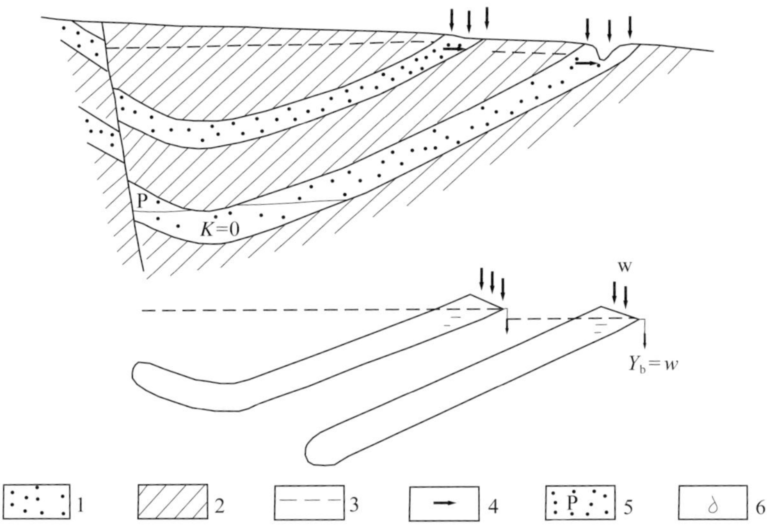

图 8　承压水斜坡地下水运动与均衡模式图

1—含水层；2—隔水层；3—地下水水位；4—水流方向；5—封存水；6—泉

陕西省第二水文地质队在评价陕北一流域地下水资源时，正确地采用了河流水文图的分割法。其所以正确，就在于掌握了该区地下水的形成与均衡机制。

（二）承压水盆地地下水的运动

在了解到陇东陕北承压水盆地的构造类型之后，下面进一步阐明其中地下水的运动。

承压水斜坡中的地下水运动只产生在各个含水组的浅部几百米的深度范围内。承压水向斜除了有从补给区向排泄区的水流外，地下水的运动主要仍产生在各个含水组两翼的浅部。这里着重阐述浅部地下水的运动。

据 1973 年陕西省第二水文地质队的文献，对铜川地区基岩（上石炭统至上三叠统）地下水的径流条件做了如下的描述，“水文网的切割造成了全区基岩裂隙水比较良好的径流条件，地下水流向在空间上受含水层产状制约，在方位上主要取决于各含水层补给区与排泄区（指河道沟谷）的相对位置，即由分水岭向本层在漆水河被切割的部位运动”。这对于在砂岩－泥质岩互层区砂岩含水层中地下水的运动是一个很好的说明。

在这里做一张走向与河谷斜交的砂岩－泥质岩互层区的等水位线图（图 9），用来说明浅层地下水的运动。

由图 9 可知，砂岩含水层中地下水的流向基本上是沿着岩层走向，即所谓“顺层”从分水岭向河谷运动。陕北地区地势向东南倾斜，而地层倾向西北，河水位又控制着沿岸的地下水位，于是承压水斜坡较新含水层中地下水的水位通常总是高于较老含水层中地下水的水位。于是砂岩承压水一般总是由上层向下层越流。只有个别地段受局部因素的影响，可能产生相反的情况。同时，陕北承压水斜坡各含水层的承压水位几乎都低于地面（负水头），只在极个别的地段承压水的水位高于地面（正水头）。

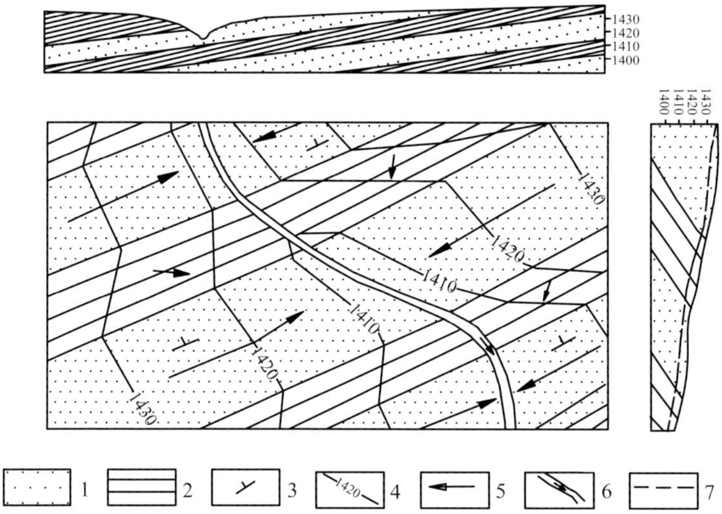

图 9　砂岩 - 泥质岩互层区等水位线图

1—含水层；2—隔水层；3—岩层产状；4—等水位线；
5—潜水方向；6—河流；7—剖面图上的潜水位

我们可以将承压水斜坡被河谷所排泄的有效带（可到达百米左右）划为强烈水交替带。在它以下的水就不能排泄到河谷中去，但仍能产生越流的范围划为缓慢水交替带（可达几百米）。再往下，当泥质岩的渗透系数已递减为零，越流运动不存在了，这就过渡为水交替停滞带。

由于泥质岩的渗透系数远远小于砂岩，从而就每一含水层来说，通过越流的流量远远小于它“顺层”排向河道沟谷的水量。所以我们未考虑在天然条件下越流量。另外一个承压水层（组）既可有越流排泄，也可接受越流补给，两者又相互抵消了一部分甚至大部分，所以我们在近似的水均衡方程中未列出这一项。不过在抽水过程中，被抽汲（或开采）的含水层与相邻含水层的水头差增大，这时越流作用也就显著一些。但在倾角较大的砂岩 - 泥质岩互层区抽水时，垂直含水层走向方向上的影响半径，它比平行含水层走向方向上的影响半径要小得多，并且降落漏斗的形状是阶梯状的。在抽水（开采）过程中含水层获得的这部分越流量可称为越流附加补给量，在天然条件下并没有这一部分补给量。在区域（包括大面积农田供水地区）地下水资源评价中，当越流附加补给量所来自的含水组也为开采对象时，则不能把它列为可开采量的组成部分。

至于过流的承压水向斜，在其补给区和排泄区浅部地下水的运动也类似于上述情况，不过还存在着从补给区向排泄区运动的水流，从而也就不存在水交替停滞带。另一方面，各含水组的越流条件也有所不同。虽然下白垩统的基岩面也是西北高东南低，但基岩面的坡度不是直线下降，而是西北坡度大些、东南坡度小些，形成一个缓凹的负地形。下部含水层的承压水位略高于上层的承压水位（图 10），亦即产生自下层向上层的越流作用。在下白垩统各个承压含水组中常常可以打到自喷孔，原因也正在于此。在天然条件下，这种自下而上的越流量仍然是不大的；不过它对本区致病地下水的空间分布却带来了一些不利影响，关于这一点在后面还要谈到。

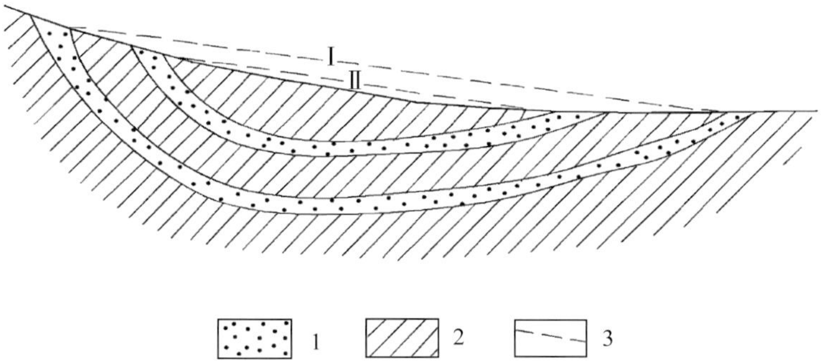

图 10 负地形下的承压水向斜各含水组的承压水位示意图
1—含水层；2—隔水层；3—承压水水位（Ⅰ—下层的；Ⅱ—上层的）

五、承压水盆地的水文地球化学问题

（一）承压水盆地的水文化学深向分带

地下水水文化学深向分带，是指在同一含水组（或单一含水层）中地下水的 TDS 随着倾没深度逐渐增高。

因此，在同一垂直方向上所遇到的几个含水组（层），在通常情况下，越往下部其矿化度越高。例如铜川地区的一个钻孔，由上而下在石千峰组、上石盒子组、下石盒子组中的地下水矿化度分别为 0.47 g/L、0.57 g/L、0.67 g/L。由于该钻孔深度不大，所以都还保持在淡水范围内。

但是由于各个含水组的具体条件（诸如岩性组成、延伸深度等等）不都是同样的，从而各个含水组的水文化学分带幅度也不完全一致。例如，有的含水组淡水带较厚，有的则较薄，有的甚至缺失淡水带。那么它们互相叠置起来，在垂向上就不一定总是下部含水组的 TDS 高于上部，也可出现相反的情况。遇到这种情况，就要从影响水化学成分形成的其他具体因素去进行分析。

地下水水文化学深向分带可以用地下水的交替程度和离子的重力分异学说来解释。前者是指水交替程度越强，水的 TDS 也就越低。由于承压水盆地具有水交替深向分带，从而导致水文化学深向分带。后者则认为是由于主要离子的离子密度不同造成的。例如，阴离子密度按下列顺序增大，HCO_3^-—0.79、SO_4^{2-}—0.91、Cl^-—1.95。所以在深部主要积聚易溶的、造成高 TDS 的氯化物。估计这两种作用兼而有之，而以前者为主，后者为辅。

本区承压水盆地水交替分带情况，前面已作了说明。水文化学深向分带不仅产生在承压水斜坡，同样也产生在过流的承压水向斜。当然，对后者来说，含水组分布深度越浅，水文化学深向分带也就越不明显。据甘肃省水文地质一队的资料，陇东下白垩统向斜轴部的泾川组（K_1^6）和罗汉洞组（K_1^6），由于埋藏较浅，水的 TDS 多小于 1 g/L（北部微咸水的出现是由于气候因素的影响），已显示不出水文化学深向分带。环河组（K_1^4）和华池组（K_1^3）水的 TDS 随所处部位而异，由两翼浅层的 1 g/L 左右，沿岩层倾向逐渐增加，至轴部达 5 g/L 左右。宜君–洛河组（K_1^{1+2}）水的 TDS 由两翼浅层的小于 1 g/L，至两翼中段已知最高达 5 g/L，预计在轴部还会遇到矿化更高的水。至于承压水斜坡各个含水组的最深部，水的 TDS 当可达到盐水的程度（10 ~ 50 g/L）。

估计今后大力开采深部的承压水时，可以增大承压水的补给交替量，从而可以使矿化较高的水逐渐有所淡化（图 11）。

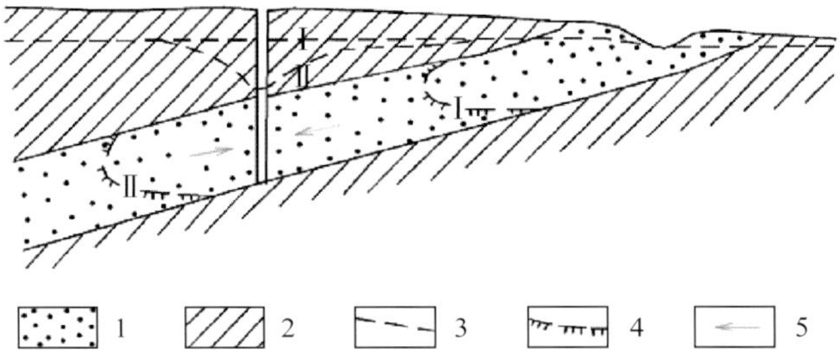

图 11　开采深部承压水所引起的咸淡水分界面的下移
1—含水层；2—隔水层；3—地下水水位（Ⅰ—静水位；Ⅱ—开采后的）；
4—咸淡水分界面（Ⅰ—开采前的；Ⅱ—开采后的）；5—开采时的地下水流方向

（二）影响地下水化学成分形成的几个主要因素

陇东陕北盆地各个含水组的具体条件和所处地理位置不同，从而各组的水化学成分显示出一定的差异。影响地下水化学成分形成的因素很多，下面针对本区的一些主导因素进行分析。

1. 岩性组成对地下水化学成分形成的影响

近年来，在研究地下水化学成分的形成中出现了一种不正确的倾向，那就是把含水层的岩心或标本拿去作化学分析或可溶盐分析；把分析成果用来同该含水层的水化学成分相联系，这样的做法并不能完全说明地下水化学成分的形成问题。

虽然，在地下水化学成分形成中岩性成分往往是重要因素；但不是说地下水化学成分与含水岩石的化学成分有平行关系。并且岩性因素的影响是从大区域来看的，例如，酸性火成岩区、金属矿床区、油田区等都各自有其地下水的化学特征。但这些水化学特征正是分析了各该地区大量的地下水的水样总结出来的；而不是从岩石分析或矿石分析总结出来的。像陇东陕北盆地以砂岩与泥质岩互层为主的地区，地下水化学成分的形成不能单看含水砂岩本身．而必须把泥质岩联系在一起来考虑。

砂岩本身的主要成分是二氧化硅（SiO_2），但它是极难溶的，所以砂岩含水层中地下水的 SiO_2 含量有限，而含量较多的仍然是几种易溶的离子。这些易溶盐只有在砂岩的胶结物质中才可遇到一些。近年来根据陕北地方病区基岩水文地球化学的研究表明，砂岩–泥质岩互层区对地下水化学成分形成起主导作用的岩性层是泥质岩。

虽然含水砂岩的裂隙张开性较强，但比较稀疏；而泥质岩的裂隙、孔隙细微而密集。

这样，地下水与周围泥质岩接触的比面积就远比与砂岩者为大；也可以说化学作用的面积大。并且泥质岩所含的易溶盐也比砂岩多。地下水在泥质岩的微粒中较易溶滤到一些离子成分，从而砂岩–泥质岩互层区地下水的化学成分主要来自泥质岩。

那么，在其他影响因素同等的条件下，各个含水组的矿化程度，就取决于泥质岩在该组中所占的比例。亦即泥质岩所占比例越大，水的 TDS 也就越高一些。例如，下白垩统华池组（K_1^3）和罗汉洞组（K_1^5）都是以砂岩为主，而环河组（K_1^4）则砂岩与泥质岩几乎各占一半，于是在同纬度（气候条件相当）、同深度（水交替程度相当）下，K_1^4 的水矿化度就略高于 K_1^3 和 K_1^5 中的。

2. 油页岩引起的地下水变质作用—致病水的形成

泥质岩中的油页岩的成分越加复杂，除有一些常见的易溶离子外，还含有一些其他卤族元素和微量元素以及有机质。于是，与油页岩相联系的地下水，其水文地球化学作用也就更加复杂化了。

陕北陇东的地方病（大骨节病，克山病）有规律地分布在含油页岩地层附近的一定范围内，表明致病水的形成与油页岩有密切联系。

本区含油页岩地层计有上三叠统延长组（T_3）的南段、下侏罗统延安组（J_1）的南段和上侏罗统安定组（J_3）。其中地下水化学成分的形成受到油页岩的显著影响。

从本区地方病分布的西部边界来看，它延伸到下白垩统华池组（K_1^3），该处距 J_3 油页岩的水平距高达 50 km。由于那一带下白垩统的倾角极缓，所以在垂向上不过三四百米就可遇到油页岩。由于宜君–洛河组（K_1^{1+2}）和华池组（K_1^3）均以砂岩、砾岩为主，泥质岩所占比例较小，所以它们与 J_3 之间的水文化学联系较强。其次，前面已经说过下白垩统承压水向斜存在着自下而上的越流，这就使得与油页岩相联系的水以极缓的速度向上运动，以至达到 K_1^3 的表层。此外，介于两个含油岩统之间的中侏罗统直罗组（J_2）中的水，多少也受到油页岩的一些影响。

与油页岩相联系的地下水进行着下列的变质作用。

（1）脱硫作用

与油页岩相联系的地下水受着油页岩中的有机质（C）的脱硫作用，按下式反应：

$$SO_4^{2-}+2C+2H_2O \rightarrow H_2S+2HCO_3^-$$

在这一反应中逸出 H_2S。但 H_2S 是极易挥发的，人们取来饮用时早已不含 H_2S 了。

经过脱硫作用使水中的 SO_4^{2-} 显著减少，但水中的 SO_4^{2-} 的绝对含量并不说明脱硫作用的程度。浅部的低矿化水经脱硫作用后 SO_4^{2-} 可减少至零；而深部的高矿化水经更强的脱硫作用也还保留相当含量的 SO_4^{2-}。所以采用脱硫系数（$\gamma SO_4^{2-}/\gamma Cl^-$）来表示脱硫作用的程度，亦即表示与油层接近的程度。水文地球化学找油也就是根据这一原理。

据陕北病区的资料，致病水中的 SO_4^{2-} 一般都小于 0.25 mmol/L，甚至等于零。这是本区致病水的一项化学特征。

（2）脱碳酸作用

经过脱硫作用，水中的 HCO_3^- 大大增加了。富含 HCO_3^- 的水当它接近于地表时，就

要逸出 CO_2，亦即产生脱碳酸作用，按下式反应：

$$2HCO_3^- \rightarrow CO_3^{2-} + H_2O + CO_2 \uparrow$$

在这一反应中，CO_3 从水中析出，必然要结合相当量的 Ca^{2+}、Mg^{2+} 作为碳酸盐沉淀下来。从而水中的 Ca^{2+}、Mg^{2+} 含量相应减少。浅层低矿化水经脱碳酸作用后 $rCa^{2+}+rMg^{2+}$（即总硬度）一般都小于 3 mmol/L。这是本区致病水的又一化学特征。由于 Ca^{2+}、Mg^{2+} 的沉淀速度不同，陕北致病水的镁钙比值（rMg^{2+}/rCa^{2+}）都小于 1.0 ~ 1.1，这是识别当地致病水的一项水文化学标志。

（3）微量元素的富集作用

与油页岩相联系的地下水多少富含一些来自油层中的 F、I、Br 以及其他微量元素（包括放射性元素 U、Ra、Rn），但这些微量元素的绝对含量不一定很高，很少超过饮用水评价标准的允许含量，但比本区不受油页岩影响的地下淡水要略高一些。

联系到其他地方病区的致病水，均以低硬度及较富含微量元素为其共同特征。因此认为饮水中的致病因子是这二者的复合；而水中的直接致病物质可能就在于这些含量不多的特殊微量元素。因此，今后攻克地方病病因问题的关键就在于研究致病的特殊元素。

本区致病水的形成既与油页岩有一定联系，而又处于强烈水交替带。它们分布在浅层的上三叠统延长组南段（致病程度重），下侏罗统延安组南段（重）、中侏罗统直罗组（中 – 轻）、上侏罗组安定组（重）、东翼的下白垩统宜君 – 洛河组（中）、华池组（轻）。出自这些含水组的致病泉水还可以流到其西南地区，使地方病的分布范围有所延伸。

3. 气候及覆盖层含盐量的综合影响——表层微咸水的出现

近年来，甘肃省水文地质二队研究甘肃中部（陇西）黄土层潜水发现仅在北部有咸水分布。该区北部年降水量小于 400 mm，南部则大于 400 mm；这就影响到更新统黄土层的包气带中所残留的含盐量北部大于南部。从而沟谷黄土层潜水接受雨水补给过程中，北部和南部所溶滤到的盐分就有所不同。这就导致北部沟谷黄土层潜水属于咸水，而在南部基本上没有咸水分布。

陇西地区的事实也可适用于与其相毗邻的陇东陕北地区。本区黄土高原年降水量从北向南递增；黄土覆盖层所残留的含盐量同样是北部大于南部。于是，北部基岩含水组的表层也就出现了微咸水。但气候是具有纬向分带性的，应当在北部连续分布着微咸水，而实际上在微咸水中夹有淡水带，这就要结合其他影响因素来分析。例如，在本区呈南北向出露的 J_3、K_1^{1+2}、K_1^3，其表层地下水基本上为淡水，这是由于油页岩脱盐作用（脱硫作用和脱碳酸作用）的影响大于气候较干旱，黄土层含盐量较高所带来的积盐作用的影响所致。

此外，在本区中北部，中生界之上还覆盖着新近系薄层泥岩（含盐最较高），它们势必对下伏各含水组中地下水的水化学成分有所影响。北缘的沙漠草原，更新统冲积 – 湖积层地下水也必然与下伏基岩地下水有一定的水文化学联系。

根据上述，可知基岩承压水盆地的水文地球化学是极其复杂的。某一含水组、某一部位地下水的水化学成分都是在各种因素各以不同的程度错综影响下的结果。不能简单地用溶滤作用来解释地下水化学成分的形成。

六、结语

根据以上的分析，我们可以对陇东陕北盆地的水文地质基本特征得到一个概括的认识。今后在区内进行水文地质区测普查时，可以了解到测区在整个承压水盆地中所处的部位，从而有助于区测普查设计的拟定；并在工作中对一些问题的认识少走一些弯路。但要指出，本文是从宏观上进行分析的，并不排除个别地段在局部因素影响下所产生的局部变异。而对承压水盆地的总规律有了认识之后，也就便于分析局部因素的附加影响。

在陇东陕北黄土高原进行钻探是受一定限制的；由于有较厚的黄土覆盖层使得基岩地下水距塬面很深，所以钻孔只能布置在较宽的沟谷中。由于黄土高原沟谷纵横交错，使我们能够对查明某一含水组选择一定数量的适宜孔位。当然这些钻孔不会在几条剖面线上，但它同样能对每一含水组进行网状的控制。应当注意，在区测普查阶段的钻孔用来分别研究各个含水组的富水性和水化学成分，查明每一含水组的水文地质特征的重要手段，所以对每一个钻孔都要精心设计和施工。

本区第四系地下水中以大型塬区黄土层地下水和沙漠草原区冲积 - 湖积层地下水较为有供水意义，可用于城镇和农田供水。河谷冲积层潜水只有泾河、蒲河的较宽河谷段水最丰富、水质亦佳，可用于发展沿河一带的城镇和工业供水。

基岩承压水盆地富水性较强的含水组计有：上二叠统石千峰含水组、下中三叠统纸坊含水组、上三叠统延长含水组、下侏罗统延安含水组、下白垩统志丹群的宜君 - 洛河含水组、华池含水组、环河含水组以及罗汉洞含水组。今后可在有利的开采地段开采基岩地下水解决城镇供水和个别厂矿的工业供水。

应当强调的是，本区上三叠统延长组直至下白垩统志丹群的华池组，在一定范围内分布着程度不一的致病水。今后在地方病区进行水文地质工作时需要特别慎重，应注意对地方病问题的研究。在区测普查阶段，应将与病村对口的致病水点（几乎都是泉水，个别地区为河沟水、井水）提出来进行水化学特征的初步研究，确定该区致病水的水文化学标志，以便识别致病水。从长远考虑，必须及早专题研究地方病区水文地质；并须从全国各个病区的特殊的本质概括出所有病区的共同的本质。只有这样，才能在较短期间内查明地方病病因以及相应的防治措施。从而，才能正确解决地方病区的供水问题。

整个鄂尔多斯盆地的水文地质区测普查工作正在大力进行。今后将很有必要对鄂尔多斯承压水盆地的水文地质进行全面总结。这不仅对于拟定该区国民经济发展规划以及圈定水文地质勘探基地具有重大的实际意义，而且对于承压水盆地的水文地质理论必然能有新的发展。

本文原发表于《水文地质技术方法》，1975 年，第 4 期，第 16 ~ 31 页。

模型在地下水文学研究中的应用

J.H. 范奥沃凯克　D.A. 泽马克

（方鸿慈摘译）

一、序言

建立在 1856 年达西定律基础上的地下水流的首次计算是 Dupuit 在 1863 年发表的。以后又相继发表了几千篇文章。其中最主要的是 Forchheimer（1886）、Zhukovskii（1888）、Slchter（1898）和 Boussinesq（1898）的著作。从 Muskat（1937）、Polubarinova-Kochina（1952）、Ararin 与 Numelov（1953）、Harr（1962）、Bear et al.（1968）和 Dewiest（1969）的较新著作可以看出，后来的作品补充了早期文献的论述。

20 世纪初，Pennink(1905）将模型研究应用于地下水文学课题，但在大多情况下普遍用的还是解析解法。1845 年前后 Kirchoff 曾经想到用导电板来研究电位场。1899 年 Slihter 指出，土中水的渗流与导电介质中的电流两者的数字表达式有相似之处。1918 年 Pavlovsky 首次使用导电锡片来做这种模拟。1930 年前后 Vreedenburgh 与 Muskat 用电解液作为导电介质。

Hele-shaw（1897）的黏性流模型或缝隙模型被 Dachler（1936）用来研究地下水流。用这种模型研究海水侵入的淡 - 咸水分界面是一种极好的工具。在缝隙里装满砂或玻璃珠就可用来模拟非饱和流。1956 年 Kruyssc 与 Bear 首先使用带储存器的 Hele-Shaw 模型研究地下水流。

用电阻网络研究地下水流可能是 Luthin 在 1956 年首先开始的。然而在其他领域使用这种网络要早得多。Beuken（1936）了解到在 1932 年就已制出了第一个阻容（RC）网络，并用它研究瞬变热流现象。这种类型的网络通称为 Beucken 模型。

早先对这种模拟装置提出反对意见的是，电阻网络中的函数分布不是连续地沿着空间变化，而是离散在结点之中，可以把这种电阻网络比作是数学网络，这就可以应用有限差分法。结点离散引起的误差可用泰勒级数确定。

计算机的出现使得复杂的水文学问题能够取得数值解。当初都不愿意使用计算机，1960 年以后计算机的应用发展得相当快，此时使用电网络比较少了。1965 年前后使用电网络的兴趣再度增长。两种方法各有他们的优点、缺点和局限，显然有必要把两者结合起来。基于这种结合的复合法尽管不常用，但提供了广阔的潜力。

以上对各种方法的历史概述是不完全的，它还不能引出这样的结论，即对老方法的考虑比新的方法要少。所有方法的应用都归结于头脑的灵活性，这通常指的是对水文机理的较深理解。

方法的选择当然是必要的。理解几个决定性方面是正确选择方法的依据。这些方面是：①问题的性质；②水文系统的结构；③模型的类型；④一般条件。下面就来分别论述。

二、问题的性质

这里把经济学问题和水文学问题两者区别开来。在经济学问题中往往是确定水文系统实效的问题，这里的重点必须放在决定最佳经济的条件上。本文不对经济学问题做更多的讨论。

水文学问题的主要目的就是要确定诸如测压水头、降深、水力坡度、渗透系数、排泄量、补给量、越流因数，导水系数、储水系数、时间滞后等水文参数。在这样的计算中默认水文系统的方程式是已知的并且可以转译到最广义的模型上。Kozdoba（1969）和 Hackeschmidt（1965）把这种研究方法叫做归纳研究法，而与演绎研究法相反，后者把模型看作是已知的。

演绎研究法分为四类问题：直接的、间接的、反演的和逆的。下面简述这些概念。

（一）直接问题

这类问题包括与确定水文系统的测压水头或降深的分布有关的所有问题，该系统的维数、边界条件、初始条件以及参数（导水系数、储水系数、越流因数等等）为已知的。典型的例子就是确定抽取地下水所产生的降深分布情况。其他的例子还有确定出入于水库、渠道、河流、水井等等的渗流网。

（二）间接问题

这类问题包括与确定边界有关的问题，这里的条件是已知的。这类的典型例子就是确定潜水面和渗出段，以及沿海含水层淡－咸水分界面。多井系统的影响边界的确定也看作是间接问题。

（三）反演问题

反演问题指的是那些与确定水文系统边界条件有关的问题，这里的所有其他数值是已知的。确定灌溉系统的水位以取得所需的渗漏量问题就属于此类。人工补给问题如果是为了确定注水井为获得所需水量所需要的压力，则也可认为属于此类。

（四）逆问题

逆问题可归结为与确定参数（例如导水系数和储水系数）有关的问题。这种确定方法是根据地下水流的已知形式所导出的数据进行的。简单的例子就是根据已知降水量所引起的河间块段的稳定二维流的测压水头抛物线分布确定导水系数。所有根据抽水试验确定含水层特性以及根据测压法确定渗透系数方面的问题都可看作是逆问题。

三、水文系统的结构

水文学问题的复杂性大部分是由水文系统的结构决定的。表征水文系统的因素应进行简化。鉴于地下水流可看作是属于势流类，可区分为下列的因素：介质、维数、参数、边界条件和时间条件。

（一）介质

这里把介质理解为孔隙介质。介质的透水性能用渗透系数表达。由于孔隙介质是地质产物，其渗透性在空间上显著不同。

非均质的概念不能跟水文系统的大小脱离开来。在大范围的情况下，非均质可认为是由不同渗透性的岩层造成的，虽然每一岩层可以是均质的。渗透性除了从点到点的变化外，还可按方向变化。如果是这样，它就是各向异性的介质。渗透系数其实是个张量而并不是标量。各向异性的分布也应看作是跟水文系统的大小有关。

（二）维数

这里所说的维数是空间变量。问题的复杂性随着维的数目而增长。我们的目标总是要寻求最低代价的解算方法，这就需要确定维数是否能适当地增大。这样，水流的图形就要略微偏离实地存在的水流。在有些情况下，甚至必须减少维数，因为舍此之外问题无法解决。除了经济与必要的理由外，为了清晰而简化也可作为减少维数的理由。

下面对维数的考虑限定于能以阐明土中水的运动所需的最小维数。维数的变化介于 0 ~ 3 之间。按维数为零来列地下水流的方程，其中就不存在空间变量。在大多情况下，地下水流方程是从概括为一维或二维的解析解推演出来的。减少维数还可通过将一个地区划分为小区而对每一小区进行减少来完成。例如，按这种方式就可将通过半承压含水层的二维流简化成两个一维流。

（三）参数

在本文中参数乃是地下水流微分方程中的乘法因子。孔隙介质所有与水流有关的物理性质，诸如透水性、储水性、扩散性等等都用参数来表示。在大多情况下，参数值可认为是常数。在饱和水流转变为非饱和水流的带里，参数值可以大不相同。厚度不恒等的含水层导水系数值也就不同。如果维数是固定的，则问题的复杂性随之可变参数的数目而增长。

（四）边界条件

边界条件可划分为线性条件和非线性条件。线性条件还可细分为三类：狄利克雷式、诺伊曼式和傅里叶式。狄利克雷式规定用函数值表示边界，诺伊曼式用梯度值表示边界，而傅里叶式则用函数值与梯度值的线性联系表示边界。当以渠道为边界且其水位不变时就是狄利克雷条件的典型例子。

用恒定抽水量的抽水试验就是诺伊曼条件。而傅里叶条件则用于越流量与降深成正比的半承压水流。非线性关系出现在考虑蒸发对潜水面的影响的实例中。这里也可以说，问题的复杂性随之非线性边界条件的数目而增长。

（五）时间条件

时间条件涉及稳定状态与非稳定状态。这里把非稳定状态分为两种：初始条件与周期条件。对于初始条件总要规定一个表示现存条件更替的时点。新的条件开始生效的时点通常就认为是时间起点，并表示为"t=0"。例如，初始条件用来阐明抽水试验时的降深。周期条件则没有时间起点，但函数值在时间上的分布系以固定的、规则的样式重复着。可是我们总是难以遇到自然界的确切周期条件，它只能用来近似地阐明受潮汐影响的地下水流。季节的更替是相互接续的，可以借助周期条件近似表示。此时就可以应用傅里叶级数。

当函数值不随时间变化时，问题的解算往往就简单些。非稳定流问题通过依序改变为稳定态条件的方法也可用稳定态解法求得近似解。如果非稳定流能够合理地简化成稳定流，那么最好就去解稳定流。

四、模型的类型

所有的计算方法都将实际水文机理设想成适合于定量探讨的形式。事实上这就是目前所采用的"模型"这一术语的意思。各类模型都可细分为两类：抽象的（概念的）模型和具体的（物理的）模型。

（一）抽象的（概念的）模型

所有的数学模型都认为是抽象的。抽象模型类可再分为连续模型和离散模型，连续模型系以微分方程为基础，其中采用连续分布的函数值。既可用解析法也可用模拟计算机解算。离散模型用有限差分运算，它只能用离散函数值。可通过图解法、逐次近似法或数字计算机求解。

与数字计算机相反，模拟计算机只能送入具有一个自变量的课题。这表明偏微分方程必须用分离变数或用代换法简化为常微分方程。

（二）具体的（物理的）模型

实际水文机理的模拟或者用其他物理现象模拟水文机理的规律都看作是具体的模型。前者称之为同调模型或同调装置或者所调的砂槽；而后者称之为模拟模型或模拟装置。模拟装置可再细分为连续的与离散的模拟装置。磁、薄膜、热、Hele–Shaw、Christiansen渗透箱、离子–运动、电解液和导电板、胶料和塑料的模拟都属于连续模拟装置。这两类模型往往结合使用，就像水平 Hele-Shaw 模型带有离散的存储器，导电板带有电阻器和（或）电容器一样。

并非所有的模型都适用于非稳定流问题或具有不同密度水流的研究。这就是磁模拟和薄膜模拟难以利用的主要原因。由于 Paschkis（1959）使用了一种通过自由电子进行传导的液体，所以电解箱也能用来解算非稳定流问题。对咸—淡水问题的研究 Hele-Shaw 模型是非常适用的。1969 年 Dagan 介绍了一种近似方法，使用电网络也能解算这类问题。

电模拟主要由于它能模拟边界条件和时间条件的巨大差异从而是优越的。电模拟最常使用的是由电阻器（结合或者不结合电容器）和（或）半导体所组成的电网络。这种网络的结构类似于数学解法中的数学模型的结构。这种相似性也就是得以将电网络与数字计算机相结合的根据。

五、一般条件

问题的解算不仅决定于前面所讨论的几个方面，某些一般条件也要予以考虑。本文只讨论一些要素，这些要素可归纳为四类：质量、表示方法、用途和构成。

（一）质量

属于此类的计有：①精确度；②可靠度；③有效度。

计算或测定成果的精确度，一方面取决于模型主动部分（输入）的误差性，另一方面取决于模型被动部分——已确定的参数的误差性。必须尽可能找出能以影响成果精确度的原因。提出关于成果的误差以及具有某种精确度的“权”的概念。

可靠度仅仅由随机性的数量决定。可信区间可用统计学方法确定。

有效度用来推定计算机理与实际机理两者的相似程度，使它成为一致性的度量标准。一致性只能通过检验判断。有效度还可用变量的变化范围判断。为取得水文系统性能方面的见解具有一定有效度的模型往往就能满足了。

（二）表示方法

表示方法指的是成果或输出的表示形式。共分为三种形式：①公式；②曲线；③表格。

要求提出公式形式的成果是不经常遇到的。水文系统的转译系根据机理特性的相似而不是根据机理公式的相似，所以成果很难用公式形式提出。

在解析解的情况下可以要求提出公式形式的成果。公式的主要优点在于能够迅速识别出各种因数的趋势，对系统的性能提供较好的理解。

计算或测定成果用曲线形式的表示法是审定研究成果并提出结论的必要手段。这种直观的表示法只要一看就可了解到诸如中值、最大值和最小值、梯度、周期性、衰减、滞后以及不规则性等方面。用模拟计算机和电模拟能够立即取得曲线形式的输出。

以表格形式的表示法通常用于使用数字计算机的时候。如果使用其他类型的模型则输出端线上需有打字机。表格很恰当地记录下诸如中值、最大值和最小值、相关系数、频率等定量数据。表格对定性数据的显示不如曲线好。表格中的数据精确度比起曲线来确实要高得多，后者的最小误差也要达到 0.5%。

（三）用途

这一项包括有关模型应用的灵活性和频率方面的要求。“用途”可细分为

1）灵活性：通用的、专用的。

2）频率：一次的、重复多次的、连续的。

关于“通用的”的概念是很难下定义的。倘若一个模型其水文系统的组态不变而只有边界和时间条件以及参数的值是变量，那它就不是通用的而是专用的模型。在不仅上述数值而且其组态以及边界条件的意义也可变化的情况下，该模型就解释为“通用的”。

在通用的模拟模型中，由于它的灵活性，所以误差源的数目要比专用的模型多一些。此外，组件的校准不那么容易。一般说来，使用通用模型的优点小不超过其缺点。当使用的数字计算机时就没有这些缺点。

借助模拟语言用计算机来读数就相当简单了。计算机对数的性质同模拟装置物理的性质之间的差异使之在模拟物理现象方面保持一个差距。这种差距只有使用混合计算机才能够弥补，此时用模拟装置模拟物理现象而用计算机管理输入并处理输出。当选择通用的模型（数字计算机）或专用的模型（模拟装置）解算同一类型的问题时，频率占有重要的地位。对于较小的频率和解决极简单的问题最好使用模拟装置。大规模的问题（大量的结点）仍然是用模拟装置较好。对于少量的或不太多的结点多次或连续的解算方法最好是用数字计算机。

（四）构成

构成包括多种要素，其中有：①知识；②装置的适用性；③实现的可能性；④实现的时间；⑤人员的训练；⑥成本；⑦模型寿命；⑧功用。

为解决水文学问题而选择模型时，以往取得的经验当然是很重要的。此外，解法的选择还取决于求解水文学问题所花费的时间（包括推导、编程序、执行和成果处理的时间），并且还取决于其他构成要素呈现的特点。

六、结论

决定解法选择的各个方面见表 1。每个方面的意义已在本文上述章节里作了说明。在表中分为两大项，第一项指的是问题的公式化，第二项则是方法的选择。

在归纳的问题中模型是未知的，而且未知数比采用的方程数还要多些。不足的方程可通过系统理论来探索。最后要使用数字计算机和模拟计算机。

在演绎的问题中假定模型的公式化是已知的。实际上，当真实水流的模型为未知时，归纳的问题往往优于演绎问题的解算。

在逆问题中必须确定参数的数值。这往往要通过钻探和抽水试验完成。另一种方法是用可变参数模型进行水流模拟。改变模型中的参数，使模型的反应与真实的反应达到最好的拟合。这就要采用通用的模型。

在反演问题中必须确定时间条件和边界条件。对于稳定状态或周期条件，可将边界条件理解为不属于非线性条件来加以确定。在将周期条件的数值当作平均值后，问题就可以简化成稳定态。在解反演问题中，无论是抽象模型或者是具体模型都不怎么优越。

解算间接问题需要具有机动边界的模型。数字计算机和电网络两者的边界形式受着网格形式的影响。规则的边界同具有圆滑曲面的边界相反，受的影响要小些。在简单的模型——电解箱和导电板中，其电极由汞组成时最合乎机动性的要求。对于间接问题任何专用模型都不优越，只能根据水流的类型和边界的形式加以选择。

与上述问题相反，对直接问题可使用不同的解答方法。提出每一类模型的可能性和局限性就较易于比较各类模型的优点。

1）解析解法用于通过均质各向同性介质的较简单的三维稳定流。对于非稳定流也能得到适当的近似解，这大多要通过减少维数求解。在二维流和均质介质条件下，各向异性也不十分困难。有些情况下参数不是常数时也可以求解。

2）模拟计算机成功地用于模拟具有非线性关系的以及具有依存于时间关系的各种水文系统的相互影响。其精确度低于数字计算机但显著高于模拟装置

3）图解解法最适用于通过均质层的二维稳定流。它常常用来建立为解算或校正水文问题所必需的设想。

4）逐次近似法系基于内插法。在网格结点中函数值借助微分方程通过尝试法计算。虽然逐次近似法可以用于三维流，但这种方法主要还是用于解算二维稳定状态问题。非均质性和各向异性也可以考虑。

5）数字计算机可以看成是对数方法的程序执行器。这种计算机的可能性看来是极大的。但其对数的性质限制了结点的数目。可适用于表 1 第二栏所列的各个方面的组合。尤其是在计算频率和最佳化程序以及确定用于管理目的的水文系统的效率方面。数字计算机呈现重大的优越性。

用计算机来模拟物理现象常常被看作是缺点。例如，不能进行参数连续变化的影响的直观判断。计算机对每一参数值进行计算，只有在运算之末才能记入一个新的参数值。这往往是不管数字计算机有许多优点而宁愿使用模拟装置的理由。

6）砂槽实际上是真实系统的小比例尺 (均质的) 仿制品。这种模型的难处主要在于孔隙介质的特性很难以仿制。此外，介质的毛管作用将对所研究的现象产生干扰影响。砂槽在现今很少使用就因为它的优点极少。

7）模拟装置有各种类型（表 1）。热、薄膜、离子 – 运动、胶料、塑料和水力模拟的应用范围极小，我们不去讨论它。黏性模拟非常适于研究淡 – 咸水问题和具有自由面的水流。只能用来模拟二维流。具有不同渗透性的岩层通过选用不同密度的缝隙来达到。它也适用于研究非稳定流。它是分界面和自由水面自动调节的唯一模拟装置。该模型的缺点是缺乏机动性以及难以进行量测。该模型是很直观的，所以常常用于论证。

表 1　在地下水文研究中问题的公式化和方法的选择

问题的公式化		选择解法	
问题	水文系统	模型	一般条件
演绎的	介质	抽象的	质量
直接的	均质的	连续的	精确度
间接的	非均质的	解析	可靠度
反演的	各向同性的	模拟计算机	有效度
逆的	各向异性的	离散的	表示方法
归纳的	参数	图解	公示
	常数	逐次近似	曲线
	变数	数字计算机	表格
	维数	具体的（物理的）	用途
	三维	连续的	灵活性
	二维	砂槽	通用的
	一维	热模拟	专用的
	零维	薄膜模拟	频率
	边界条件	黏性模拟	一次的
	狄利克雷式	离子－运动模拟	重复多次的
	诺伊曼式	电模拟	连续的
	傅里叶式	导电板	构成
	非线性的	电解液	知识
	时间条件	胶料	装置
	稳定态	塑料	实现的可能性
	非稳定态	离散的	实现的时间
	初始的	水力模拟	训练
	周期的	存储黏性模拟	成本
		电网络模拟	寿命
		混合的	功用
		模拟计算机＋数字计算机	
		电网络＋数字计算机	

电模拟越来越多地用于水文学研究。二维流几乎都用导电板来进行研究。一薄层的碳就是导电介质。电路用银涂料来制作。另一可能性是使用汞接头，它能在碳层面上移动来模拟机动的边界。导电板可以通过人工穿孔制成非均质的。水位不是常数的边界可用电阻涂料来模拟。储水性的模拟通过将带有绝缘层的薄板粘在金属板上来完成。这就使它也能解非稳定问题。这种模拟装置虽有它的局限性但很容易制作，它适于解具有不规则边界的二维流。

三维流可用电解箱来模拟，因其导电介质是液体。如果使用盐的水溶液则必须用交流电以免极化。这使得它不可能用来研究具有直流组件的非稳定流问题。制作电解液模型是相当费时的。该模型最适于研究通过均质各向同性介质的三维流，即使边界的形状是极不规则的。

在电网络中传导介质由电阻器网络组成。加上电容器就可研究三维流现象。如果使用不可变电阻器和电容器，1 万多结点的网络可用较简单的器件制成。当然非均质和各向异性介质都能以极简单的方法来计算。如果使用半导体，还能模拟某种程度的非线性条件。对于必须考虑各向异性和非均质性的三维非稳定地下水流问题的研究，如果结点数多于 5000 个，那么电网络具有最广阔的余地甚至是唯一可行的。可以看出电网络可以同导电板或电解箱结合使用，误差的计算就变得困难多了。只有在可能误差对其最终成果几乎不产生任何影响的一部分模拟中才推荐这种结合法。

本文原发表于《水文地质工程地质》，1979 年，第 6 期，第 55 ~ 58 页及第 54 页。

论大骨节病克山病与水文地球化学的密切关系及其病因与防治问题

方鸿慈
（地质矿产部水文地质工程地质技术方法研究队）

摘要

大骨节病、克山病是我国分布最广、危害最大的地方病。它们的病因至今尚未被研究清楚，从而对解决其防治问题也受到一定限制。

本文根据我国大骨节病、克山病的分布来说明它们与水文地球化学的密切关系；继而论证其病因的原则性意见；最后论述从水文地质角度防治这些地方病的基本途径。

根据我国大骨节病、克山病病区的水文地球化学特征可归纳为两个病区水文地质类型：①与酸性岩浆岩有关的；②与含油地层有关的。这些病区的致病地下水具有与一般淡水所不相同的水质特征。

在病因水文地质调查中河沟水是不可忽视的水源。由于河沟水接受地下水补给，因而它也可能是致病水。在这项调查中正确判断水点的致病与否是一项极为重要的工作。过去就因为水点致病性判断错误，或则总结不出致病水的水质特征，或则对病因提出了谬误的见解。

从水文地质观点研究大骨节病、克山病病因的方法，也就是运用水文地球化学理论研究致病地下水的形成及其水质特征；再通过不同类型病区致病水水质对比来探索致病因子。笔者根据两个类型病区致病水的共同的水质特征，提出致病因子的原则性意见是较富含微量元素的低硬度（或钙）水。今后应着重微量元素方向的探索。

从水文地质角度防治大骨节病、克山病不外两方面的措施：①改良水质；②改换水源。改良水质则要用 $CaSO_4$ 作为改水剂进行试点研究，然后检验其效果。改换水源则要查明病区水文地质条件，只要发现某些地段分布着非致病地下水就可用于防病。

如果从现在起积极开展这项研究，大骨节病、克山病病因与防治问题是可以在较短的时间内取得基本结论的。

前言

大骨节病、克山病是我国分布最广、危害最大的地方病。它们的病因至今没有研究清楚，从而对解决其防治问题也受到一定限制。因此今后继续开展其病因与防治的研究仍是一项很艰巨的任务。

大骨节病、克山病的分布具有很强的地方性，表明它们的发生必然与特定的自然环境有关。二三十年来地学工作者从各种自然因素来探讨这些地方病的环境病因；而只有个别地质工作者从水文地质因素来探索时，才触及问题的本质，使环境病因的研究有所前进。

笔者在 1971 年首次踏上陕西省黄龙县病区不久，即认为那里的大骨节病、克山病是饮用特定地层特异成分的地下水所引起的。从那以后将陆续得知的病区分布地点同区域水文地质条件相联系，愈发证实了以前的观点。可以肯定在所有自然环境因素中，唯一可用来解释大骨节病、克山病分布规律的就是水文地质因素。考虑到近十年来在大骨节病、克山病环境病因研究中，对水文地质尤其是水文地球化学的研究还是很不深入的，从而一直进展不大，因此在今天似仍有重申自己论点的必要。

本文即根据我国大骨节病、克山病的地理分布来阐明它们与水文地球化学的密切关系；继而根据致病水的水质特征论证其病因的原则性意见；最后简述从水文地质角度防治这些地方病的基本途径。以期进一步推动水文地质工作者开展这方面的研究，并提供给医务工作者参考。

一、论大骨节病克山病与水文地球化学的密切关系

在地下水化学成分形成中岩石因素所起的作用占主导地位。1974 年笔者根据当时掌握的资料，按致病地下水化学成分形成的岩石因素，将我国大骨节病、克山病病区归纳为两个基本水文地质类型：①与酸性火成岩有关的病区水文地质类型；②与含油地层有关的病区水文地质类型。时至今天，全国大骨节病、克山病的分布大体上是清楚的，将它与当地水文地质条件相联系，发现基本上没有超越上列两大类型。只是在命名上，第 1 类型的“酸性火成岩”扩大为“酸性岩浆岩”才较为全面。

笔者编制的我国大骨节病、克山病分布与水文地球化学关系示意图中的病点分布系引自《地方病环境水文地质》(黑龙江省地质局第一水文地质队，1982)。图中除对笔者所熟悉的陕北增加两个病点外，其余完全遵照原图，未做校核。即使图中的大骨节病、克山病分布地点是不完全的（未包括西藏、青海、新疆、台湾的病点），而且也可能不十分准确，但用来从宏观上说明问题是完全适用的。

下面对此两大类型分别阐明其致病水的水文地球化学特征，并列举其病区的分布。

1. 与酸性岩浆岩有关的病区水文地质类型

早在 20 年前就有人议论我国东北的大骨节病、克山病可能与花岗岩有关。这一提法是值得注意的，因为花岗岩（以及全部酸性岩浆岩）中的地下水水质确实比较特殊。

首先，酸性岩浆岩中的地下水属于山区溶滤潜水。它们的矿化量较低，均小于 0.5 g/L，甚至小于 0.2 g/L。由于酸性岩浆岩的长石类矿物以钾长石、钠长石占绝对优势，从而导致水化学类型多属 HCO_3^--Na^+ 型，这就与一般淡水有很大不同。水的总硬度很低，

均属 0.75 ～ 3 mmol/L 的软水至微硬水。pH 值介于 6.0 ～ 7.5，酸性水的形成是由于长石类分解而使水饱和以游离 CO_3^{2-} 的缘故。而最突出的是，酸性岩浆岩是在所有岩浆岩中最富含放射性元素的，从而使其中的水富含 Rn、Ra 和 U。并且还富含一些微量元素，如 F、P、Zr、Ti、Be、Li、Nb、Mn、Fe、Cu 等，这显然与酸性岩浆岩特有的副矿物成分有关。所有这些构成了本类型地下水的特异水质，而大骨节病、克山病病因也就寓于这种水质特征之中。

我国属于这一病区类型的自然单元计有大兴安岭、小兴安岭、长白山、冀北山区、泰沂山区、秦岭、陇山及康滇山区。其中形成致病水的酸性岩浆岩除泰沂山区以及长白山南段与冀北山区一部分为太古宙花岗片麻岩外，其余基本上都是花岗岩。

在一个大区域里不可能完全由酸性岩浆岩所组成，其间多少夹杂有其他岩石。在这种情况下，酸性岩浆岩所占比例愈大、岩体规模越大就越易形成致病水，病点分布也就愈多。例如大兴安岭除分布着花岗岩外，还间杂着相当多的中性火成岩；而小兴安岭和长白山区虽有一些玄武岩分布但花岗岩占绝对优势且岩体规模较大，从而病点分布远比大兴安岭为多。有兴趣的是，玄武岩分布区恰恰正是病点空白区，进一步证明了只有酸性岩浆岩才能形成致病水。

有些病点并不正好在酸性岩浆岩分布范围内，而在其外围，简单地说这主要是由于致病河沟水的蔓延所引起的。关于这一点在后面再做详细讨论。

2. 与含油地层有关的病区水文地质类型

这一类型是笔者在十年前首先确定下来的，它的分布范围几乎占我国病区的一半，但至今尚未被他人所察觉。须知发现这一类型要比前一类型困难得多，如果不进行深入的地质、水文地质分析与细致的病村饮水情况调查是绝难察觉到的。

当笔者在 1971 年为陕北黄龙县三岔公社定井位而进行水文地质踏勘时，发现当地的泉池里采取了压硫、压煤（含硫煤）改水措施；这表明前人已发现那里的水缺乏 SO_4^{2-}。表明这种水显然经受了脱硫作用，此脱硫作用的产生必然是与含油地层发生了联系，而当地的含水岩系恰恰就是陕北有名的含油地层——上三叠统延长组。这就充分证明了当地致病水的形成与含油地层有关。后来笔者专意研究陕北的水文地质条件，并注意含油地层的分布。在陕北盆地广泛分布的中生界中有三个含油岩统：上三叠统延长组（含多层油页岩间有油砂层但在北部仅含于下段）、下侏罗统延安组（上段含油页岩但北部缺失）、上侏罗统安定组（下段含油页岩）。其中的地下水化学成分的形成受着油页岩的显著影响。至于中侏罗统直罗组和下白垩统志丹群的一、二段虽然本身不含油页岩但其中地下水的化学成分仍受到相邻含油地层的影响，从而在平面上就构成了一个与含油地层有联系的地下水带（图 2、图 3）。将它同陕北大骨节病克山病的地理分布（图 1）相对照，发现二者基本上相符合（个别不符合之处也都可做出科学的解释）。这样就把它作为一个病区水文地质类型确定下来。

有关文献归纳出的“中生代内陆河湖相沉积岩型病区”，甚至“第四纪松散堆积岩石类型病区”据笔者的深入分析都属于与含油地层有关的病区。关于这一点在后面论及具体地区时再略作说明。

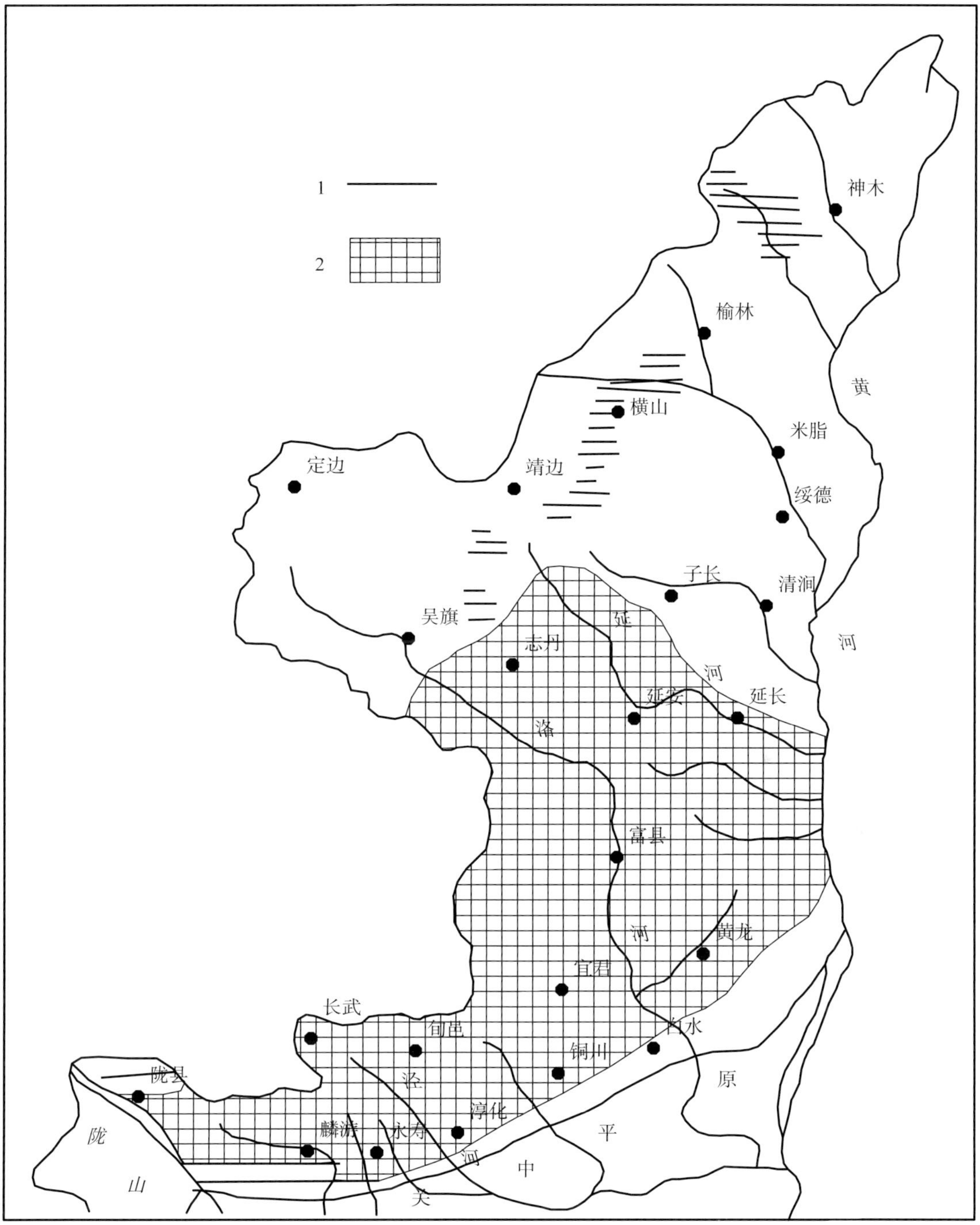

图1　陕北大骨节病克山病分布示意图

1—大骨节病分布范围；2—克山病分布范围

本类型致病水的化学成分形成过程是，地下水受到油层（主要是油页岩）中有机质（C）的脱硫作用，按下式反应：

$$SO_4^{2-} + 2C + 2H_2O \longrightarrow 2HCO_3^- + H_2S \uparrow$$

在这一反应中逸出 H_2S，而使水中的 SO_4^{2-} 显著减少（可达到零）。同时，水中的

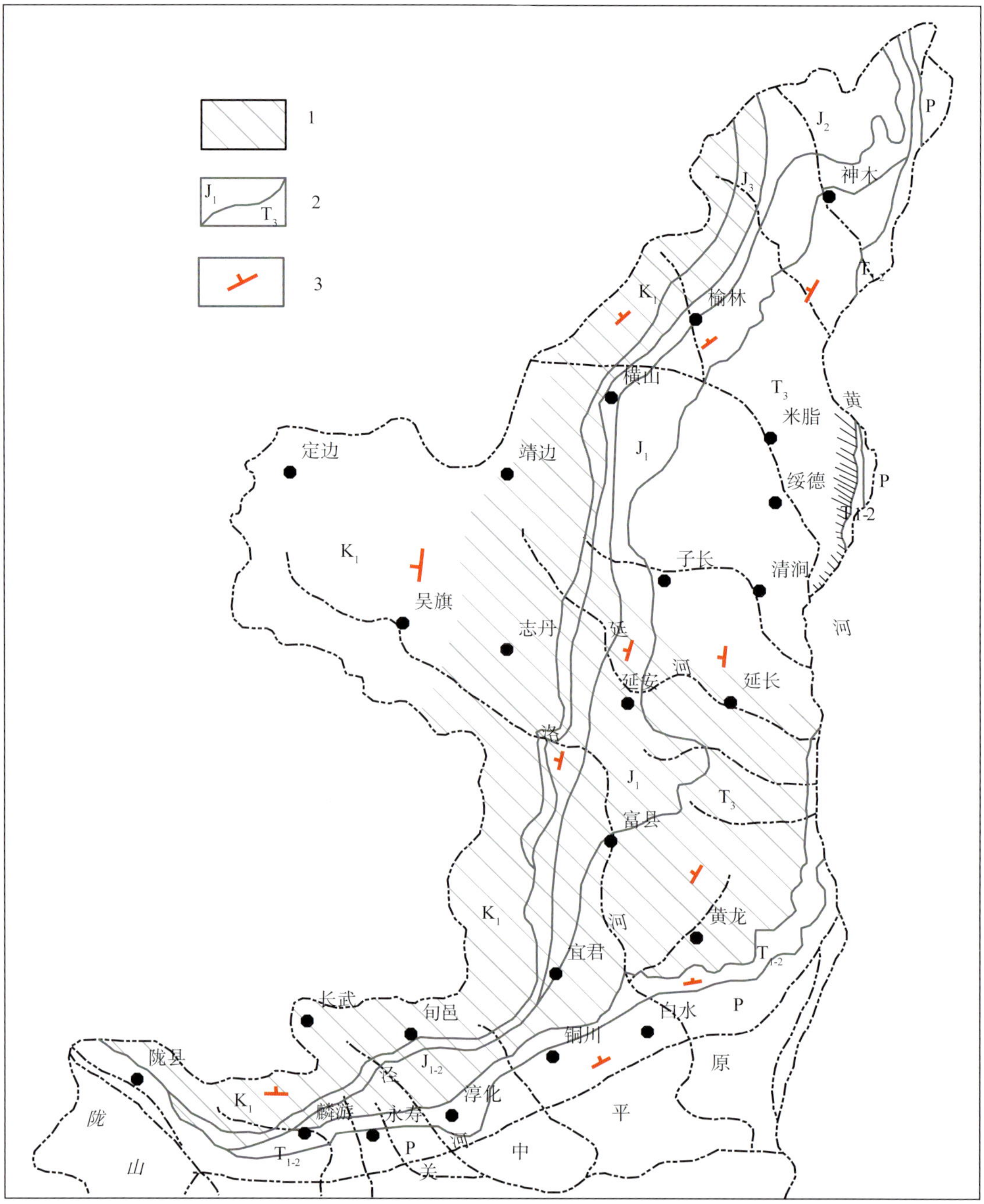

图 2 陕北基岩致病地下水分布略图

1—与含油地层有关的致病地下水带；2—含水岩组的时代与界线；3—岩层产状

HCO_3^- 大大增加，当它超过一定限度时就要产生脱碳酸作用：

$$2HCO_3^- \rightarrow CO_3^{2-} + H_2O + CO_2$$

CO_3^{2-} 从水中析出必然要结合相等量的阳离子作为碳酸盐沉淀下来。被结合的阳离子仅限于碱土金属，因此 Ca^{2+}、Mg^{2+} 含量相应减少。致使总硬度偏低，多介于 1.5 ~

3 mmol/L。并且只具有暂时硬度，永久硬度等于零。此外，还有一种改变水的化学成分的作用——微量元素富集作用，使地下水多少富含一些来自油层中的Br、B、I、F和微量金属元素以及放射性元素U、Ra、Rn。所有这些构成了本类型致病水的水质特征。

本类型致病水的分布情况与上一类型有所不同，它的成生层是油页岩，但它的分布则在毗邻的碎屑岩特别是砂岩中，致病程度当然越靠近油页岩也就越重。并且含致病水的岩组不仅限于含油岩组（统或段）本身，受含油岩组致病水补给的非含油岩组也可含致病水，当然它的致病程度要轻一些。

属于本类型病区的自然单元主要有陕甘宁盆地、松嫩盆地、四川盆地和滇中的小型盆地。

陕甘宁盆地的病区主要集中在其东南部，即上述的陕北盆地，它向西延至陇东地区的东南角，向东延至晋西的黄河东岸，构成一个连续的病域。由图1可知在晋中沁源、安泽一带尚有两个病点，它们已不在陕甘宁盆地范围内，而位于晋中隆起区内的小型坳陷－沁水盆地之中。从山西省地质图（1960）来看，恰恰就在这两个病点偏东部有上三叠统延长组地层出露，如果说这只是偶然的巧合恐怕是说不过去的。

需要指出，这一区域的绝大部分被厚层黄土所覆盖，并且有些塬区黄土层也含有地下水，使这一带的环境病因研究复杂化。至于黄土层地下水是否为致病水的问题，只要进一步与非病区（例如西峰镇）黄土层地下水的水质进行比较是不难解决的。

松嫩盆地的病区集中在其北部以及中部，由于过去的水文地质资料对地层岩性的记载不详细，使笔者多年来一直未能确定其致病水的成因。直至前不久亲赴当地了解情况，才得知下白垩统嫩江组含有劣质油页岩，这就找到了松嫩盆地致病水的成生层，导致下白垩统嫩江组形成致病水，甚至影响到上覆的新近系亦含有轻致病水。另外，在黑龙江省东北部三江平原的新城、富锦尚有两个病点，由于目前掌握资料不足，暂不作判断；估计那里的情况类似于松嫩盆地，值得注意的是下白垩统地下水。

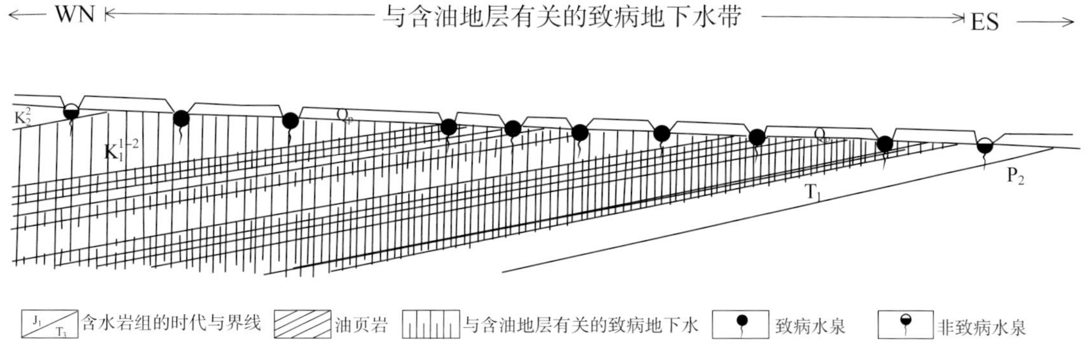

图3 陕北致病地下水分布模式剖面图

四川盆地的病区集中在其东部和西南部。有的文献（黑龙江省地质局第一水文地质队，1982）把这一病区划为“中生代内陆河湖相沉积岩型病区”，就大地构造来说是正确的，但就岩性来说只记述其中的砂岩、页岩、泥岩则没有反映出致病水的成因。关键就在于那里的下、中侏罗统自流井组含有油页岩，形成了该区的致病水。这一病域往南延续到云南省境内康滇地轴东侧的轴缘坳陷。而在康滇地轴西侧滇中坳陷的中侏罗统张河组可与四川盆地的自流井组相对比，它们具有相同的沉积环境和生油环境，因而也是本类型的病区。但川南的金阳和滇东的沾益两个病点都位于古生代地层范围内，那里的地质资料不会有误，可能是病点位置不准确，留待以后核实。另在四川北部若尔盖，甘肃南部漳县、岷县、两当、成县和云南西部鹤庆一带的病区，由于资料缺乏目前尚不宜推断；今后值得注意的是中、下三叠统地下水。

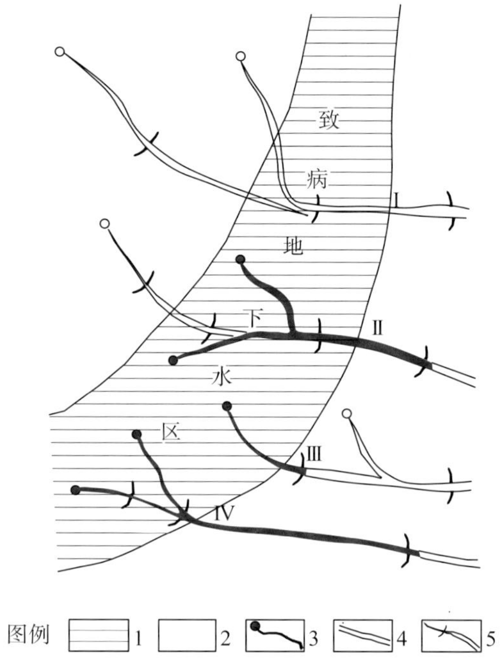

图4 河沟水致病性形成模式

1—致病地下水区；2—非致病地下水区；3—致病河沟水（有时是河水）；4—非致病河沟水和河水；5—地下水岸边补给；Ⅰ－Ⅳ—几种不同情况

此外，本类型的病点也有不是位于致病地下水区范围以内的，它同样是由于致病河沟水的蔓延所产生的。

河沟水是地方病环境病因研究中不可忽视的水源。河沟水实际上是泉流，并沿途接受岸边地下水的补给，从而由致病地下水补给的河沟水也是致病水。有很多病村饮用的水源就是这种河沟水。

图4说明河沟水致病性形成的模式。情况Ⅰ表明河沟水发源于非致病地下水区，当它进入致病地下水区后虽接受到致病地下水的岸边补给，但还没有使它发展到致病水的程度。例如陕北的泾河、洛河、延河、无定河都属于此类。革命圣地延安之所以为病区中的“健康岛”，原因就在于那里饮用的是延河水。需要指出，近10年来延安市开始出现以地下水作为饮用水源的情况，这是应当慎重的。情况Ⅱ的河沟水也发源于非致病地下水区，但它很快地进入致病地下水区，接受致病地下水岸边补给尤其是兼有致病河沟水的注入，于是促使它也发展为致病水。情况Ⅲ和Ⅴ都是发源于致病地下水区的致病河沟水，当它流到非致病水区后逐渐过渡为非致病水。至于流经多长的距离完成这一过渡则视沿岸的水文地质条件而异。山区致病河沟水出山口后，如能很快地接受非致病地下水（一般是第四系中的）的岸边补给，则流经很短的距离就可过渡为非致病水（情况Ⅲ）。例如吉林省东辽河上游、黑龙江省拉林河上游就属于这种情况。如果不具备接受非致病地下水的补给条件，则需经很长的流途才能完成这一过渡（情况Ⅳ）。例如黑龙江省松嫩平原北缘的讷漠尔河，陕西省麟游、永寿一带的漆水河、漠西河、三岔河都属于这种情况。

如果我们在病区的某一地段上，发现当地的地下水确实不与酸性岩浆岩或含油地层发生联系，那么基本上可以肯定那里的河沟水是致病水源。判断河沟水的致病性非常容易，只需从当地河段逆流而上一直追溯到它的源头，如果它发源于致病地下水区，那就可以肯定它是致病水。

二、论大骨节病克山病病因的原则性意见

虽然过去在大骨节病、克山病病因方面相继提出过一些见解，但从病区的水文地球化学特征来考虑则是不能成立的。

从水文地质观点研究大骨节病、克山病病因的方法，简单地说就是运用水文地质（特别是水文地球化学）的理论研究致病地下水的形成及其水质特征，再通过不同类型病区致病水水质对比，概括出所有病区带有共同性的水质特征，据此追索出致病因子。

鉴于大骨节病与克山病的共生性很强，说明二者的病因是相近似的，因此在现阶段先合在一起进行研究。待到进展到一定程度之后，就有可能根据大骨节病－克山病共生区与大骨节病单生区的致病水水质对比探索出二者病因的微细差异。

在今天由于对病区水文地球化学的研究程度还是很不够的，确切的致病水水质分析成果不多，尤其是带有微量元素的分析成果则更少，放射性元素测定几乎还没有进行；所以还不可能提出其病因的具体意见，而只能提出原则性意见。

早在十年前笔者即根据两大类型病区致病水共同的水质特征，参考国外的一些环境医学资料提出了“较富含微量元素的低硬度水说”。在今天笔者仍然坚持这种见解，致病水在常项离子方面的共同点是总硬度和 Ca^{2+} 含量较低以及 SO_4^{2-} 含量偏低。但有很多非致病水也具有这样的水质特征，表明常项离子方面的任何特征都不能构成致病因子，而只能构成复合致病因子的组成部分。

国外很多报道指出饮用软水的地区心脏病死亡率高。克山病是一种地方性心肌病变，因而至少克山病病因与水的低硬度有关。在硬度方面国外一些学者比较着重于 Ca。例如，1969 年美国施罗德（H.A.Schroader）指出“环境中的 Ca 是生物吸收外界元素的一种调节剂”；“生物体由环境中吸收元素与环境中 Ca 的浓度成反比”，“高浓度的 Ca 影响生物对 Mn、Fe、Zn、Cu、Pb、Cd 等金属元素的吸收”。同年瑞典的比奥克（G.Biorck）也曾指出：“好像将 Ca 的浓度作为别的某种真正病因的‘指示剂’更好理解，微量元素可能是这样一类起作用的因子。”他们不仅指出了 Ca 在病因上所起的作用，同时也反映出微量元素（很多是有毒的）是直接作用于人的机体的致病物质。

从病区的水文地球化学特征看，无论与酸性岩浆岩有关的抑或与含油地层有关的致病水都具有较富含微量元素的条件。于是，根据上述理由确定出大骨节病、克山病病因的原则性意见是水中较富含微量元素与低硬度（或钙）的复合。

目前在致病因子的常项离子方面已经接近于解决了，遗留下来的就是总硬度中的镁（它的含量在不同病区致病水中相差较大）是否起到与钙相同的作用问题，这只需进行一些水质对比工作是很容易解决的。一旦证实镁不起作用，上述病因意见中的“低硬度”就可改为“低钙”。

今后应加强微量元素方面的探索，特别是要大力开展放射性元素的测定，舍此不能获得其致病因子的最终结论。

从水文地质角度研究这些地方病的病因时，正确判断每一水点的致病性是一项极重要的工作。过去的环境病因调查报告多将水源分为病区水与非病区水，这是不妥的。因为一个病区内的水源并不全是致病水。正确的做法是，将每一水点直接定为致病水或非致病水。判断水点的致病与否，要同病村饮水情况联系起来。

如果一个病村只饮用唯一的一个水源，那就很容易确定。例如，陕北广大农村很多是“一村一泉”的，那么病村所饮用的那个泉水肯定就是致病水。最困难的是一个病村饮用多种水源，既有基岩地下水和第四系地下水，又有河沟水或河水，有些地区还可有窖水；它们的化学成分形成过程和水质特征各不相同，肯定不全是致病水。遇到这种情况时，首先考虑为致病水的是基岩地下水或河沟水，窖水肯定不是地方病致病水，其理由是显而易见的，在此无须多说。只有所应用的水点资料致病性判断无误，才谈得上致病水水质特征与地方病病因的研究。

三、论从水文地质角度防治大骨节病克山病的意见

从水文地质角度防治大骨节病、克山病的措施不外两方面，一是改良水质（简称“改水”），一是改换水源（简称“换水”）。下面分别对这两方面进行讨论。

1. 改良水质防病措施

改良水质防病措施在 1970 年前后曾盛行一时，有些病区宣称取得了较好的效果。各地所采取的具体方法虽有所不同，但都认为“病区水”缺乏一些主要元素，从而旨在提高水中的盐类——主要是镁盐和钙盐。后来对“缺乏主要元素”的病因说很快予以否定，并且发现以前所谓的取得较好效果纯属浮夸。于是这种改水防病措施逐渐被人们所抛弃。

不过根据前面所论证的病因意见，特别是 H.A. 施罗德所说“ Ca 是一种调节剂”的见解，在今天仍有继续进行试点研究的必要。过去的改水措施对所需要提高的盐类种别和数量方面的论据都是很不充分的，有些甚至是错误的，从而不可能取得较好效果。现在可以明确用硫酸钙（石膏）作为改水剂，将水的总硬度提高到 3.5 ~ 4.5 mmol/L（19.6 ~ 25.2 德国度）、将 Ca^{2+} 提高到 2.5 ~ 3 mmol/L（100 ~ 120 mg/L），据此来确定改水剂的用量。在阴离子方面提高 SO_4^{2-} 是为了保持水中的永久硬度。

改水防病试点研究是一项很细致的工作，如果不严格实施改水的有关规定则将徒劳无益；因此试点地区不宜过大，只需选择一两个重点病村认真进行。水文地质工作者不仅要分段提出改水剂用量和实施细则，还要会同当地医卫人员常驻病村检查督促，这样坚持两年当可取得可靠成果。

2. 改换水源防病措施

采取改换水源的方法防治大骨节病、克山病对某些地段来说是肯定可行的。解决换水防病问题首先必须查明病区水文地质条件，划分出哪些含水层是致病水层，哪些是非致病水层。在一个病区范围内分布着可供开采的非致病地下水的地段并不多，最有利的是那些只饮用致病河沟水的病段，该河沟水发源于远处的致病地下水区，而当地的地下

水则往往是非致病水。例如，陕北盆地南端麟游、永寿一带的病段，那里的中下三叠统纸坊群，二叠系、石炭系、奥陶系中的水都是非致病水。除水量较小（二叠系—石炭系）、水位稍深（奥陶系）外，用作防病是完全可行的。建议现在就进行这项工作，及早取得成效为防病做出贡献。

水文地质工作者在进行环境病因研究时，应将研究区是否有条件实行换水防病的问题作为自己应解决的一项任务而予以探讨。即使在今天大骨节病、克山病病因尚未研究清楚，但并不妨碍换水防病工作。

四、结论

综上所述，可知大骨节病、克山病病因不可能在一个病区的调查研究中得到解决；必须在掌握全国大部分病区资料之后，通过综合对比才能最终解决。

我国大骨节病、克山病病区已进行过水文地质研究的范围只不过占百分之几，而每一病区的研究周期又较长，按现在的进度势必要拖得很久才能解决问题。因此建议，今后可按完整的自然单元（如长白山地、秦岭山地、陕甘宁盆地、四川盆地等）作为研究区，在已有的区域水文地质调查资料的基础上采取“路线考察、重点取样”的方法进行研究。这样可望在较短的期间内取得六七块研究区的研究成果，而后进行全国资料的综合对比，可能会取得事半功倍之效。

对于一个病区来说，我们调查研究的预期目标是：①查明病区的水文地质条件特别是水文地球化学特征；②阐明致病水的水质特征（如果可能的话提出病因的预断性意见）；③探讨换水防病的可能性并提出改水防病试点工作的意见。如果达到了这些目标，对一个研究区的工作来说即告结束。无须进行地下水水质动态的长期观测工作。至于改水防病的试点研究以及论证换水防病方案的勘察研究则作为子课题另行组织。

如果从现在起积极开展这项研究工作，大骨节病、克山病病因与防治问题是可以在十年左右的时间内取得基本结论的。

参考文献

Литъева К.Е. 1978. Гидрогеохимия.Цзд-во моск.ун-та.

Токарев А. Н., Щербаков А.В. 1956. Радиогидрогеология.госгеолтехиздата.

地质科学研究院 .1973. 中华人民共和国地质图（1：4000000）[M]. 北京：地质出版社 .

黑龙江省地质局第一水文地质队 .1982. 地方病环境水文地质 [M]. 北京：地质出版社 .

黑龙江省地质局水文地质队 .1975. 水文地球化学环境与克山病、大骨节病，水文地质工程地质选辑第四辑 [M]. 北京：地质出版社 .

斯行健，周志炎 .1962. 中国中生代陆相地层 [G]// 全国地层会议学术报告汇编 . 北京：科学出版社 .

中国科学院南京地质古生物研究所 .1982. 中国各纪地层对比表及说明书 [M]. 北京：科学出版社 .

本文原文发表于《水文地质工程地质论丛》，1986 年，第 1 期，第 1 ~ 12 页。

西北地区水文地质单元的划分

方鸿慈
（地质矿产部水文地质工程地质技术方法队）

摘要

本文主要根据气候、地形和大地构造进行了西北地区水文地质单元的划分。

共计划分出 13 个水文地质单元：①阿尔泰山及其山前地区；②准噶尔盆地；③天山山间盆地；④塔里木盆地；⑤柴达木盆地；⑥青南高原；⑦阿拉善高原；⑧河西走廊；⑨青东－陇中高原；⑩贺兰－六盘山及宁夏平原；⑪陕甘宁盆地；⑫关中平原；⑬秦巴山地。

我国西北地区在行政区划上包括陕西省、甘肃省、宁夏回族自治区、青海省和新疆维吾尔自治区。全部面积约占我国陆地总面积的 1/3。

在这辽阔的土地上矿产资源丰富。陕西省渭河以北的煤田最为著称，此外还有铁、石油及多种有色金属。甘肃省祁连山麓河西走廊的玉门是我国最老的石油基地，还有山丹和阿干镇的煤、祁连山的铁、金川的镍、皋兰一带的铜。宁夏回族自治区有石嘴山和平罗煤矿，还有铁、磷和池盐等。青海省则有柴达木盆地的石油和天然气、咸水湖中的盐、大通河流域的煤、祁连山和柴达木盆地的有色金属。新疆维吾尔自治区有天山山麓的煤和铁、阿尔泰山的黄金、昆仑山的和田玉，盆地中还有丰富的石油。所有这些将为西北地区实现工业现代化提供良好的基础。

在农业方面，以陕西省关中平原和宁夏回族自治区的宁夏平原灌溉事业最为发达。甘肃省西部的河西走廊和新疆维吾尔自治区各个盆地的绿洲也是主要粮棉基地。全区除陕西省外，畜牧业均极发达。

为了适应工农业的发展，满足工矿企业、城市建设、农田水利、畜牧、铁路等方面的供水水源，以及进行沙漠治理和盐碱土改良，都需要有相应的水文地质资料作为依据。

西北地区自 20 世纪 50 年代中期即开始了以平原为主的水文地质区测普查。至今已完成了除雪线以上高山区和沙漠区以外所有地区的水文地质区测普查工作，并相继提出了成果报告。

为了系统总结西北地区区域水文地质调查成果，使之更好地为规划国民经济建设服务，有必要进行水文地质区划的探讨。本文即为此目的提出了一个水文地质单元划分的方案。

一、西北地区的自然地理条件

西北地区由许多高大的山脉构成了地形的骨架，主要山脉有阿尔泰山、天山、昆仑山、阿尔金山、祁连山、秦岭、贺兰山及六盘山。这些山地之间挟持着一些山间盆地，主要有阿尔泰山和天山之间的准噶尔盆地、天山和昆仑山西段之间的塔里木盆地、阿尔金山—祁连山和昆仑山东段之间的柴达木盆地、祁连山以北的河西走廊以及天山内部散布的一些中型盆地或谷地。东部则分布着一些高原和平原，主要有陕甘黄土高原、阿拉善高原、宁夏平原和陕西关中平原。

在气候方面，西北地区大约有 70% 的面积属于干旱区，它包括新疆的绝大部分、甘肃和宁夏的大部分以及青海柴达木盆地。15% 的面积属于半干旱区，包括青海东南部、甘肃中东部、宁夏的南角和陕西北部。其余 15% 的面积属于半湿润区和湿润区，前者指陕西关中平原和青海南端；后者指秦巴山地。

从水文地质角度来看，气候的干湿程度具有重大意义。因为它相对地反映着地下水的补给与蒸发强度。当前多采用潮湿系数作为衡量某区域气候干湿程度的指标。潮湿系数（K_B）是降水量（X）与蒸发度（皿测蒸发量 И）之比：

$$K_\mathrm{B}=X/\text{И}$$

H.H. 伊凡诺夫根据潮湿系数把气候划分为下列六带，它与上述四分法的对应关系大致如下：

6. 湿度过剩带：$K_\mathrm{B} \geqslant 1.50$ } 湿润带
5. 湿度充足带：$K_\mathrm{B}=1.49 \sim 1.00$ } 湿润带
4. 湿度适中带：$K_\mathrm{B}=0.99 \sim 0.60$——半湿润带
3. 湿度不足带：$K_\mathrm{B}=0.59 \sim 0.30$——半干旱带
2. 湿度过低带：$K_\mathrm{B}=0.29 \sim 0.13$ } 干旱带
1. 微湿度带：$K_\mathrm{B}=0.12 \sim 0.00$ } 干旱带

图 1 为西北地区气候潮湿性分带略图（图中的 1 ～ 6 与上述序号对应）。

可见，西北地区绝大部分属于干旱－半干旱区，因而地下水缺少补给来源。这也就是西北地区地下水比我国其他地区缺乏的根本原因。但是干旱区内的高山区相对来说是比较湿润的，年降水量仍可达到 300 mm 以上，而山间盆地巨厚的第四纪沉积却有利于地下水的积蓄，所以一般能蕴藏丰富的地下水。

在西北地区占绝大部分的干旱区是无法形成较大的河流的；较小的河流因受山地的阻隔又无法流入海洋，因此基本上是内流流域的所在。在这些内流河中以新疆的塔里木河为最长，长达 2197 km。其他的内流河还有新疆的伊犁河、乌伦古河，甘肃的疏勒河、弱水等。但在新疆西北角的额尔齐斯河向西流入苏联境内而注入北冰洋，是属于外流水系。

黄河发源于青海巴颜喀拉山，向西流经甘肃的兰州，转向北经宁夏的银川、石嘴山，进入内蒙古境内转向东流而后又转向南流，至河曲以下是陕西省与山西省的界河。黄河的较大支流计有青海的湟水、甘肃的洮河、陕西的无定河；发源于甘肃省的渭河东流进入陕西境内后与泾河、洛河相汇，而后于潼关注入黄河。

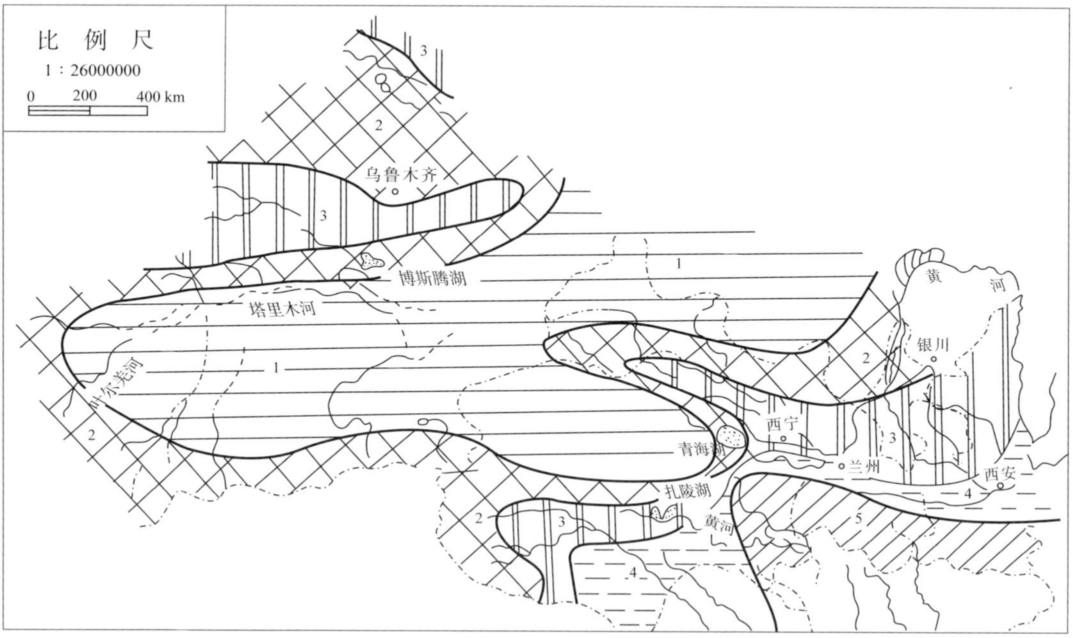

图 1　中国西北地区气候潮湿性分带略图

西北地区在青海省南部有长江上游的通天河；在陕西省秦岭以南的汉水亦属于长江水系。

二、西北地区的地质条件

西北地区的一些高大山脉都是由于构造运动褶皱而成的。它们在大地构造上叫作阿尔泰褶皱系、天山褶皱系、昆仑褶皱系、祁连褶皱系、秦岭褶皱系以及蒙古大兴安岭褶皱系的一小部分。它们都是经受海西期的构造运动褶皱成山的，所以都属于海西褶皱系。在褶皱系之内往往可以分出次一级的凹陷带，如祁连山山前凹陷 – 河西走廊凹陷、天山山间凹陷 – 吐鲁番哈密凹陷、伊犁凹陷等。这些山脉形成之后就长期处在侵蚀作用之下，山脉的主干裸露着古生代及其以前的古老基岩，岩层错综复杂、变质较深。在褶皱系的诸凹陷中，沉积着很厚的中、新生代地层，其表层为第四纪的松散碎屑沉积，在水文地质方面的意义较大。

在两个褶皱系之间的地区为凹陷区，在大地构造上又叫做地块。在西北地区有准噶尔地块、塔里木地块和柴达木地块。这些地块以古老的变质岩系为基底，有的基底还包括一部分古生代地层；其盖层由中生代和新生代的陆相沉积所组成。尤其是第四纪松散沉积在地块的部分分布非常广泛，为地下水储集之所。准噶尔和塔里木地块的表面，还普遍覆盖着近代的风成砂。

西北地区的东部约占全区 1/5 的面积，在大地构造上属于较稳定的所谓地台区。西北地台区按次一级构造分为阿拉善隆起区、贺兰 – 六盘断褶带、鄂尔多斯凹陷区（包括渭河地堑）和秦岭地轴。

阿拉善隆起区以前寒武系为基底，上古生代、中生代和古、新近纪盖层仅零星分布。

第四纪沉积分布相当广泛，但厚度不大，地表覆以近代风成砂。

贺兰－六盘断褶带系经燕山运动及喜马拉雅运动才隆起或褶皱成山的，分布着各个时代的基岩。区内的次一级构造——银川地堑，主要形成在喜马拉雅期，其中分布着较厚的第四纪沉积。

鄂尔多斯凹陷区系以前震旦系结晶基岩、震旦系—中奥陶系海相沉积和中石炭系—二叠系海陆交互相沉积构成基底。中生代以沉陷为主，沉积了巨厚的中生代陆相沉积。第四纪以来本区南部和祁连褶皱系东段的大部分广泛覆盖以黄土层。

渭河地堑形成在喜马拉雅期，它的西侧为深大断裂所限，其中沉积着很厚的古、新近纪和第四纪河湖相沉积。

秦岭地轴主要由前寒武纪地层组成，吕梁运动以后长期处于上升趋势。

图 2 为西北地区大地构造分区略图，系引自 1962 年地质部地质科学研究院的资料。

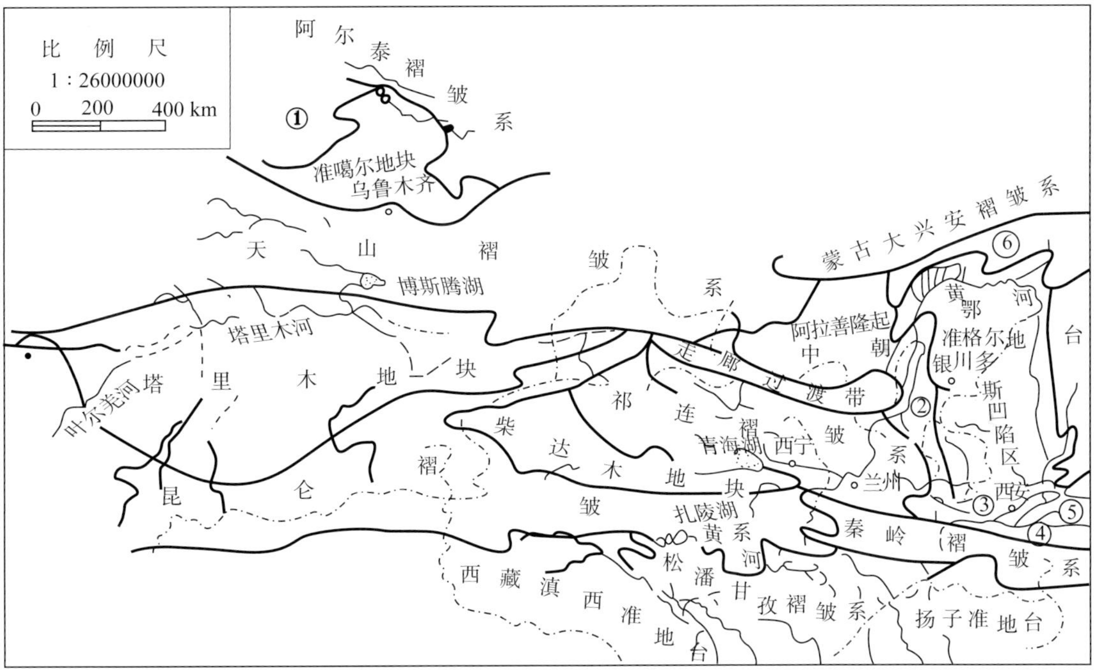

图 2　中国西北地区大地构造分区略图

①准噶尔界山褶皱带；②贺兰山六盘山褶皱带；③渭河地堑；④秦岭地轴；⑤豫西褶皱带；⑥内蒙地轴

三、西北地区水文地质单元的划分

本文把西北行政区作为一个整体，主要根据气候、地形和大地构造进行水文地质单元的划分。

前已述及，气候的干湿程度对地下水的形成具有很大意义。那么，我们按照西北的四个气候区分别进行考虑较为方便。

首先，西北干旱区除阿拉善高原外，都属于山区（构造上的褶皱系）和盆地（构造上的凹陷区）。盆地地下水的形成与山区降水、地表径流、地下潜流有着密切关系。所以这里不把某一山区或狭义的盆地作为一个单元；而把某一盆地以及作为该盆地地下水发源地的山区划在一起作为一个完整的水文地质单元。这种类型单元的界限基本上与分水岭相符合。按照这一原则，划分出阿尔泰及其山前地带（指额尔齐斯河和乌伦古河两流域）、准噶尔盆地、天山山间盆地（主要有吐鲁番盆地、哈密盆地和伊犁谷地）、塔里木盆地、柴达木盆地、河西走廊。对于贺兰－六盘山，因其东侧的径流对银川平原（构造上的地堑）地下水稍许有些补给，这里把二者划在一起。至于阿拉善高原，其西部（北山）和东部均为低山丘陵，中部为盆地（巴丹吉林），降水极少，地下水贫乏，山区与盆地之间的地下水联系极不明显；这里按大地构造（隆起区）划为一个单元。这一单元的东半部在行政区划上已划归内蒙古自治区。

其次，属于半干旱区的部分大体包括青海省东部、甘肃省中部和东部、陕西省北部。在这一带上大多覆盖有不同厚度的黄土。在大地构造上青海东部和甘肃中部属于祁连山褶皱系的东段，这里把它们划在一起名之为青东－陇中高原。至于甘肃东部（陇东）和陕西北部（陕北）则占据了鄂尔多斯凹陷区的大部分，该凹陷区构成一个大型中生界承压水盆地，是一个独特的水文地质单元。按新的大地构造名称名之为陕甘宁盆地；其北部扩展到内蒙古境内。

属于半湿润区的关中平原在大地构造上相当于渭河地堑，是一个较明确的水文地质单元。属于湿润区的秦岭山地在大地构造上相当于秦岭地轴和秦岭褶皱系西段；大巴山则属于扬子准地台的北端，从水文地质条件考虑划为一个单元，名之为秦巴山地。

剩下来的青海省南部，在气候上涉及半干旱、半湿润和湿润三个带；在大地构造上分属于昆仑褶皱系、西藏滇西准地台和松潘甘孜褶皱系，但都只占其一小部分。在这里不便细分，权且把它笼统地划为一个单元，并按大地形名之为青南高原。

综上所述，对西北地区所划分的水文地质单元计有 13 个（图 3）：

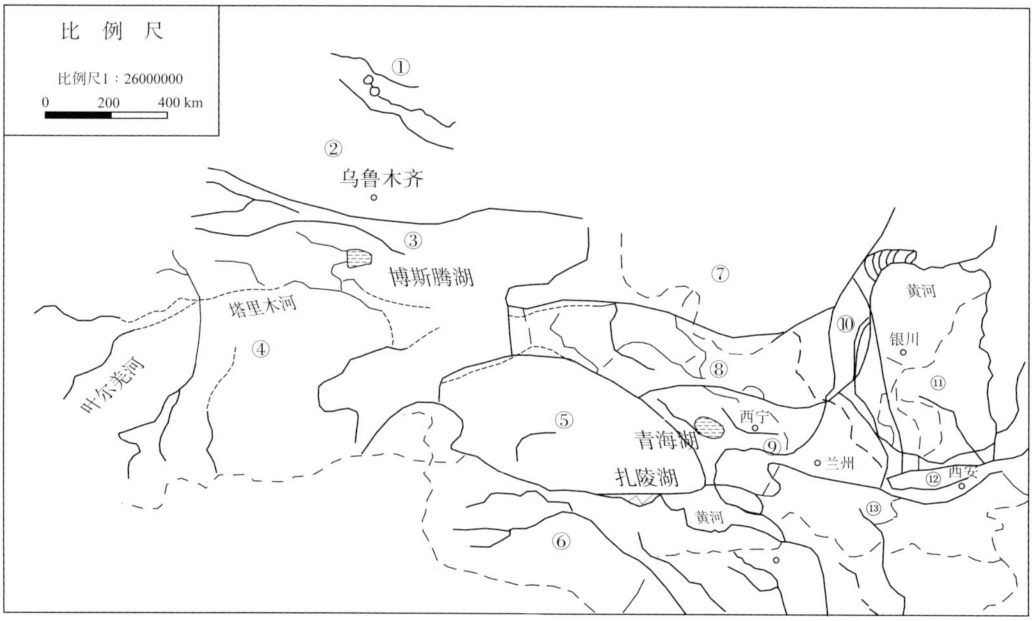

图 3　中国西北地区水文地质单元划分略图

①阿尔泰山及其山前地区；②准噶尔盆地；③天山山间盆地；④塔里木盆地；⑤柴达木盆地；⑥青南高原；⑦阿拉善高原；⑧河西走廊；⑨青东－陇中高原；⑩贺兰－六盘山及宁夏平原；⑪陕甘宁盆地；⑫关中平原；⑬秦巴山地

以上 13 个水文地质单元中，阿拉善高原和陕甘宁盆地是跨行政六区的；青南高原则分属于西南地区有关水文地质单元的一部分。其他单元大体上可以省或自治区的界线为限。

参考文献

地质科学研究院 .1973.《中华人民共和国地质图（1∶4000000）》[M]. 北京：地质出版社 .
方鸿慈 .1957. 潜水区划的主要气候标志——潮湿系数 [J]. 水文地质工程地质（6）：19 ~ 23.
方鸿慈 .1965. 中国干旱地区水文地质区划原则 [J]. 西北地质科技情报（1）：1 ~ 6.
李宝兴 .1964. 治沙研究（6）[M]. 北京：科学出版社 .
中国科学院地理研究所 .1959. 中国综合自然区划（初稿）[R]. 北京：科学出版社 .

本文原发表于《河北地质学院学报》，1989 年，第 1 期，第 1 ~ 7 页。

人类对饮水水质的适应性与地方病问题

方鸿慈

摘要

人类从原始人开始就是以河水作为饮用水源的，从而今天的人体最适宜饮用河水，亦即基本不含微量元素的 $HCO_3^- - Ca^{2+}$ 型淡水。人类汲取地下水作为饮用水源的历史很短。有少量特异成分的地下水含有少许特定微量元素，经常饮用这种水就要引起地方病。

氟斑症和氟骨症的病因较明，它们的发病率与饮水含氟量呈正态相关。关于地方性甲状腺肿的病因，流传已久的饮水缺碘说是值得怀疑的。相反，水中含碘量较高似乎与它的发病率有些正态相关。这是一个有待继续研究的问题。关于大骨节病和克山病的病因，笔者认为是饮水较富含微量元素与低钙的复合。至于究竟哪些微量元素是致病因子则是我们今后研究的主要方面。

一、前言

我国地方病（endemic disease）分布相当广泛，从而对地方病病因与防治研究较为关注。然而对这一生僻的新课题研究力量十分薄弱，而且病区的工作条件极其艰难，虽经较长时期的探索直至今日我们对这方面所取得的认识还很不足。

在主要的地方病种之中只有氟斑牙和氟骨症的病因较为明确；地方性甲状腺肿的病因还不能认为已经解决；大骨节病和克山病（地方性心肌病变）的病因则更不清楚。

笔者于 1971 年偶然踏上一个大骨节病 – 克山病病区，经初步考察认为那里的大骨节病、克山病是由于饮用当地具有特异成分的地下水所引起的。而后意识到这种情况对所有地方病来说都不例外。也表明地方病与水文地质学有着极其密切的关系。这一事实对水文地质专业以外的地方病研究者来说是很难知晓的。因而作为水文地质工作者有责任阐明并宣扬自己的论点。

本文主要是运用地质学和水文地质学的知识对地方病问题进行探索而取得的成果。首先从人类发展过程中养成的饮水习惯来论证其对饮水水质的适应性；继而阐明人类所适应的河水水质特性；而后论述导致地方病的特异成分地下水的水文化学特征；最后分别对几种主要地方病的水致病因问题提出初步意见。

本文的目的在于为今后继续深入研究地方病问题提供一些方向。

二、人类对饮水水质适应性的形成

人类对饮水水质的适应性是在其上百万年的发展过程中逐渐形成的。作为最早人类的猿人，生存在更新世早期和中期。他们结成原始人群生活在山林和原野中。为了饮水方便，他们总要选择一个距地表水（河流）不太远的山洞中栖息。

及至更新世晚期之始，由于人类已能制作简陋的衣着和取火御寒，从而能适应不同地区的各种气候条件，扩大了人类活动的领域。至此人们能离开山区，而迁徙到广阔的冲积平原上，栖息于河流两岸，汲取河水作为饮用。这种情况一直延续下来，以至今日人口密集的地区仍然在河网发育区，作为饮用水源总是以河水占绝对优势。

至于人类汲取地下水作为饮用的历史为期不长。虽然不能排除栖息在山区的原始人饮用山泉水的可能性，但那毕竟是个别的。人类凿井汲取地下水不过始于四五千年前。较大规模地开采地下水用作供水水源只是近几百年来的事情。它与上百万年的人类发展史相比毕竟是太短暂了。

因此可以说，人类在其整个发展过程中基本上都是以河水作为饮用水源的。以至今日，人们的体质当然最能与河水的水质相适应。

三、人类所适应的河水水质特征

河水的水文化学基本特点是，流域中的水主要是与侵蚀基准面以上淋滤良好的岩石相接触，河道中的水流不断更替，因而河水与岩石作用的时间不长且蒸发也较小。因此形成的最主要的水质特征是具有较低的矿化量，几乎都小于 0.5 ~ 1 g/L。

尽管不同河流的化学成分有所差异，但毕竟不十分悬殊。因而可概括出河水的平均化学成分，其库尔洛夫式如下：

$$M0.5\frac{\mathrm{HCO}_{74}^{3}\quad\mathrm{SO}_{10}^{4}\mathrm{Cl}_{10}}{\mathrm{Ca}_{65}\mathrm{Na}_{18}\mathrm{Mg}_{17}}$$

从中可以看出河水在常项离子方面的水文化学特征。它们大多属于 $HCO_3^- - Ca^{2+}$ 型。

由于同样的理由，河水很难从其所接触的岩石中获得微量组分。因此河水另一特点就是基本上不含什么微量元素。

由化学特性来看，河水通常总是优于地下水的。实践经验表明，以河水作为饮用水源的地区大体上不会发生与水文化学特性密切相关的地方病。

四、导致地方病的地下水水文化学特征

地方病的地理分布具有很明显的地方性。那么它们的病因显然与自然环境因素有关。

诚然，自然环境因素几乎都在不同程度上具有地方性（分区性、分带性），然而具有明显的地方性且又直接对人体产生作用的自然因素也就只有地下水，亦即水文地质因素，

或进一步说是水文地球化学因素。关于这一点只有当20世纪60年代末个别水文地质工作者开始参与地方病研究以后才逐渐明了的。因而可以说地方病实质上是一种饮用特异成分地下水所引起的疾病。

地下水的水文化学特点是，岩石因素在其化学成分的形成中起着首要的作用。充填在各种各样岩石孔隙或裂隙中的地下水，它与岩石接触的比表面积较大，相互作用的时间较长，经各种水文地球化学作用可以形成多种多样的化学成分。仅从地下水的矿化量来看，就有小于0.2 g/L的过淡水直至大于50 g/L的卤水。

当然，人们所饮用的只限于淡水。但仅就地下淡水而言，它们的化学成分的差别要比河水大得多。虽然大部分地下水仍属于HCO_3^--Ca^{2+}型，其化学组分与河水比较接近，它们往往是最优质的饮用和工业用水。然而有很少一部分地下淡水具有异常的化学组分，它们的总矿化量较低，但却含有比一般淡水稍多的微量元素。实际资料表明，地方病区普遍分布着这种类型的水，它们也就是引起地方病的致病水。

研究地方病的致病因子（pathogens）不能单考虑水中的常项离子，真正的、直接的致病因子可能是含量略高的微量元素。笔者认为地方病病因概括地说属于慢性微量元素中毒。今后研究地方病病因的重点就在于探索作为致病因子的微量元素。

从水文地质学角度研究地方病问题，首先要探索当地致病水的水文化学指标。作为这种指标的可以是某种常项离子或微量元素的极限（上限或下限）含量，也可以是两种或多种离子间的比值（即水文化学系数）。

某种地方病的致病水的水文化学指标并不一定就是其致病因子；而且同种地方病在不同病区的致病水的水文化学指标也可有一定的差别。然而某种地方病的致病因子必然包括在其带有共同性的指标之中，因而能根据其共同性指标来追索致病因子。采取数学地质方法对大量确切的水质分析数据进行计算机处理，将为统计归纳致病水水文化学指标和探索致病因子提供广阔的可能性。

由致病地下水排泄而成的河沟水显然也是致病水。当致病河沟水流向下游如果它作为渗失河（入渗河）或绝缘河，那么它的致病性可以延伸到远离致病地下水分布区。有个别病段就是饮用这种致病河水而发病的。

最后必须指出，我国有不少地方病工作者在研究粮食和蔬菜的化学成分与地方病的关系，这是徒劳无益的。简而言之，地方病属于原生环境问题，而与农业污染所产生的粮食、蔬菜的有害成分无关。污染了的食物所引起的疾病叫作污染病（pollutiondiscase），根本不属于地方病的范畴。

五、地方病水致病因问题浅议

本节对几种主要地方病的水致病因问题指出个人的初步意见。

（一）氟斑牙与氟骨症

在地方病中病因比较清楚的就是氟斑牙和氟骨症。它们的病名本身就反映出它们的发生系饮用高氟水所致。

高氟水既可分布在第四纪沉积里又可分布在基岩中。有些断裂构造带的矿泉往往含氟量较高，显然以这种矿泉水作为饮用是不妥的。

饮水中的含氟量与氟病的发病率呈正态相关。一般认为氟含量约在 1.5 mg/L 以上就能引起氟斑牙；而在 3.0 ~ 4.0 mg/L 以上才能引起氟骨症（图 1）。但最近有的资料认为氟骨症病水的含氟量也可介于 1.5 ~ 3.0 mg/L，而水中少许含量的 Be、Sr、Ba 可能与病因有关。在饮用水水质评价中，适宜的饮用水含氟量应小于 1.5 mg/L。

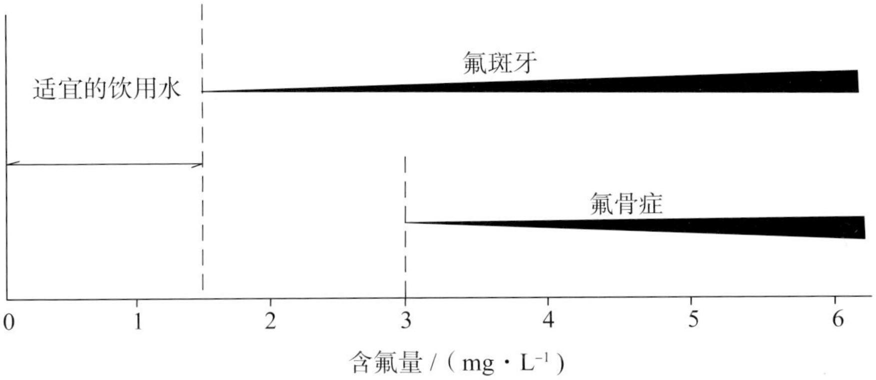

图 1 饮水含氟量与氟病的关系

防治氟病的方法主要是化学去氟改良水质法。水文地质工作者曾提出在某些病区可打深井抽取深层非致病地下水用于防治氟病。

（二）地方性甲状腺肿（地甲病）

目前尚未见到关于地甲病病区比较系统的水文地球化学资料。其病水主要分布在基岩之中，但偶尔也分布在第四纪沉积里。已知有些与含油地层有关的地下水往往引起地甲病，这时则与大骨节病并存。

早在 19 世纪末，就提出了关于地甲病的饮水缺碘病因说，并且一直流传至今。长期以来似乎认为它的病因已基本解决。

笔者在很久以前就对缺碘说法表示怀疑。因为据本人所知的地甲病病区诸如四川盆地东部、陕甘宁盆地东南部，从水文地球化学环境来看并不缺碘，恰恰相反含碘却较多。据国外报道，英国地甲病病区的饮水也并不缺碘，而其含量比非病区还高。

近年来，我国水文地质工作者在河北、湖南等省进行实地调查已有实际资料表明，饮水含碘量大致在 100 μg/L 以上时，含碘越多其发病率越高。而以往有些资料认为，水中含碘量大致在 10 μg/L 以下时，含碘越少其发病率则越高。那么按上述意见制图则如图 2 所示。

如果事实真像上述那样，问题就过于微妙了。如果只有含碘量在 10 ~ 100 μg/L 之间的水才能是安全的，那么适宜的饮用水就为数不多了。实际上解决这一问题并不困难，只需取几十个确实的非致病水样进行含碘量的精确分析，看它是否都在 10 ~ 100 μg/L 之间，这个问题也就迎刃而解了。不过，可能得到的是否定的答案。因为已见到过一些

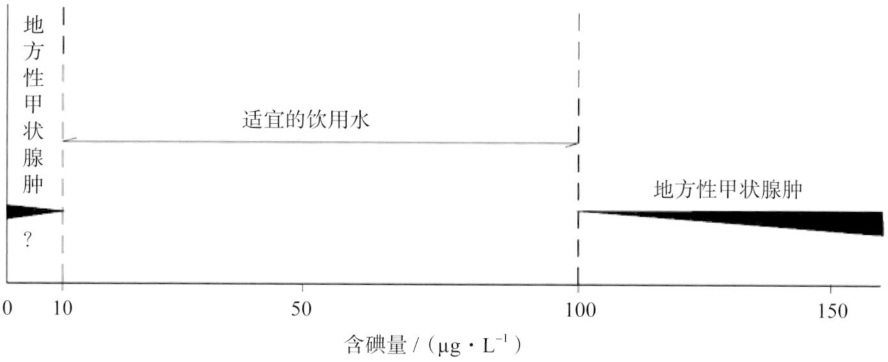

图 2　饮水含碘量与地甲病的关系

河水含碘量小于 10 μg/L 的数据，但并没有发生地甲病。如果低碘水确实能引起地甲病的话，必然还有某些其他附加因素例如另外的微量元素，起着辅助的致病作用。总之，这是一个有待于继续探索的问题。

至于地甲病的防治措施只有研究出确切的病因以后才能科学地加以制定。目前在我国提倡的食用加碘食盐的防治措施对高碘水病区肯定要起相反的作用：对低碘水病区的效果如何，还需要进行认真的检验。

（三）大骨节病与克山病

大骨节病与克山病（地方性心肌病变）经常在同一地区发生，只是大骨节病的分布范围比克山病要大一些，说明二者的病因是有联系的。因而在现阶段先合在一起进行研究。

这种致病水的形成与基岩有密切关系。笔者曾按决定致病地下水化学成分形成的岩石因素将我国大骨节病、克山病病区归纳为两个基本水文地质类型：①与酸性岩浆岩有关的；②与含油地层有关的。估计这种情况在全世界也不会例外。

大骨节病和克山病致病水在常项离子方面的水质特征是总硬度与 Ca^{2+} 含量较低，且 SO_4^{2-} 含量低（可以为零）。早在 20 世纪 70 年代初黑龙江省地质局水文地质队对该省中部病区所确定的两项指标：$\gamma Ca^{2+} < 1.75$ mmol/L、$\gamma SO_4^{2-} < 0.175$ mmol/L，对所有大骨节病、克山病病区来说基本上都是适合的。可以看出这种致病水必定属于 C. Palmer 天然水化学分类的第Ⅰ类（强酸<强碱）或第Ⅱ类（强酸—强碱）。

到目前为止，对这种致病水中微量元素方面的研究还是很欠缺的；放射性元素的测定几乎还没有进行。从上述两种水文地质类型来看都具有富集微量元素的条件，从而这种致病水比一般淡水所含微量元素要多一些，这是可以肯定的。

早在 1974 年笔者就根据这种致病水的共同水质特征，参考国外的一些环境医学提出了饮水中较富含微量元素与低硬度相复合的病因说。在今天笔者基本仍坚持这种见解，只是其中的“低硬度”改为“低钙”才更为确切。而今后解决其病因的关键在于加强致病水中的微量元素包括放射性元素的研究。

虽然大骨节病、克山病的病因尚未完全解决，但这并不妨碍当前开展其防治工作。当然，在病区内部或其外围寻找非致病水源用于防病对某些病段来说肯定是可行的。然而改良水质防病措施乃是今后的主要方向。

根据 H.A.Schroader（1965）提出的见解，高浓度的钙能影响人体对一些微量金属元素的吸收。这就有可能提高水中的含钙量来达到防病的目的。现在可以应用 $CaSO_4$，来提高水中的含钙量和 Ca 永久硬度，而后通过认真的病情检验来验证这种措施是否有效。

六、结论

通过本项研究取得了以下几点主要结论：

1）由于人类从原始人开始就是以河水作为饮用水源，这种情况一直延续至今，从而今天的人体最适宜用河水。也主要为 $HCO_3^- - Ca^{2+}$ 型的几乎不含微量元素的淡水。

2）在最近 5000 年内才出现某些地区的人们汲取地下水作为用水源的情况。有很少一部分地下淡水具有特异的化学成分，它们富含一些特定的微量元素。这种类型的水往往就是引起地方病的致病水。

3）氟斑牙和氟骨症的病因比较清楚。可以认为他们的发病率，与饮水含氟量成正态相关。

4）地方性甲状腺肿的病因还不能认为已经解决。饮水缺碘说是值得怀疑的，相反含碘量较高，似乎与他们的发病率有些正相关，如果低碘水确实能引起当地地方病必然还有某些其他因素起着辅助的致病作用。

5）大骨节病和克山病的病因是饮水中缺钙与较富含微量元素的复合。那究竟哪些微量元素是直接作用于人的机体的致病因子则是我们今后探索的主要方面。

本文的一些预见性意见还有待于通过今后的实践工作来验证，如果本文对今后研究能起到一些指导与推动作用，也就达到了它的预期目的。

参考文献

ASCE. 1972. Ground Water Management, Manuals and Reports on Engineering Practice—No.40.

Алекин О.А. 1953. Основы Гцдрохцмиид Гидрометеоиздат.

Питьева К.Е. 1978, Гидрогеохимия.Изд—во Моск.Ун—та.

方鸿慈 .1974. 试论地方病病因与防治研究的水文地质科学途径 [J]. 水文地质工程地质（4）：1–18.

方鸿慈 .1986. 论大骨节病克山病与水文地球化学的密切关系及其病因与防治问题 [J]. 水文地质工程地质论丛（1）：1–12.

黑龙江省地质局第一水文地质队 .1982. 地方病环境水文地质 [M]. 北京：地质出版社 .

李四光 .1972. 天文地质古生物，资料摘要（初稿）[M]. 北京：科学出版社 .

本文原发表于《水文地质技术方法》，1990 年，第 2 期，第 1 ~ 6 页。

国外关于地下水源保护问题的研究现状

方鸿慈
（地质矿产部水文地质工程地质技术方法研究所）

在1989年召开的第28届国际地质大会上，组织了关于地下水源（wellhead）保护问题的专题讨论会。在会上宣讲交流了新近的研究成果，主要包括地下水源保护区问题、截获带问题以及与此有关的地下水污染与水质预测等问题。

根据所交流的论文可大致了解国际上关于地下水源保护问题的研究现状，为我国今后深入开展这方面的工作提供了借鉴。

1. 关于地下水保护区的圈定问题

在地下水保护区（带）的圈定方面，联邦德国做了较详细的研究。所提出的保护方案成功地保证了提供优质卫生的饮用水。他们将流域划分为四个保护带：Ⅰ、Ⅱ、$Ⅲ_A$、$Ⅲ_B$。其中探讨的重点是第Ⅱ带的依时边界，即50 d界线。其根据是致病微生物在地下水环境中经50 d的滞留时间即基本消失。并且认为易降解或易被吸附的化合物在地下水流中经50 d后也就觉察不到了。试验研究表明，病菌、病毒在砂质含水层中由于吸附与过滤作用消灭得最好。不具强吸附性的含水层诸如岩溶含水层或大裂隙含水层，50 d界线还不能确保饮用水免致传染病。在联邦德国几乎到处都受到农业污染物（某些化肥、农药）的非点源影响以及污染场地（工场、垃圾堆放点）的点源影响。因此，充分防止地下水遭受农业化学制品和工业用物质的污染亦至为重要。

为了精确圈定地下水源保护区需要进行地下水模拟。首先根据野外资料研制一个水平二维有限元模型用来模拟区域性地下水流。但它还不能确切圈出50 d界线。因此要求进一步开展地段性研究；进行补充钻探、抽水和50 d的示踪试验以取得可靠的含水层参数。为此研究局部地段的三维地下水水流与运送模型。在地段性模型中，水流用有限差分近似法计算，而运送则是用随机走动法算出。

爱尔兰许多地区由于缺少详细的地质与水文地质资料从而不能做出详细的地下水源保护方案。他们提出了一种应用现有资料与经验而无须进行详细而昂贵的现场调查的实用方法。将某一地区划分为所需保护程度不同的含水层保护带。对每一带都列出宜发展的与不宜发展的事项。这样的含水层保护方案可提供给工程师和设计师作为考虑有关事宜的指南。

在美国提出了承压含水层条件下的地下水源保护区准则。它的拟定分为两个阶段：第一阶段确定承压含水层的封闭特性；第二阶段在已确定了的可能渗漏带和已确定的水源保护所需的一些指标（诸如影响带、补给带和运送时间）来确定保护区的型式。

在捷克斯洛伐克提出了矿水与热水的保护原则。对现有的矿泉中心大多采用两级保护带来进行保护。最近设置的保护带已划分为三级，第一保护带是保护截获矿泉与热泉的泉区；第二保护带是保护较大的泉构造禁止能损害矿水数量与质量的任何活动；第三保护带是保护矿水与热水水源的入渗补给区。

2. 关于截获带问题

在国外有关地下水源保护问题的研究中，对“截获带（capture zone）”的探讨占有相当的比重。有的论文指出，地下水源保护区就是由截获带所划定的。

美国环境保护署地下水保护处研制出用于圈定截获带与分析质点追踪污染物运送的综合模型，这种模型分为半解析的与数值的。半解析模型采用据地下水水流解析解求得的隙间流速场，结合着质点追踪来圈定稳定态的或与时间相关的截获带。这种模型往往受到用以取得水流解析解的简化假设条件的限制，但它的优点是便于使用与价格便宜。对较复杂水流系统的截获带则用质点追踪法结合以数码表示的输出水头来求得。这种数值模型可以分析复杂的水流与边界条件。而它所需的数据、时间和使用者的知识要求则是不一般的，从而比半解析模型的价格要贵得多。所研制的模型分两部分，第一部分是一半解析解的综合装置，主要用于二维水平流；第二部分是一联系地下水数值码设计的普通质点追踪模型。采用有限元内插法取得四边形元高斯点上的流速，并用加权平均值来避免单元介面上的不连续。用辐射流方程和在井的近邻范围内前向质点追踪来避免井结点的不连续性。现在更研制出适用于该模型质点追踪与截获带圈定的新算法。一般的质点追踪采用迭代欧拉（Euler）预测－校正法。而当临界点位置未知时，只确定出足够数量的流线就能用迭代法精确圈出截获带。

在西德探讨了非稳定流场中截获带的动力情况。用解析解计算区域流场中单井抽水所产生的速度分布，应用前向质点追踪法确定与时间相关的截获带。

3. 关于地下水污染问题

地下水源保护的主要目的就在于提供优质卫生的饮用水。近年来许多有关地下水污染的报道引起人们去思考饮用水的质量。虽然大多关注有毒有机化合物方面，但对引起疾病的微生物仍不应忽视。

美国发生的水致疾病大部分起因于生物，其中大多属于肠道病毒类。美国有 2200 多万个化粪坑，每年向地下渗漏近 4 万亿升的粪水。在研究微生物污染可能性时，要进行化粪坑反渗（sethack）距离（亦即化粪坑至饮水井的距离）的确定。用克里格（kriging）程序编出表示全区化粪坑反渗距离的等值线图，结合着析取克里格法 (disjunctive kriging) 所估算的反渗距离计算条件概率。所讨论的方法可供地方部门为土地利用规划目的应用。

4. 关于地下水水质预测问题

由于近年来地下水污染日益严重，威胁到饮用水供应。因此对地下水源地进行水质预测问题至为重要，

在荷兰 65% 的饮用水取自地下水，因此这一问题也就更为突出。他们对抽水地点进

行水质预测的第一步就是圈定补给区，计算地下水的运行路径与运行时间。为此应用新研制的 FLOZI 计算机程序计算非承压（潜水）含水层地下水拟三维流的运行路径与运行时间。第二步进行土地利用与补给区土地易污染性（vulnerability）的研究。连同地下水的运行路径与运行时间作为新近研制的 FCONC 计算机程序的输入。该程序计算出临界点曲线形式的抽出水溶解成分的浓度，即可用来预测抽水地点上的地下水水质。

根据上述国外地下水源保护问题的研究现状，考虑我国目前在这方面的进展情况，对今后进一步研究这一课题有以下几点体会。

1）地下水保护问题最初是从确保饮用地下水的卫生条件防止遭受细菌污染的角度提出来的。近年来随着工农业的发展使地下水污染问题日趋严重，污染物已不仅限于细菌，非降解性有机物以及有毒化学成分的污染日益威胁地下水水质。因此，地下水源保护问题的研究，在今后一定的时期内还将是一个亟待解决的实用水文地质课题。

2）圈定地下水源保护区（带）的研究，近年在欧美一些国家取得了进展。其主要特点是逐步向应用数学模型的方向发展。我国过去在这方面虽也做过一些工作，但大多处于初步阶段，应用数学模型极不普遍。今后宜专题研究地下水源保护区的圈定问题。按研究区的范围、复杂程度以及水文地质勘查程度，分别采用解析与数值模型进行二维与三维地下水流分析，尽量提高研究成果的质量。

3）在国外广泛应用“截获带（capture zone）”一词，我国过去对截获带的理解大多局限于采取截流措施拦蓄流量较小的地下水流，使之便于集中开采较多的水量。现今国外所称的截获带主要是从防止地下水污染的角度提出来的，因此它同地下水源保护的研究是分不开的，有些地下水源保护区就是由截获带来圈定的。今后我们也需结合地下水源保护区的圈定或作为专题来研究地下水截获带问题。

4）从本届国际地质大会所交流的专题论文来看，有很多篇幅采用了数学方法。这对解决具体的地质统计与计算问题，提高成果质量起到很大作用，说明研究地下水源保护问题要求具有较深的数学知识。因此在本课题的研究成员中应适当吸收或重点培养掌握较多数学知识的人才。

本文原发表于《水文地质技术方法》，1990 年，第 21 期，第 108 ~ 110 页。

我国饮用水水质评价中一个应注意的特殊问题

方鸿慈
（地质矿产部水文地质工程地质技术方法研究所）

在供水水文地质勘查和区域水文地质调查中，需要对地下水进行饮用水水质评价（评估），这项工作并不困难，只需根据水的物理性质、矿化度、主要离子含量以及几种有害微量元素和大肠杆菌是否超标，基本上就可以做出该水是否适宜饮用的评估。

然而通过多年来的工作，逐渐察觉到在我国饮用水水质评价中存在着一个特殊问题，那就是我国有饮用开水的习惯。我们知道，水煮开后它的化学成分就要发生一些变化，而我们据以进行水质评价的是天然生水的检定成果，它与烧开后的水的化学成分往往有较大差别。实际资料表明，根据天然生水水质验定评为适宜饮用的水，当煮开后往往成为不宜饮用的水。这是我们过去工作中一直被忽略的问题，这种情况再也不能继续下去了。生水煮开后所产生的最主要的化学成分变化就是水的暂时硬度的消失，亦即与重碳酸根相平衡的钙、镁含量减少为零，往往成为不宜饮用的水。

在天然淡水中一般含量最高的阳离子成分是钙，河水的平均含钙量占阳离子总量的2/3。人体从饮水中摄取最多的化学元素也就是钙，经常饮用缺钙的水肯定会对人体产生不良影响。国外很多医学报道中指出，饮用缺钙水（或软水）的地区，心脏病的发病率和死亡率均高。克山病（地方性心肌病变）和大骨节病都发生在缺钙的水文地球化学环境——酸性岩浆岩区和含油地层浅藏带。凡此都说明饮用水中缺钙对人体带来的不良影响。饮水中缺镁也同样是不利的，不过天然淡水中含镁量一般不高，缺镁带来的不良影响不像缺钙那样显著。

由此可见，以往根据天然水所做出的饮用水水质评价对饮用开水的国度来说就不一定是正确的。严格地说应按“熟水”的检定结果来进行评价。这里也无须将生水煮沸晾凉后再作化学分析，只需将天然生水的分析结果减去组成暂时硬度的成分，大体上就可代表熟水的化学成分。然后据此进行饮用水水质评价。

根据饮用水水质评价标准，总硬度的最低允许含量为 8.4 德国度[1]。对于开水来说这应指永久硬度的含量。

[1] 德国度为废除的计量单位，1 德国度＝ 10 mg/L 的 CaO，全书下同。

有些水的总硬度完全是暂时硬度，像重碳酸钠型淡水都属于此类，这种水煮沸后钙、镁完全消失，是绝对不宜饮用的水。

建议水文地质工作者，如发现熟水的硬度即永久硬度小于8.4德国度时，应在勘查报告中加以必要的说明，指出这种水煮开后不宜饮用。如果当地必须以此水作为饮用水源，就要建议供水部门采取适当的改水措施，以硫酸钙、镁（二者按4：1）作为改水剂，将水的永久硬度提高到8.4德国度或略高。只有这样，才能说是尽到了责任。

本文原发表于《中国地质》，1993年，第4期，第23页。

甘肃省水文地质区划的轮廓

方鸿慈
（甘肃省地质局水文地质工程地质队）

甘肃省是为西北—东南向延长的狭长领域，全省经纬度涉及东经92° 40’至108°45′，北纬32°25′至42°50′。东邻陕西省，南邻四川省、青海省，西邻新疆维吾尔自治区，北邻内蒙古自治区、宁夏回族自治区和蒙古国。全省总面积约达46×10^4 km^2。

新中国成立后，甘肃人民在党的正确领导下，从事大规模的国民经济建设，使得甘肃省同全国各地一样，以一日千里之势改变着它的面貌。

几年以来，在祁连山、北山、西秦岭发现了丰富矿藏，玉门油矿也得到了大力发展。以兰州、玉门、白银、酒泉为中心的现代化工业城市已在建立。在河西走廊和东部黄土地区的大片土地已在开垦与灌溉，在农业基本建设中，武山的东梁渠、庄子坪的百眼串井、临夏的英雄渠、刘家峡的水库、张掖专区的河水旧库、卵石衬砌渠道，尤其是伟大的共产主义工程引洮上山及其全省的渠网库塘化，都是发展农业的伟大创举。以兰州为中心的铁路网——兰新铁路、天兰铁路、包兰铁路和兰青铁路等以及纵横全省的公路网的兴修，已使交通条件大为改善。所有这些都标志着甘肃省具有一个非常美好而繁荣的远景。

而目前为了加速甘肃省的国民经济建设，为了满足工矿企业、城市建设、农田水利、畜牧、铁路等方面的供水水源，以及扩大耕地面积而进行土壤改良，都需要有相应的水文地质资料作为依据。并且正如张仲良同志在“十年战斗十年巨变”一文中所指出的：甘肃省三个基本特点之一即差别性大，这一特点同样明显地表现在水文地质条件方面。因此，进行甘肃省水文地质区划的研究，概括各个地区的水文地质特征，并按其国民经济意义进行评价，是当前刻不容缓的任务。

关于甘肃省的水文地质调查工作，虽然仅仅进行了三四年，但在这短暂的年限里已经获得了很多宝贵的资料。河西走廊主要地区的水文地质普查工作已经基本上完成，东部的兰州、永登、景泰、平凉、天水一带也开始了水文地质普查工作，获得一些代表性的资料，上述这些资料也就是论证水文地质区划的基础。比较缺乏资料的地区也就是在水文地质意义上较为次要的北山区、祁连山区和西秦岭区，但是对这些地区根据自然地理和地质条件等间接资料可以对水文地质条件进行预测，这样作对小比例尺的区划来说也是完全允许的。

关于甘肃省水文地质区划的研究，在过去也只偏重于西部，段永侯同志的“甘肃西

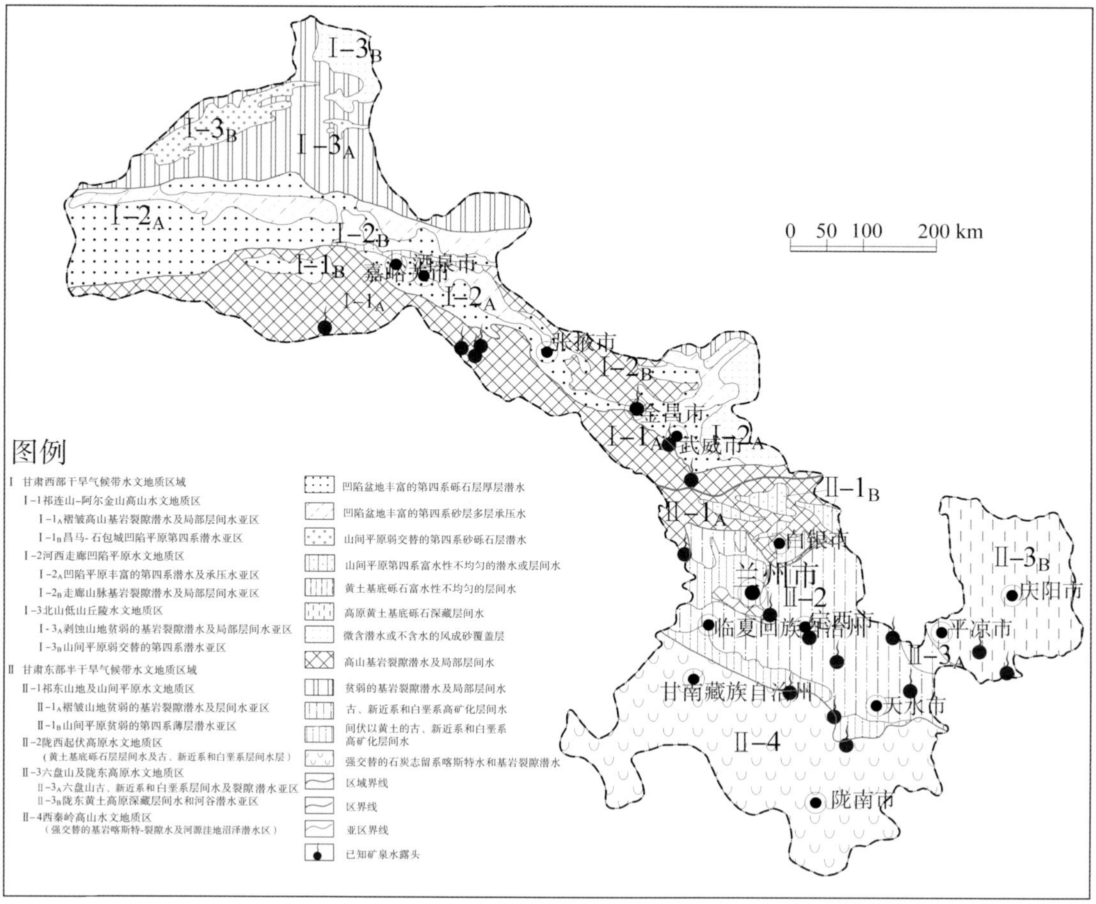

图 1　甘肃省水文地质区划略图

部水文地质分区”和作者在半年以前所写的“河西走廊水文地质区划”，其重点都放在水文地质意义最大的河西走廊地区；而甘肃东部区域性的水文地质文献只有高星辉同志的“陇东黄土地区的水文地质概况”。这些资料也作为编写本文的参考。

由于水文地质区划的目的是为了规划国民经济发展远景，因此在本文中概括地提出了发展甘肃省工农牧业合理利用地下水和防治地下水害的一些意见，最后并对今后开展甘肃省水文地质工程地质工作的方向，提供了个人的见解。

一、甘肃省地下水形成的自然地理条件

从自然地理条件出发，大致可以乌鞘岭为界，把全省分为东西两个区域。

从气候来看，甘肃西部的年降水量除南部的祁连山一带可达 300 mm 以上外，大部分地区均在 200 mm 以下，并且由东南向西北逐渐减少，自敦煌、安西以北至北山一带则在 50 ~ 70 mm。年蒸发度由祁连山的 1500 mm 向西北递增至 4000 mm 以上，因而潮湿系数小于 0.20 以至 0.01，大部分地区属于干旱气候带。本区域内的河流均属内陆流域。

而甘肃东部的年降水量一般均在 300 mm 以上，并且越向东南年降水量越高，最高在甘南、天水一带可达 500 mm 以上，而年蒸发度一般都在 1500 mm 以下，因而潮湿系数介于 0.20 ~ 0.40 之间，大部地区相当于半干旱气候带；而甘南（西秦岭）一带已属湿度适中气候带。在本区域内的河流属于外流流域。

从地势来看，甘肃西部南有祁连山 - 阿尔金山，往北有龙首山、合黎山，再往西北有北山（马鬃山），其间为一东西延长 1000 多千米的狭长平原，是为河西走廊。

祁连山—阿尔金山是走向北西西—南东东的山脉；东起乌鞘岭，西至当金山口。海拔大都在 3000 ~ 5000 m 之间，一般被水流所切割，起伏甚剧。本区河流以石羊河（白亭河）、黑河（弱水）、北大河、疏勒河、踏实河和党河为最大，它们均源自祁连山—阿尔金山，受山区降雨和融冰化雪所补给，沿山区的坡度由南向北自高而下。

北部的龙首山、合黎山以及北山海拔都介于 1500 ~ 2500 m 之间，实属中山和低山丘陵。由于气候的干旱，地表径流极不发育。

走廊平原的宽窄视南、北两山的分合而定。由于走廊内部又被一些东西向山脉（黑山、宽台山）和断状隆起所分割，因而在地势上又可划分为几个盆地：武威盆地、张掖盆地、酒泉盆地、赤金盆地、敦煌 - 安西盆地；而在龙首山、合黎山、黑山、宽台山以北尚有民勤 - 潮水盆地和金塔 - 花海子盆地，严格来说已在走廊以外。东部盆地的海拔约 1500 m 左右，而向西逐渐低至 1000 m，每个盆地内的地势一般南高北低，坡度平缓。源自祁连山—阿尔金山的河流，流经本区而流量大减，河流末端潴成盐湖。走廊内部只有疏勒河的终点哈拉湖，石羊河末端在民勒境内潴为白亭海，黑河末端已入内蒙古境内。

而甘肃东部从地势上大致可以划分为三个单元：陇西区、陇东区和西秦岭区。

陇西区在六盘山（陇山）以西，乌鞘岭以南，西秦岭以北，包括兰州市区、定西专区和临夏专区北半部。地形上大体是个起伏高原，海拔由谷地的 1500 m 至山区的 2500 m 以上。黄土堆积在基岩所组成的山岭上面，岗陵重叠、纵横起伏。洮河、夏河由本区西南流入而注于黄河；黄河自青海流贯本区，向北而入宁夏境内；渭水发源于本区渭源县，东流而入陕西。

陇东区是指六盘山以东，直至陕甘交境，包括整个平凉专区。地形为一盆状高原，海拔除六盘山在 2000 m 甚至 3000 m 以上外，一般均在 1500 m 左右。本区表面为厚层黄土所覆盖，受河流切割，造成纵横交错的沟谷，深度往往很大，而山顶恍如平原，因而居民叫它作塬。本区有泾河发源于此，南流而于陕西境内与渭水相汇。

西秦岭区在临夏 - 天水以南，包括整个甘南自治区和天水专区的一部分，是为西秦岭的西段。岷山作西北 - 东南走向，海拔多在 3000 ~ 4000 m 或以上。这带山岭为幼年河谷所贯穿，因而深谷险峡、急流怒涛随处都是。西部夏河流于黑错西仓一带，在诸河上源，山谷较广、山岗较平、起伏地形不显著。洮河、夏河发源于本区西部，北流而入陇西区；白龙江、嘉陵江发源于本区南部，南流而入四川境内，是属于长江水系。

二、甘肃省地下水形成的地质条件

根据甘肃省地质局所编的“1 : 50 万甘肃省地质图说明书”(1959)，把甘肃省境内的大地构造划分为 8 个单元。

（一）天山海西地槽

位于明水以北狼娃山、红石山一带。主要发育着中石炭纪火山岩、硅质岩地槽型建造。并有海西期超基性岩、浅成侵入岩以及大片花岗岩。海西末期褶皱后基本趋于稳定，沉积盖层不发育，仅有不厚的白垩系和古、新近系零星分布。地表上覆盖大面积的近代风成砂。

（二）北山准台块

包括明水以南、疏勒河以北、额济纳河以西、塔里木以东地区。以前震旦纪结晶片岩为基底，其上发育着震旦纪及中、下古生代近地槽型的沉积建造。加里东运动时本区亦轻度的褶皱上升，并伴有基性岩的侵入。石炭纪又遭受了海侵，沉积了薄层灰岩及碎屑岩。至二叠纪时北部有碎屑岩沉积。海西末期，有大量酸性岩体侵入，从此基本上硬化。以后仅发生少量断陷盆地，接受了微弱的侏罗系、白垩系及古、新近系的陆相沉积。第四纪以来在浅阔的山间洼地和山麓地带沉积了坡积－洪积的砾石层和冲积－洪积的亚砂土层。

（三）阿尔金山断折带

阿尔金山基底的古老岩系包括深变质的片麻岩系及浅变质的片岩、千枚岩、大理岩和火山岩系。震旦系为硅质灰岩、石英岩和石英砾岩。震旦纪后长期隆起，至石炭纪时才又下降，接受了近 800 m 的海陆交互相沉积物。石炭纪以后再未遭受海侵。侏罗纪初发生断裂运动，沿断陷盆地有侏罗系、白垩系及古、新近系沉积。第四系除在昌马盆地中沉积了较厚的洪积砾石层外，一般均不发育。

（四）阿拉善台块

在甘肃省仅占有阿拉善台块的西南缘，包括走廊北山（黑山、宽台山）、合黎山、龙首山北部及民勤等地区。台块主体由前震旦纪变质岩组成，沉积盖层极为零星，仅在合黎山、龙首山北部一带有震旦系沉积。自志留纪起，沿台块边缘产生一些小型断陷盆地，接受了志留系砂页岩及泥盆系砂砾岩沉积。断陷活动至二叠纪渐弱，因此没有三叠系沉积。至侏罗纪初，断裂重新复活，盆地中沉积加速，致使潮水盆地至民勤一带侏罗纪至第四纪沉积总厚达 3000 m。第四纪地层在潮水盆地南缘以中、上更新世洪积砾石层为主，向东向北过渡为冲积－湖积的黏质土和砂的互层。民勤盆地以北分布大片近代风成砂。

（五）北祁连山加里东地槽

西起玉门市西南的鹰嘴山，东经酒泉南山、乌鞘岭、崛吴山至六盘山西麓，包括河西走廊及走廊南山，呈狭长的条带状。地槽内部亦断续有前震旦纪地层出露。地槽发生时期起自寒武纪地槽发展的初期以大量火山喷发为特征，并有超基性及酸性小侵入体。中奥陶纪普遍为较厚的灰岩沉积。志留纪沉积主要发生在地槽的北部，为陆相碎屑岩。志留纪末，地槽遭受强烈的褶皱，沿其边缘深断裂有花岗岩侵入，此构造运动是祁连山地槽的主要运动。此后褶皱带以断裂活动占优势，产生大量断陷盆地，接受了泥盆纪磨拉石、石炭纪海陆交互相沉积及二叠、三叠纪陆相沉积。海西期有少量火山岩，侵入岩分布亦不广。三叠纪后断裂运动仍在继续，古、新近纪红层被逆掩是常见的现象。第四纪以来各个断陷盆地沉陷尤为强烈，沉积了很厚的第四纪地层，广泛分布在走廊凹陷带。

第四纪下更新统以洪积相玉门砾岩为主；在某些地段分布着湖积冲积相砂泥岩、泥砾岩。玉门砾岩常常与中、上更新世的洪积相酒泉砾石层连续沉积。巨厚的酒泉砾石层分布在祁连山山前带，砾石裸露地表形成所谓戈壁滩，而在各个盆地中由南向北岩性逐渐变细，过渡到砂以至亚砂土、亚黏土并形成互层。在中上更新世洪积倾斜平原的边缘与走廊北山之间往往积水成湖，因而也分布着中、上更新世的湖积 - 冲积相的砂 - 黏土互层，及至现代形成了各种成因类型的沉积，其中主要有洪积层、河谷冲积层、湖积 - 冲积层和风积层。

（六）秦祁台块

秦祁台块沿北西西—南东东方向由青海境内经大通山、马啣山、华家岭及小陇山延入陕西，呈宽为 100 ~ 150 km 的狭条状。基底由前震旦纪的结晶片岩和片麻岩系组成，局部有浅变质的震旦系盖层，由火山岩系、硅质灰岩、千枚岩、片岩组成。台块在中、下古生代为隆起区，上古生代时局部下陷，接受了石炭二叠系沉积，有花岗岩侵入。三叠纪时又全部隆起。侏罗纪以后，断块活动显著，形成断陷盆地并沉积了侏罗系、白垩系和巨厚的古、新近系泥岩和砂岩。表面上广泛覆以不同厚度的黄土，是为更新世的冲积 - 洪积层；近代河谷中分布着冲积层。

（七）鄂尔多斯台向斜

包括陇山及其以东地区，为一较稳定的地台。以前震旦纪变质岩系为基底，整个古生代以缓慢的升降运动为主，发育震旦纪、寒武纪和奥陶纪海相地层，缺失上奥陶系、志留系及泥盆系。石炭系至侏罗系为陆相地层。白垩纪时，本区沉降幅度增大，沉积了较厚的白垩系。下白垩纪后，鄂尔多斯台向斜本部升起，六盘山继续下陷，在凹陷带中沉积了古、新近纪红砂岩。至古、新近纪末才又褶皱成山，致使古、新近系亦受了轻微变动。此时陇东地区基本上已形成了今日之盆地形势。第四纪更新世全区覆盖了冲积 - 洪积相黄土和黄土类土，基底常为砾石层，更新统一般在 200 m 左右。泾河河谷分布着冲积层。

（八）西秦岭地槽

包括临夏—天水以南的西秦岭地区。

西部自震旦纪到志留纪接受了巨厚的地槽型沉积，以板岩、薄层灰岩及千枚岩为主，至加里东期，南部褶皱上升，仅在中泥盆纪至二叠纪沉积了薄层灰岩夹砂页岩。而北部开始下降，活动加剧，沉积了上泥盆纪至三叠纪的碎屑岩和海相灰岩。三叠纪末，地槽褶皱上升海水全部退出。使在许多断陷盆地沉积了局部的侏罗系、白垩系及古、新近系。第四纪疏松沉积仅在本区西部的小型洼地中零星分布，并且厚度不大。

三、甘肃省水文地质区划的论证

上述的自然地理和地质条件决定着区域地下水的形成和分布，因此可以作为水文地质区划的依据，如图 1 所示。

本区划的重点放在国民经济意义最大并且研究得较清楚的潜水。决定潜水形成的先决条件是气候因素，尤其是气候的潮润程度，所以第一级区（区域）的划分应以气候及其所决定的自然景观为标志，这样把全省划分为两大区域：

Ⅰ甘肃西部干旱气候带水文地质区域；

Ⅱ甘肃东部半干旱气候带水文地质区域。

这两个区域的界线从乌鞘岭的分水线经天祝，沿一条山和芦阳镇（景泰）以北的低山延至甘、宁交界。

甘肃西部潮湿系数在 0.01 ~ 0.20 之间，由于降水量少，地表水和地下水的补给来源不丰，表现在地表水流皆系流量较小的内陆水系，但是，在有利的地势和地质构造影响下，使走廊凹陷平原里聚集着丰富的地下水资源，关于这一点在后面还要谈到。整个区域大体上构成了一个巨大的、完整的水文地质构造单元，潜水表现出由南至北的分带规律。

而甘肃东部的潮湿系数介于 0.20 ~ 0.40 之间，补给水源比较丰富。然而在地势和地质构造影响下，第四纪地层没有良好的集水条件。地表径流非常发育，除黄河流经本区域外，洮河、渭水、泾河、白龙江和嘉陵江均发源于此；并且皆形成水量较大的外流水系。全区域在水文地质方面不能构成一个完整的流域。

以上两大区域各个部位上的水文地质条件仍有所差异，这一差异主要取决于地势及与其相适应的地质构造。因此第二级区（区）的划分也就以地势和地质构造为标志。这样可以把两个区域划分为以下几个区：

Ⅰ甘肃西部干旱气候带水文地质区域

Ⅰ-1 祁连山 - 阿尔金山高山水文地质区；

Ⅰ-2 河西走廊凹陷平原水文地质区；

Ⅰ-3 北山低山丘陵水文地质区。

Ⅱ甘肃东部半干旱气候带水文地质区域

Ⅱ-1 祁东山地及山间平原水文地质区；

Ⅱ-2 陇西起伏高原水文地质区；

Ⅱ-3 六盘山及陇东高原水文地质区；

Ⅱ-4 西秦岭高山水文地质区。

由上可知，水文地质区并不完全与大地构造单元相符合，首先区域界线就把北祁连山地槽划分到两个区域里，这是由于从水文地质观点出发气候因素比起构造来占有更主要的地位。其次，一个水文地质区内往往包括两个构造单元，例如，陇西区包括北部连山地槽的东段秦祁台块；这是从它们的地理位置的毗连和自然地理条件的类似从而地下水形成条件的接近划在一起的。也有同一构造单元划到几个区里，就像河西走廊东段和祁连山山地在构造上同属于北祁连山地槽，但是它们的水文地质条件迥然不同，因此有必要把它们划开。

第三级区（亚区）的划分主要是根据局部的岩性及其所影响的地下水分布和埋藏条件来考虑。显然，第四纪疏松地层与致密的基岩在含水性方面有根本的不同，因此亚区基本上就是按以第四系为主的和以基岩为主的地区来划分。关于各个区所包括的亚区，在后面再分别叙述。其中Ⅱ–2 和Ⅱ–4 区不再划分亚区。

总括上述，本水文地质区划的级别及其划分所依据的主要标志如表 1 所示。

表 1　区划级别及其划分标志

区域级别	符号	名称	划分标志
第一级	I	区域	气候及由其所决定的自然景观
第二级	I–1	区	地势及与其相适应的地质构造
第三级	I–1A	亚区	岩性及在其影响下的地下水分布和埋藏条件

四、水文地质区的描述

（一）I 甘肃西部干旱气候带水文地质区域

1. I–1 祁连山 – 阿尔金山高山水文地质区

本区包括祁连山—阿尔金山的山区主脉，西至甘、青、新交界，东经乌鞘岭延至甘、宁交界，南与青海高原相毗连，北与走廊戈壁相接壤。

在地势上为北西西—南东东的高山，海拔在 3000 ~ 5000 m 之间。年降水量一般在 300 mm 左右，东段降水量较大，西段渐小。山区的融雪降雨是为甘肃西部地表水和地下水的基本来源。

在大地构造上本区包括北祁连山地槽的西段和阿尔金山断折带。由于各部位的构造和岩性的不同又可将本区分为两个亚区。

（1）I–1–A 褶皱高山基岩裂隙潜水及局部层间水亚区

包括本区的绝大部分。主要由前震旦纪敦煌杂岩、震旦纪及下部古生代变质岩系构成，岩层变质激烈错动复杂，并经花岗岩的侵入。在这些岩层中风化裂隙均较发育，因而分布着裂隙潜水。这些潜水受山区降雨和融冰化雪所补给，因而都是 TDS $<$ 1 g/L 的 HCO_3^- 型淡水。它们在山区沟谷中溢出成泉，或补给着山区地表径流。

在祁连山北麓肃南一带，分布着石炭纪、二叠纪的砂岩，其中有层间水，根据个别泉的资料，涌水量 0.01 ~ 0.1 L/s，TDS 为 2 ~ 5 g/L，为 SO_4^{2-} 或 SO_4^{2-} – HCO_3^- 型的中矿化水，一般不适宜饮用。

在祁连山区广泛分布着矿水，目前已知的有肃南县白浪沟矿泉、西柳沟矿泉、黑营河矿泉，肃北县硫磺山矿泉等。白浪沟矿泉涌水量约 1.8 L/s，为含有碳酸气的 HCO_3^- 水。

本亚区山高人稀、交通阻隔，因而不宜部署大型工矿企业，但可适当发展林、牧业，山区矿泉可以利用兴建疗养院。本亚区最大的意义是作为河西走廊第四系潜水和地表水的补给源地，为了增加甘肃西部补给水源，融冰化雪的试验研究工作至为重要。

（2）I–1–B 昌马 – 石包城凹陷平原第四系潜水亚区

昌马 – 石包城盆地为阿尔金山内的中、新生代断陷盆地，水文地质条件与走廊内的几个盆地属于同一类型；但在地理位置上包括在阿尔金山之内，因而划入本区。地势上成独立的盆地，盆地基底沉积有白垩纪和古、新近纪地层，其上为下更新世砾岩和巨厚的中、上更新世砾石层，在东段的昌马盆地砾石层广泛出露于地表，而西段的石包城盆地及昌马盆地南缘的山前带表面为近代洪积扇所覆。

在第四纪地层中，尤其是中、上更新世砾石层中分布着巨厚的潜水含水层。盆地南缘潜水埋藏深于 100 m，向北逐渐变浅而接近地表，在盆地北缘溢出成泉，东段排泄于昌马河、西段排泄于踏实河。在石包城盆地的北缘有小面积的承压水分布。含水层的富水性均大于 1 ~ 10 L/s，水质均为低矿化淡水。

本亚区因深处高山内部，人烟稀少，农垦土地分布不广，以往以畜牧业为主。但盆地内第四系潜水水量丰富，水质亦佳，尤其是盆地北部潜水埋藏较浅，开采便利，因而今后在这些地段适当布置工矿基地仍有条件；石包城盆地北缘土层覆盖地段可以发展农业。

2. I–2 河西走廊凹陷平原水文地质区

河西走廊是甘肃西部最富饶的地区，是由南北两山所夹峙的东西长约 1000 km 的狭长地带。然而在走廊内部又被东西向的山脉（龙首山、合黎山、黑山、宽台山）和一些块状山（榆木山、嘉峪关山、壑落山）等所分割，在地势上又形成了几个盆地。

在大地构造上，本区包括两个构造单元，其一是北祁连山地槽的中、新生代凹陷带，其二是阿拉善台块。后者除黑山、宽台山、南截山、北截山为断块山外，大部为边缘凹陷盆地。

由于凹陷带沉积了巨厚的第四纪沉积，它们与基岩所组成的山区，在水文地质方面有根本的差异，因而有根据地把本区分为两个亚区。

（1）I–2–A 凹陷平原丰富的第四系潜水及承压水亚区

本亚区包括上述的凹陷带，在龙首山、合黎山与祁连山之间有武威盆地、张掖盆地，是为北祁连山地槽内的山间凹陷；黑山、宽台山与祁连山之间的酒泉盆地和赤金盆地属于北祁连山地槽的山前凹陷。而北山（马鬃山）与阿尔金山之间的敦煌 – 安西盆地以及龙首山—合黎山—黑山—宽台山以北的民勤 – 潮水盆地和金塔 – 花海子盆地皆属于阿拉善台块内的边缘凹陷，严格来说后者已出走廊之外，但从其水文地质条件来考虑，仍应把它们放在本亚区里。

前面谈到走廊平原内的第四纪地层包括各个时代各种成因类型的沉积，但从水文地质观点出发可以把它们看成是一个完整的含水组合体。

在走廊的南缘酒泉砾石层，有时也包括它下面的玉门砾岩形成了巨厚的潜水含水层。潜水流在各个盆地里沿着地表的倾向大致由南向北流动。随着潜水流向北方，逐渐过渡到砂以至黏质土和砂的交互层。潜水的流速由南至北越来越迟缓，潜水埋藏深度也越来越浅，及至盆地北缘潜水只埋藏在透水性极弱的第一层黏质土中，而黏质土之间的砂层形成了承压水含水层，在适当的条件下还可以形成正水头的承压水，亦即一般所谓的“自流水”。无论潜水层或承压水层，一般都具有很强的富水性，从一个钻孔中大都能取得 10 L/s 以上的水量。

一般山前砾石带的潜水属于溶滤潜水，TDS $<$ 1 g/L，矿化类型属于 HCO_3^- 型或 $HCO_3^- - SO_4^{2-}$ 型，阳离子以 Ca^{2+} 和 Mg^{2+} 占优势。随着潜水之流向北方，TDS 逐渐增高，及至北部“黄土”平原上的潜水由于埋藏很浅，在强烈的蒸发作用影响下逐渐过渡到大陆盐渍化潜水，矿化度增至每升十几克乃至几十克，矿化类型属于 SO_4^{2-} 型乃至 $SO_4^{2-} - Cl^-$ 型甚至 Cl^- 型，阳离子由 Ca^{2+}、Mg^{2+} 过渡到以 Na^+ 占优势。个别低凹的地段由于潜水处于停滞状态，TDS 达到 100 g/L 以上。但是潜水层下面的多层承压含水层，其水质仍为低矿化淡水。

武威盆地的南缘酒泉砾石层中潜水埋藏深度深于 100 m，从黄羊镇往北埋藏较浅，由几十米逐渐至几米，在盆地北部有承压水分布，但水头不高。北缘被龙首山及其东延的红崖山所阻，因而潜流不畅，形成了局部的土壤盐渍化。部分地下水和黄羊河水一起流入以北的民勤－潮水盆地。

潮水盆地南缘仍为巨厚的酒泉砾石层，往北在昌宁堡一带过渡为砂与黏质土的交互层，北缘为上更新世—近代的冲积湖积相，东部与民勤盆地毗连。民勤盆地地表面分布着上更新世—近代的冲积湖积相，为砂和黏质土互层，其下仍有中、上更新世砂砾石层。盆地西部及北缘广泛覆以近代风成砂。

潮水盆地南缘砾石层潜水埋藏深度大于 100 m，向北迅速变浅，自昌宁堡往东北八一农场一带为承压水区，并有自流水。民勤盆地从南缘开始即为承压水区。砾石层潜水和浅承压水皆为淡水，但盆地北部表层潜水的 TDS 达 3 ～ 10 g/L 以上。近代风成砂层中也可能遇到潜水。白亭海、青土湖为盆地地表水和地下水的归宿，是为咸水湖。

盆地地下水主要系来自武威盆地的地表水和地下水流，龙首山的降水也有微量的补充，而风成砂层中的淡水可能有凝结起源。

张掖盆地内洪积－冲积层发育，向北过渡为冲积－湖积层。

南部酒泉砾石层潜水埋藏深度亦深于 100 m，向北逐渐变浅，及至张掖沙河以北出现承压水，张掖市郊有正水头承压水（自流水）分布。地下水流向北西，与黑河河水一起流入酒泉盆地。

酒泉盆地内广泛分布着巨厚的酒泉砾石层，向东北部有较新的洪积、湖积和冲积层。

地下水大部分源自祁连山，而一部分系来自西方的赤金盆地的潜流，小部分来自东方的张掖盆地。

盆地的南部和西部潜水埋藏都深于100 m，流向东北方的潜流，水位越来越浅，大致从酒泉往北、往东都是承压水区，而在临水堡、黄泥铺一带广泛分布着自流水。在这一带的东北缘普遍产生土壤的盐渍化。

盆地潜水以及从东方流入的黑河河谷冲积层潜水同地表水流一起，在盆地东北角穿过黑山峡入金塔盆地。

赤金盆地内玉门砾岩广泛分布于南缘，向北覆以酒泉砾石层，盆地最北缘有较新的湖积、冲积和洪积层。

南部一半潜水埋藏很深，且基岩潜伏较浅，因而含水层厚度和富水性远远逊于酒泉盆地。潜流由南向北，埋藏较浅，部分潜水向东方流入酒泉盆地。盆地北缘仍为农垦土地，分布着半自流水和高水头自流水。阻于宽台山南麓的潜水大部分消耗于蒸发，小部分潜水和赤金河一起，穿过宽台山峡入花海子盆地。

金塔－花海子盆地在黑山、宽台山以北，区内有下更新世玉门砾岩和冲积－湖积层；其上为酒泉砾石层，而东段在酒泉砾石层之上沉积有上更新世—近代的冲积－洪积层；西段则有湖相沉积。

本区第四纪地层地下水，主要还是来自酒泉盆地、赤金盆地穿过黑山、宽台山的潜水径流，而黑山、宽台山及壑落山当地的降水对本区潜水的补给多少有一些附加作用。

盆地南缘、中部及东缘黑河河谷潜水埋藏均不深，而金塔及花海子一带广泛分布着承压水，并且花海子盆地中心营盘堡一带还有自流水的分布。同时也有沼泽化地段和盐渍化地段。

郭煌－安西盆地内有东—西向的南截山和北截山。盆地南部仍以酒泉砾石层为主，而在北截山的东南缘为较新的细粒洪积层。北截山以北由敦煌开始还发育着上更新世—近代洪积－冲积层，并有局部湖相沉积。在北山南缘亦有中、上更新世砾石层分布，但厚度大，向南作微倾斜，分布止于疏勒河北岸。

盆地南部广泛分布深水位潜水，在北截山南缘，潜水受阻而产生天然回水，水位渐浅。在上述细粒物质沉积区为承压水分布所在，自流水仅在敦煌东北20km处和玉门县城有所发现。而敦煌以东和疏勒河沿岸有大片盐渍化土壤分布。

盆地地下水大部来源于阿尔金山，而北山与疏勒河之间砾石层中的浅藏潜水大部分来自东方的地下径流，小部分源于北山的微量降水。

本亚区是全省地下水源最丰富的地区；根据目前的资料估算，盆地地下水天然流量共为$850\times10^4\sim1000\times10^4\ m^3/d$，因而解决河西走廊城市、工矿用水应广泛利用地下水源。盆地北缘农垦区一般均有承压水可以利用，但解决灌溉水源的同时，要注意土壤盐渍化的防治问题。

（2）I–2–B 走廊山脉基岩裂隙潜水及局部层间水亚区

本亚区包括走廊内部的东—西向山脉龙首山、合黎山、黑山、宽台山、南—北截山。东部山区的年降水量200 mm，向西部递减为50 mm左右，来自南方的河流部分由此穿过，源自本区的地表径流水量不大，对南来的地表水和地下水流量稍许有些补充。

龙首山—合黎山为海拔 2000 ~ 3000 m 的侵蚀构造中山地形，龙首山东段大部分仍属北祁连山地槽，西北段属阿拉善台块的边缘隆起。本山区大部分由前震旦纪和下、中古生代的变质岩系组成，火成岩侵入显著，上古生代及其以后的沉积岩系仅零星分布。

因此本山区以基岩风化裂隙水为主，水量不大，水质大部分为 SO_4^{2-} 型，TDS 均＞ 1 g/L。

本地段对其南方张掖盆地、武威盆地第四系的地下水流起着阻挡作用，而东段由于基岩潜没，使之武威盆地地下水的一部分可以向北流入民勤盆地。山区河谷是为潜流通向北方的通道，河谷冲积层潜水水质很好，开采也较方便。

黑山—宽台山海拔一般介于 1500 ~ 2000 m 之间，属构造剥蚀低山丘陵地形。地质构造上属阿拉善台块的边缘隆起，分布着前寒武纪变质岩系，而白垩纪及古、新近纪地层也较发育。

除基岩风化裂隙带有微量的裂隙淡水外，在新近纪白杨河统的砂岩中有封存高矿化水的含水组，含水层埋藏深度达 2000 m 左右，但水头很高，承压水位距地表约 120 ~ 250 m。水的 TDS 大都在 10 g/L 以上，属于 Cl^-–Na^+ · Ca^{2+} 型，是为典型的油田水。

本地段对酒泉盆地、赤金盆地第四系地下水流起阻挡作用，但个别峡口（黑河谷、北大河谷、赤金河谷）可使部分潜流通入以北的金塔 – 花海子盆地。

南北截山是敦煌 – 安西盆地内的东—西向山脉，属于阿拉善台块内的块状隆起，为海拔 1500 m 左右的低山。全由片麻岩及花岗岩组成。由于本地段降水量稀少，因此即使片麻岩与花岗岩有风化裂隙存在，但几乎是不会含水的。

本地段由于两端伏没，因而可使其南部的第四系潜流绕道通向北方。

总的来看，本亚区内还没有找到有供水意义的含水层，山区矿产的选炼场地应放在其附近的平原范围内。

3. I–3 北山低山丘陵水文地质区

本区包括甘肃省西北角疏勒河以北山区。在地势上为海拔 1500 ~ 2500 m 之间的低山丘陵，在丘陵之间有小型山间洼地。年降水量根据目前仅有的资料约为 70 mm 左右，而年蒸发度高达 3000 ~ 4000 mm，由于气候的干旱，地表径流极不发育，因而影响到地下水的补给来源，极为贫乏，这就决定了本区是一贫水区。

在构造上本区包括北山准台块和天山海西地槽，由于低山丘陵为基岩突起部分，山间洼地为第四纪沉积分布区，这就影响到水文地质条件的差异，因而可将本区划分为以下两个亚区。

（1）I–3–A 剥蚀山地贫弱的基岩裂隙潜水及局部层间水亚区

占本区的大部面积，主要岩层为前震旦纪敦煌杂岩、下部古生代变质岩系及花岗岩侵入体，在台块内的断陷盆地中有石炭纪灰岩分布，中生代地层仅零星分布，构成构造剥蚀的低山丘陵。

由于区内降水不多，因而即使基岩内有风化裂隙存在，但含水不多。在凹陷盆地内的石炭纪灰岩、侏罗纪和白垩纪的砂岩、砾岩中可能遇到层间水，但一般以静储量为主，亦即此种水经取出后，长期得不到恢复。

根据目前资料判断，本亚区难望发现有供水意义的基岩含水层。正因为如此，矿坑涌水不致造成矿产开采中的威胁。

（2）I–3–B 山间平原弱交替的第四系潜水亚区

北山地区突起的低山丘陵之间有浅阔的山间平原，其中以西部的马莲泉经马莲井子至盐池井一带的“马莲盆地”及其东部的马鬃山北麓经公婆泉至乌兰布拉克一带的索索河盆地分布较宽广。在这一地带堆积第四纪的疏松沉积层；大部系由中更新世至现代的洪积相砂砾石及碎石组成，据目前搜集到资料最大厚度可达 80 多米。地表上呈戈壁滩景观，索索河盆地的北半部广泛被近代风成砂所覆，盆地边缘的谷中有近代的冲积层。

据目前的资料，在第四纪的洪积层、冲积层中有泉水溢出，索索河盆地洪积砾石层中有较丰富的潜水，在盆地南缘公婆泉附近潜水呈带状溢出地表，在 3 km 多的长度上断续有泉水露出形成一片草滩。

第四纪含水层除个别地段外一般厚度均小于 5 m，泉水零星出露，涌水量一般均小于 1 L/s，并随季度变化较大，旱季往往干枯，TDS 在 1 ～ 3 g/L 之间，为 SO_4^{2-}– Cl^- 型水。

潜水的补给来源主要是降水经过汇集之后而渗入的，由于区内降水量很少，因此能够补给潜水的量不大。但是就缺水的北山地区来谈，微量的地下水也应引起重视。在风成砂覆盖区是否有沙丘潜水的存在，目前还不得而知，根据第四纪地质条件来估计是透水而不含水的。

北山地区蕴藏着金属矿和煤矿，采选场的供水问题可以依靠第四系潜水解决一部分，但不能解决大型供水，从长远计，势必要修建渠道引用南来的地表水流。

（二）Ⅱ 甘肃东部半干旱气候带水文地质区域

1. Ⅱ–1 祁东山地及山间平原水文地质区

本区包括乌鞘岭及其东延部分分水线以南，窑街、永登、靖远以北的山地。在大地构造上属于北祁连山地槽东段。区内年降水量在 250 ～ 300 mm 之间，属半干旱气候带。

在基岩所组成的山区之间分布着较宽阔的山间平原，是为第四系沉积所在，因而可以划分为两个亚区。

（1）Ⅱ–1–A 褶皱山地贫弱的基岩裂隙潜水及层间水亚区

从乌鞘岭向东南依次为毛毛山、老虎山、米峡山，海拔介于 4000 ～ 2500 m 之间，属中—高山区。本亚区地层发育比较齐全，自元古宇至新生界各时代地层都有出露，但由于区内降水不多，而这些基岩的岩性一般又比较致密，因此大多是不含层状水的，即使含水，在同一含水层的不同地段上富水性也有很大的差别。根据目前获得的资料，古、新近纪砂岩、砾岩可以形成含水层，TDS 一般大于 2 g/L，钻孔单位出水量大多小于 0.1 L/s，在松山草原南缘平城堡一带发现了古、新近系的正水头承压水。白垩纪砂岩、砾岩中也可能含水，水量不大，水质恶劣。侏罗纪地层出露不多，尚缺含水性资料。三叠纪和二叠纪的巨厚砂岩和砾岩，质地坚硬，基本不含层状水。石炭纪的砂岩和薄层灰岩在个别地段上可以形成含水层，尤其是在福禄水一带由灰岩中涌出的泉，涌水量达 16 L/s，为 TDS 2 g/L 的 $Cl^- \cdot SO_4^{2-}$ – $Na^+ \cdot Mg^{2+}$ 水。组成山岭的奥陶纪、寒武纪地层，尚未发现含水层。

前寒武纪变质岩系，错动复杂，不能含层状水。所有这些基岩的风化裂隙中都可以含有微量的裂隙潜水，在个别地段上涌现出暂时性的泉，水量不大。

总之本亚区尚未发现可供大型供水的含水层，而个别地段的泉水，可供当地小型企业和生活之用。

（2）Ⅱ–1–B 山间平原贫弱的第四系薄层潜水亚区

在祁东山地之间存在着一些山间平原，主要分布在松山、永泰—芦阳镇、北滩—兴堡川、白银市、旱坪川一带。在山间平原洼地中沉积有不同厚度的第四纪沉积，在这些第四纪砂砾石层中形成不均匀的含水层，有些地段甚而不含水。

天祝松山草原一带，第四纪中、上更新世的弱胶结砂砾石为弱富水的含水层，钻孔涌水量仅为 0.01 ~ 0.1 L/s，一般为 TDS 1 ~ 3 g/L 的 SO_4^{2-} – HCO_3^- 水，无供水意义。只有黑马圈河的近代河谷冲积砂砾石潜水量稍大，与河水有密切联系，但比起河流流量来又要少得很多。

永泰 – 芦阳镇山间平原，基岩和下更新世胶结砾岩埋藏较浅，并起伏不平，因而影响到中、上更新世砂砾石层分布不均匀，组成富水性不均匀的含水层。估计在西段永泰一带可以遇到这一层地下水，在东段芦阳镇附近目前资料，个别地段含水层厚度 7 ~ 8 m，水位不太深，个别沟谷涌现成泉，水质为 TDS $<$ 1 g/L 的淡水。由于该区降水量不大，并且缺少经常性地表水流，潜水补给来源不多，因而本地段地下水只能解决小型供水。

白银市一带基底的古、新近系起伏作丘陵状，第四系覆盖不厚，在局部的第四系基底砾石含水，但水量不大，水质亦欠佳，不能作为供水水源。

论古村以东的北滩—兴堡川盆地一带，有些类以河西走廊内的盆地，但规模较小。盆地南缘为中、上更新世砂砾石层，形成潜水含水层，北缘有近代细粒沉积覆盖。潜水在南缘论古城一带埋藏较深，水质较好，随着潜水流向北方水位渐浅，水质变坏。北滩—兴堡川一带农垦土地分布地段，潜水一般为 TDS 2 ~ 4 g/L 的 SO_4^{2-} · Cl^- – Na^+ · Mg^{2+} 水，并引起土壤的盐渍化；其下面是否有淡质承压水，尚待进一步勘查来证实。

靖远旱坪川盆地内沉积着第四系洪积碎屑岩层，碎石层形成潜水含水层。潜水埋藏深度一般大于 20 ~ 30m，水质在北部为 SO_4^{2-} · HCO_3^- · Cl^-–Na^+ 型，TDS 1 g/L 左右；向南过渡为 Cl^- · SO_4^{2-} – Na^+ 型水，TDS 1 ~ 2 g/L。在盆地南部地下水溢出成泉，泉的总流量约达 300 L/s，是为祁东山间平原潜水流量较大的地区。

本亚区基本上是贫水地区，尤其是黄河以西的山间平原一般第四系含水层不厚，水量不大；而黄河以东的盆地含水稍多。但无论如何，利用第四纪含水层的水只能解决需水量不大的企业用水和部分灌溉用水。

2. Ⅱ –2 陇西起伏高原水文地质区（黄土基底砾石层层间水及古、新近纪和白垩系层间水层）

本区包括永登、靖远以南，六盘山以西，西秦岭以北，西与青海省交界。在大地构造上包括秦祁台块（即过去所称的陇西地块）的全部，还包括祁连山地槽的最东段。地形上大体是个起伏高原，而皋兰山、马啣山、兴隆山做东—西向突出于本区中西部。区内年降水量由西北永登一带的 300 mm 向东南天水一带递增为 500 mm。

本区基岩多被黄土所覆，出露不多，仅皋兰山、马啣山、兴隆山有基岩裸露，由前震旦纪及震旦纪变质岩系组成。古生代地层很少分布。侏罗纪煤系分布在兰州市以南阿干镇一带；白垩纪紫色碎屑岩和绿色页岩分布在兰州四周。古近纪砖红色碎屑岩和新近纪泥岩多分布在本区南缘和西北缘。在基岩的起伏面上普遍覆以不同厚度的更新世黄土和黄土类土，在基岩凹下地段和一些山间洼地下更新统的底部往往有基底砾石，有时胶结为砾岩。

区内主要河流为黄河、洮河以及渭河的上游，河谷两岸分布着冲积层。兰州一带的黄河河谷、天水一带的渭河河谷和临洮一带的洮河河谷较为宽阔，构成数级阶地，埋藏着丰富的河谷潜水，但比起该段的河水流量要小得多。由于开采河谷潜水时，河水即源源补给开采孔，而起到滤水作用。根据兰州市露滩的资料，一个 6 m 口径的沉箱，每昼夜可取得 300 m^3 的水量。当河水含砂量高时都可以采用这种开采法。

本区内分布着一些较浅的山间洼地，其中以中川、榆中一带较宽阔，沉积着第四纪的洪积－冲积层。下更新世基底砾石常常形成含水层，一般不厚，仅数米。由于基岩（大部为古、新近系）表面起伏不平，因而往往在基岩凸起处，缺少该含水层；而凹陷处含水层较厚。据中川洼地勘探结果证实，该含水层为下更新世砾岩，在洼地里形成四条潜流，其间被古、新近纪泥岩的突起部分分割，含水层厚度在 2 ~ 4 m 之间，潜水流量共约为 1100 m^3/d。TDS 大多在 1.5 ~ 2.5 g/L 之间，多属于 $Cl^-\cdot SO_4^{2-}$–$Na^+\cdot Mg^{2+}$ 型水，系因径流条件较差并受基底古、新近系岩层的影响所致。在山间洼地中开采这一层地下水最好是采用“坎儿井”的办法，亦即目前所推行的“百眼串井”。兰州市的五泉山、方家泉的泉水亦系出自下更新世基底砾岩，沿古、新近系表面由山崖涌出。五泉山泉水涌水量为 5.8 L/s，TDS 1.5 g/L；方家泉泉水涌水量约达 10 L/s，TDS 0.8 g/L。

古、新近纪的砂岩和砾岩中偶尔含层间水，但分布不均匀，泉水涌水量一般都小于 0.1 L/s；并且水 TDS 较高，新近系一般为 2 ~ 4 g/L；古近系为 5 ~ 10 g/L。白垩纪的砂岩、砾岩也可能形成层间含水层，水量亦不大，TDS 则更高，常达 10 g/L 以上，只有在兰州市以南皋兰山北麓下白垩纪砂砾石含水层的补给区可以遇到 TDS 1 g/L 左右的淡水。皋兰山、马啣山和兴隆山一带的古老变质岩系有风化裂隙水，由于交替良好水质亦佳，经常排泄于山麓沟谷中。

本区通渭、清水等地黄土层下面的基岩露头处，以及与西秦岭地槽交界一带曾发现有矿泉，但尚未进行过详细的调查研究。

总之，本区地下水比较缺乏，尚未发现有供水意义的基岩含水层。中川、榆中一带，第四系基底砾石层潜水和兰州市泉水只可解决小型供水问题。兰州、永登、靖远、临夏、天水、秦安等城市供水可以依靠地表水源来解决，但是河谷潜水亦应开采利用，尤其当河水含沙量大时，为了澄清水质，开采河谷潜水最为有利。在本区西部崛吴山、西吉、会宁一带地势较高，发现这一地带的农田灌溉必须有待于引洮上山水利工程的实现。本区已发现的矿泉，今后应及早对其进行调查与开发。

3. Ⅱ–3 六盘山及陇东高原水文地质区

本区包括六盘山及其以东的地区，大地构造上属鄂尔多斯台向斜，行政区划上包括整个的平凉专区。全年降水量由北部的250 mm以至南部的500 mm以上。年蒸发度在1500 mm左右，大部地区相当于半干旱气候带，但比起祁东、陇西区要稍微湿润一些。从地势和地质岩性来看，可以把本区分为两个水文地质条件截然不同的亚区。

（1）Ⅱ-3-A 六盘山古、新近系和白垩系层间水及裂隙潜水亚区

六盘山脉在甘肃境内实仅其南段大、小关山，系南—北向延长的中—高山地形。

本亚区全系由基岩所组成，下、中奥陶纪灰岩和页岩仅在平凉西南太统山一带出露，石炭纪、二叠纪沉积岩出露更为零星，而山区主体大部为白垩纪砂岩、泥岩、页岩，古近纪砾岩、砂岩、页岩和新近纪红色泥岩所组成。据目前片面的资料，在古近纪的砂岩、砾岩中含有层间水，泉的涌水量不大，一般为0.01 ~ 0.2 L/s，TDS一般小于1 g/L。下白垩纪砂岩亦含有微量的层间水，泉水涌水量一般为0.02 ~ 0.05 L/s，TDS多大于1 g/L。但根据这些含水层水质较好，可能为风化裂隙潜水。这些泉水都出露于沟谷之中，补给地表水流。

本山区是为东侧泾河、西侧渭河支流的发源地，区内主要城镇泾源、隆德等地的供水问题可以地表水来解决，相对来说基岩地下水在供水方面意义不大。

（2）Ⅱ-3-B 陇东黄土高原深藏层间水和河谷潜水亚区

本亚区包括整个陇东盆地，系由巨厚的黄土组成的高原。其下部以白垩纪基岩构成基底。黄土层可以细分为三层：下更新统的重亚黏土及黄土类土；中更新统的黄土类亚黏土；上更新统的黄土。黄土高原被泾河主流和马莲河所切割，在河谷中普遍分布着近代冲积层，并构成数级河阶地。

本地区主要含水层即为近代河谷冲积层，泾河河谷冲积层宽度由上游的200m至下游的1000 m左右，厚度一般在10 ~ 30 m之间，含水层为砂砾石层，埋藏深度由近河的3 m至远河的20 m左右。潜水的TDS 0.8 ~ 1 g/L，为$HCO_3^-\cdot SO_4^{2-}-Na^+\cdot Ca^{2+}$或$HCO_3^--Na^+\cdot Ca^{2+}$型水，它们与地表水流同受当地降水量所补给，因而二者有着密切的水力联系。黄土层具有微弱的透水性，在上更新世的黄土层中有几层古土壤层，其下有钙质结核，因而在每一古土壤层中可以暂时含水，含水层厚度不大，并依季节而变化，因此属于上层滞水的性质。由于上更新统黄土的透水性较之中更新统亚黏土稍好，因而在上更新统黄土层的底部也有时保留薄层的上层滞水，往往在沟谷所切割的上、中更新统的接触面上溢出成泉，涌水量一般不大，小于0.01 L/s。在下更新世重黏土层之下往往有基底砾石或砾岩，是为较稳定的含水层分布所在，属层间的无压水或承压水。它们沿基岩的表面溢出成泉，根据个别泉的资料，涌水量由0.1 ~ 2 L/s，水的化学类型为$HCO_3^-\cdot SO_4^{2-}-Na^+\cdot Ca^{2+}$型，TDS在1 g/L左右，含水层埋藏深度随地形起伏而异，一般均在几十米，最深可达200 m，因此不易开采。

至于黄土层中的地下水起源属于循环水已无疑问，然而补给方式问题至少在目前尚未研究清楚。由于黄土层的透水性很弱，很难想象黄土高原上的降水产生垂直渗入补给上层滞水或层间水。因此降水的渗入作用只有在极其个别的地段（含水层埋藏极浅的冲沟或河谷等处），于暴雨期间才有可能。而绝大部分的地下水的补给方式可能是由大气侵入包气带中的水蒸气的凝结与聚集。

由上述可知本亚区仅可利用河谷潜水，黄土层及其基底砾石层中的地下水没有供水意义，仅个别泉水可供生活之用。因而在黄土高原上大力发展农业必须有赖于引洮上山。

4. Ⅱ-4 西秦岭高山水文地质区（强交替的基岩喀斯特－裂隙水及河源洼地沼泽潜水区）

本区包括大地构造上的西秦岭地槽，行政区划上的甘南藏族自治州全部、天水专区大部和临夏回族自治州的一部分。区内大部年降水量都在 500mm 以上，准确来说已不是半干旱气候带，而相当于伊凡诺夫的湿度适中带，是全省最湿润地区。

本区几乎全系由基岩所组成的高山，绝少第四纪沉积；并且又处于河流上游，河谷冲积层极不发育，因此基本上没有河谷冲积层潜水。然而在本区西南部洮江县（注：今为碌曲、玛曲二县）、岷县一带零星分布着河源洼地，在其不厚的第四纪疏松沉积中埋藏着沼泽潜水。全区在比较湿润的气候条件下，基岩表面普遍分布薄层的风化残积层，由于充沛的降雨浸润，形成植物生长的良好条件，因而普遍分布原始森林和草原。

区内广泛分布着二叠纪、石炭纪、泥盆纪和志留纪的灰岩，其中可能遇到喀斯特－裂隙水，由于灰岩与板岩、页岩、石英砂岩、千枚岩等隔水岩层相间，并构成大巴山复背斜北翼，因而灰岩中的水应为承压水，个别地段也可以是无压水，

文县、碧口一带的震旦－志留纪碧口系变质岩和所有基岩的风化裂隙中都可含有裂隙潜水，它们处在强烈交替带，经常排泄于沟谷、河流中。

区内地下水受丰沛的降水所补给，因而水质应属于低矿化的淡水，但河流洼地中的沼泽潜水在蒸发作用下，TDS 应有增高。

本区作为甘肃东部地表水流和地下水的补给源地，目前主要城市德乌鲁市（注：位于今甘南藏族自治州夏河县及合作市境内）、洮江、岷县、武都、文县、徽成（注：今成县、徽县、两当县）等都靠近地表水流，因而供水水源完全可以利用地表水来解决。而洮江县乔科草原和其他河源洼地的沼泽疏干问题却需要通过水文地质工作来解决，以便更好地发展畜牧业。

五、结论

综合以上所述，可知祁连山—阿尔金山的降雨和融冰化雪是甘肃西部地表水和地下水的基本来源。当地地表水出山之后产生大量的渗漏，因而在山麓地带宜筑库蓄水，修建渠道，将地表水引向区域北部的缺水地带。虽然修渠引水之后减少了走廊平原内的地下水补给量，但从水源综合利用观点出发，河水归库纳渠是有益无损的。

河西走廊平原地下水的聚集条件非常优越，是为全省地下水源丰富的地区。全区地下水天然流量估计达 $850\times10^4\sim1000\times10^4\ m^3/d$。因此今后发展河西走廊的工、农、牧业必须要广泛利用当地地下水。因为这部分水量如不加以利用，最终要在盆地北部大量消耗于蒸发，不仅不能为经济建设服务，反而加速土壤的盐渍化。

走廊各个盆地南缘的山前地带分布着广阔的戈壁滩，潜水埋藏极深，难以开采利用。但今后渠道所经之处仍可适当部署工矿基地，利用一部分渠道水。目前走廊内的一些主要城市——武威、张掖、酒泉、玉门、敦煌大致都位于潜水浅藏地带，利用钻孔开采丰

富的地下水，最为有利。今后新兴城市亦应考虑布置在潜水埋藏较浅的地带。

走廊各个盆地北部是农垦地分布地带，这一地带是发展甘肃西部农业的重点区，在它的下面都存在着水质较好、水量丰富的承压水。这一地带应力争全部利用地下水进行灌溉，只有在地下水源不足时才可以考虑利用渠道水，以便节省渠道水使它更能充分地周济北山的缺水区。在农垦区灌溉的同时，特别要注意防止土壤盐渍化的发展。由于这一地带原就属大陆盐渍化潜水带并形成原生的盐渍化土壤，在人工灌溉时如不合理地排水、洗盐则将加重地区的次生盐渍化作用。因此发展本区农业的主要问题不在于灌溉水源，而在于盐渍化土壤的改良。土壤改良的根本措施是排水以降低潜水位，排出水应导入附近河流令其外泄。

然而盆地内的低洼地段—民勤盆地的白亭海、花海子盆地的中心、敦煌—安西盆地的哈拉湖一带，渠道排水的确困难而艰巨；虽然可以适当采用植物排水的方法，但也只能取得一小部分效果，因此必须有意识地放弃这些低洼地段的农灌事业，而作为盆地地表水、排出水、洗盐水的归结之所，令其在天然蒸发作用之下获得盐类的结晶（岩盐、钾盐、镁盐和芒硝等)，形成化学工业原料的产地。

北山地区地下水利用的远景不大，除个别厂矿可以就近充分开采第四纪疏松沉积中的少量潜水外，大部分要依靠于引自南方的渠道水，然而由于北山地区的高程高于走廊平原，因此渠道选线上有其局限性，长远之计将有赖于“南水北调”。

甘肃东部区域虽然气候比较湿润，可是缺少有意义的含水层，并且第四纪含水层也很薄，因此利用地下水来解决供水问题受到一定的限制。然而本区域地表径流十分发育，自古以来这些地区就是以利用地表水源为主。

区域内比较有利的含水层是近代河谷冲积层潜水，而在这一地带上正是河流的通路，沿河的城镇一贯就引用河水来满足工业和生活用水的需要。但是这些河流流经黄土区，河水含砂量较大，尤其是黄河水质浑浊，因此当利用河水时要采取大规模的净水措施。可以采用开采河谷潜水的方法，这种方法实际上是变相开采地表水，而起到了滤水作用。

甘肃东部水源最缺的地区是祁东区的黄河以西部分。该区地下水资源极贫乏，虽有山间平原的第四系潜水可资利用，但不能解决大型供水问题；然而在此缺水地区微量的地下水也应得到充分利用。由于该层含水层很薄，一个钻孔的出水量不大，一般至多仅可取得 150 m^3/d 左右，为了取得较多的水量可以采用“百眼串井”（坎儿井）的办法；这种开采方法也正是目前白银市、石洞寺一带所采用的。本区地表水只有黄河、庄浪河可以利用，然而河水的利用又局限于距其不太远的地区，稍远一些诸如中川、白银市、永泰、芦阳镇、松山一带，如需大量利用地表水，则要很长的渠道或管道，何况把低高程的河水引向山间平原，成本大而收效低，因此解决这一地区供水问题的长远之计，仍需依靠按照一定高程设计的“南水北调”渠道工程来解决。

陇东、陇西广阔的黄土高原，是为发展农业的地区。而地下水不能满足灌溉用水的要求，只有引取地表水灌溉黄土高原，才能大大地扩大耕地面积。这就意味着必须进行“引水上山”水利工程，虽说是“引水上山”，但也需选择高程较高的河流，而甘肃东部的九条大河流中只有洮河具备这一条件，洮河发源于西秦岭，上游岷县一带标高在 2300 m

左右，这就有充分的余地，以平均1/2000的水力坡降，修建长达1150 km的总干渠。这一伟大工程的实现，将使甘肃东部五个专区28个县（市）受到效益，将彻底改变甘肃东部农业面貌。

今后水文地质工作方向是：在全省重要地区继续进行水文地质普查工作，以期及早对全省水文地质条件有一全面的了解。在普查已经完成的重点地区进行详细的水文地质勘查，包括农场的灌溉－土壤改良水文地质勘查和工矿基地的供水水源勘查。而水文地质详细勘查的重点区仍应放在地下水源最丰富、国民经济意义最大的河西走廊地区。在以往对基岩的层间水调查研究很不够，今后必须在可能的蓄水构造内用控制钻孔勘查基岩地下水。而甘肃东部的引洮上山水利工程和今后的南水北调水利工程，需要大力开展水利工程地质勘查和试验研究。

祁连山、阿尔金山、北山、马唧山的矿床开采过程中，矿坑涌水的威胁性不太大，然而西秦岭一带随着矿产勘查和开采期间都应注意矿区水文地质的调查研究工作。

为了促进甘肃省矿产资源的发现，应推广地下水水文化学的研究，以作为找矿的标志。古、新近系油田水（盐卤水），可以作为提炼溴、碘等元素的泉源，并可作为找油标志，今后也应注意这方面的研究。在北祁连山地槽、秦祁台块、鄂尔多斯台向斜和西秦岭地槽一带是可能的矿水分布地带，今后应重视矿泉的调查研究与发展，以便为发展医疗保健事业而服务或作为提取稀有元素的泉源。

随着水文地质普查与勘查工作的进展，应相继开展地下水动态的长期观测工作。区域性地下水长期观测的重点应放在河西走廊区，可按各个水文地质单元（盆地）来进行，查明区域地下水在自然和人为因素影响下的储量变化，提出合理的利用方案。在农垦地区，应着重研究潜水的水盐均衡，在此基础上论证排水－土壤改良措施。在目前的引洮上山水利工程区亟待进行工程地质的长期观测和试验研究工作，以便保证输水渠道长期地、安全地使用。

全省的水文地质区划研究，今后还要在本文的基础上，不断搜集资料进行修改补充，编制出内容较精确的1：100万水文地质区划图和详细的说明。这一工作应力争及早完成，以便为规划甘肃省国民经济的发展和指导今后的水文地质工作提供基本的资料。

参考文献

陈东俊，等 . 1959. 甘肃省华亭幅（东半幅）1：20万综合地质—水文地质普查简介 [R]. 甘肃省地质局水文地质工程地质队 .

段永侯 . 1958. 甘肃西部水文地质分区 [J]. 第四纪研究（2）：42–53.

方鸿慈 . 1959. 河西走廊的水文地质区划 [J]. 水文地质工程地质（7）：30–32.

冯景章，等 . 1959. 马鬃山公婆泉矿区供水水文地质勘查设计 [R].

甘肃省地质局 . 1959.1：50万甘肃省地质图说明书 [R].

甘肃省地质局 .1958. 甘肃省地质构造草图 [R].

高星辉 . 1958. 陇东黄土地区的水文地质概况 [R].

关士聪，等 . 1958. 甘肃六盘山区城石油地质普查简介 [R]. 北京：地质出版社 .

何孝敏，等 . 1959–1960. 甘肃省兰州幅综合地质—水文地质普查资料 [R]. 甘肃省地质局水文地质工程地质队 .

李自忠，等 . 1958–1959. 甘肃省庄浪、武威、民勤间综合地质—水文地质普查报告 [R]. 甘肃省地质局水文地质工程地质队 .
李自忠，等 . 1959–1960. 甘肃省芦阳镇幅综合地质—水文地质普查资料 [R]. 甘肃省地质局水文地质工程地质队 .
刘成琦 .1959. 甘肃省天祝县松山草原牧区水文地质普查初步报告书 [R]. 甘肃省地质局水文地质工程地质队 .
吴心铭，等 . 1958–1959. 甘肃玉门花海子—安西踏实间综合地质—水文地质普查资料 [R]. 甘肃省地质局水文地质工程地质队 .
于学礼，等 . 1959–1960. 甘肃省永登幅综合地质—水文地质普查资料 [R]. 甘肃省地质局 水文地质工程地质队 .
曾度伦 . 1959. 甘肃省兰州市中川飞机场供水水文地质勘探报告 [R]. 甘肃省地质局水文地质工程地质队 .
章鸿剑 . 1956. 中国温泉辑要 [M]. 北京：地质出版社
赵举吉，等 . 1960. 靖远旱坪川灌溉水文地质勘查设计 [R].
张启宽，等 . 1959. 甘肃省平凉幅 1：20 万综合地质—水文地质普查简介 [R].
张仲良 .1959. 十年战斗十年巨变 [J]. 红星 .

本报告原留存于甘肃省地质局水文地质工程地质队，1960 年 4 月。

酒泉西盆地南山补给区对盆地地下水的补给途径及补给量的研究（成果报告摘要）

方鸿慈　刘祖植

本课题为国家科委十年规划项目，编号：专 86—041—水 0102。本课题的工作安排首先以论证三九公司供水水源的保障程度为中心，而后进行整个酒泉盆地的地下水平衡和资源评价，将课题（中心题目）定为《酒泉盆地地下水平衡和资源评价的研究》。项目起止时间为 1965 年 1 ~ 12 月。

项目重新划分了补给类型，也参考前人资料增编了酒泉西盆地水文地质图，进一步阐明了对盆地地下补给来源的看法。对沟谷地表、地下径流的估算，除校正了原来用比拟法计算结果外，还应用水平衡法进行了计算，取得了新数据。对北大河、白杨河的水文资料也做了进一步的分析，提出了表达水文特征的系数及其对盆地地下水的补给量。取得的主要结论与建议如下。

一、主要结论

1）酒泉西盆地地下水的补给来源，仍以经常性地表水流（尤其是北大河）出山口后的渗漏为最主要的形式。其次是北大河—白杨河间沟谷地下潜流的补给；沟谷洪流对盆地地下水只起到附加补给的作用，数量不大。由于前山带地质结构的影响，除个别地段外，一般不利于基岩裂隙水的侧向补给；而南北向断层却可以作为构造裂隙水补给盆地的通道。此外，在盆地深部还可能存在着深层承压水的顶托补给。

2）南山区沟谷地下、地表径流对盆地地下水的补给量，估算的最大值为 $0.157\times10^{8}\ m^{3}/a$。由于青头山、大红泉、西沟等沟谷地下潜流均已全部或部分为工农业所利用，因此实际补给盆地地下水的数量要减少，已被利用的约 $0.03\times10^{8}\ m^{3}/a$，实为 $0.127\times10^{8}\ m^{3}/a$。来自北大河地表径流的正常补给量为 $1.34\times10^{8}\ m^{3}/a$，来自白杨河地表、地下径流的补给量为 $0.148\times10^{8}\ m^{3}/a$，总计酒泉西盆地所获得的地下水总补给量为 $1.615\times10^{8}\ m^{3}/a$。

3）从总补给量对三九公司供水水源的保证程度来看，它相当于三九公司需水量 $1.26\times10^{8}\ m^{3}/a$ 的 1.28 倍。即使对远景需水量 $1.43\times10^{8}\ m^{3}/a$ 而言，也达 1.18 倍。因此，三九公司的供水水源可以得到保证。虽然北大河有个别枯水年份，但水量亏损不多，完全可以在正常或丰水年份得到补偿。

4）在总补给量 $1.615\times10^{8}\ m^{3}/a$ 之中，北大河渗漏补给即占 83%，而来自白杨河及沟谷地表、地下径流的补给量只占 17%。即使这一计算有一定的误差，但也足以说明盆地地下水主要来自北大河的渗漏。基于这种观点，我们认为如果对北大河冰沟至龙王庙间采取衬砌防渗漏措施，将对三九公司开采利用地下水源极为不利。

以上仅是根据我们搜集到的资料进行整理、分析后所取得的一些看法，在补给途径的问题上，对基岩裂隙水的侧向补给，论据还不十分充足；而对盆地内深层承压水的顶托补给，限于资料和水平，未能予以探讨。在评价盆地地下水补给量中应用的某些数据还不够落实，比如河流的渗漏率仅据短期观测资料计算的，沟谷的地下径流模数和地下径流量等有待更多的勘探、试验和观测资料验证；以白杨河渗漏量的一半作为补给酒泉西盆地的依据不足，已被利用的地表、地下径流量的统计尚欠确切。对北大河冰沟站的地下径流量，由于缺少必要手段取得所需参数，未能进行计算。

二、建议

为了较彻底地查明盆地地下水的补给来源，更好地论证三九公司水源地的保证程度，我们必须注意以下几方面的工作：

1）深入进行北大河、白杨河渗漏量的研究，除收集和分析水文站资料外，选择典型地段进行定期分段的测流工作。并在北大河两侧布置一定数量的勘探工作，以便进一步阐明北大河与盆地地下水的转换关系。对冰沟站的地下径流还应设法了解。

2）建议在西沟、大红泉等地布置一定的勘探、试验和观测工作，查明沟谷地表、地下径流量及其变化，进一步核实比拟法中的地下径流模数和水平衡法的计算成果。

3）进一步研究酒泉西盆地地下水的排泄条件，除查明各古河道出口的地下径流量外，也对文殊山以南以及新民堡、火烧沟等出口的地表、地下径流进行必要的了解。

4）进一步研究确定酒泉西盆地平衡区范围，进行盆地水平衡计算；选择适当的过水断面，计算区域地下水天然流量，与水平衡计算结果相互验证。

我们准备 1966 年继续进行研究，及早提出《酒泉西盆地地下水平衡及资源评价》的专题研究报告；为论证三九公司供水水源保证程度提供较可靠的依据。

本报告原留存于全国地质资料馆，1965 年 12 月。

方鸿慈简历

1920 年 9 月 10 日，出生于北京。祖籍广东省普宁县（今普宁市）。

一、求学阶段

1926 年 8 月 ~ 1928 年 7 月，北京师范大学附属小学学习。

1928 年 8 月 ~ 1932 年 7 月，北京师范大学附属第一小学学习。

1932 年 8 月 ~ 1938 年 7 月，北京私立志成中学学习。

1937 年 6 ~ 7 月，在北京西苑参加宋哲元部组织的集中军事训练，学习军事常识和野外步兵操典。

1938 年 8 月 ~ 1942 年 7 月，北京大学理学院地质系学习，获得理学士学位。毕业论文是有关河北宣化烟囱山大东地区铁矿的调查研究。

二、担任教师阶段

1942 年 8 月 ~ 1943 年 7 月，北京大学理学院地质系，助理。

1943 年 9 月 ~ 1945 年 8 月，华北开发公司调查局（后改为地质调查所）探水班（地下水调查机构），职员（技术员）。先后参加调查山东省张店地下水、济南地下水以及概查京汉线泉水及煤矿出水。

1945 年 9 月 ~ 1946 年 7 月，北平临时大学第一分班地质系，助教，担任“矿床学”“构造地质学”实习课。

1945 年抗战胜利后，协助北平地质调查所接收华北开发公司地质调查所，接收人员为高振西、王竹泉、裴文中等。

1946 年 8 月 ~ 1946 年 9 月，北京大学理学院地质系，助教。

1946 年 10 月 ~ 1947 年 7 月，经地质调查所高平、黄汲清介绍，到天津北洋大学理学院地质系工作，助教，证明人，王炳章。

1947 年，发表论文《华北涌泉概况》，地质论评，第 5 期。

1947 年 8 月 ~ 1950 年 2 月，北洋大学工学院采矿系，助教。

1948 年，发表论文《济南地下水调查及其涌泉机构之判断》，地质论评，第 C2 期，提出泉群的概念。

1950 年 3 月 ~ 1950 年 7 月，北洋大学工学院地质工程系，助教兼教员。

1950 年 8 月 ~ 1952 年 7 月，北洋大学（1951 年改为天津大学）地质工程系（1951 年改为石油地质系），讲师，担任“普通矿物学”“普通地质学”“历史地质学”教学工作。

1950 年加入中国教育工会、中苏友好协会、中国地质学会。

1952 年 8 月 ~ 1956 年 1 月，北京地质学院水文地质工程地质系，讲师。

1952 年参加北京地质学院筹委会工作，同年 11 月开学，因有地下水调查的经历，组织安排担任“水文地质学”教学工作，突击俄文，加强备课，自编讲稿，后合作翻译苏联教科书部分内容，完成教学任务；1953 年，进一步整理讲稿，编写完成我国第一部系统的《水文地质学讲义》。同时讲授“地下水普查与勘探”，并在其他院校及生产部门训练班兼课。

1952 年，高教 14 级。

1953 年，高教 13 级。

三、从事勘查、科研与管理阶段

1）1956 年 2 月 ~ 1958 年 3 月，地质部水文地质工程地质局水文地质处，工程师。

1957 年 1 月 ~ 1958 年 3 月，任水文地质工程地质训练班副主任，讲授《普通水文地质学》和《地下水普查与勘探》（自编讲义）。参加编制中国水文地质分区图及《中国区域水文地质概论》。

1956 年，技术六级。

1957 年 1 月，加入中国民主同盟。

1957 年，介绍 П.П. 克利门托夫著《水文地质学》（苏联国立地质技术出版社 1955 年版），水文地质工程地质，第 1 期。

1957 年，发表论文《潜水区划的主要气候标志——潮湿系数》，水文地质工程地质，第 6 期。

1957 年，发表论文《华北的水文地质条件》，地质论评，第 3 期。

1957 年，发表论文《我国潜水的形成及其地球化学作用的方向》，水文地质工程地质，第 10 期。

2）1958 年 4 月 ~ 1962 年 10 月，甘肃省地质局水文地质工程地质队，工程师。

指导酒泉嘉峪关水源地供水水文地质勘探、河西走廊主要农村农田供水水文地质详查、引洮总干渠工程地质勘察及水文地质长期观测等，对生产部门提供了相应的资料，对该队技术人员提高业务水平有一定成绩。

1959 年，发表论文《河西走廊的水文地质区划（摘要）》，水文地质工程地质，第 7 期。

1959 年，发表论文《水文地质工作有着广阔的前途》，水文地质工程地质，第 7 期。

1960 年 4 月，编写《甘肃省水文地质区划的轮廓》，甘肃省地质局水文地质工程地质队内部资料。

1960 年，发表论文《关于几个水文地质基本术语的解释》，水文地质工程地质，第 5 期。

3）1962 年 11 月 ~ 1966 年 3 月，地质部西北地质科学研究所（现西安地质调查中心），第五研究室副主任工程师，主管研究室业务工作。参加、指导“河西走廊地下水的形成及其储量与开采利用研究”项目等。

1963 年 11 月，技术五级。

1964 年，发表论文《关于河西走廊第四纪地质问题的几点意见》，地质论评，第 6 期。

1965 年，发表论文《中国干旱地区水文地质区划原则》，西北地质科技情报，第 1 期。

1965 年 9 月，《酒泉西盆地南山补给区对地下水的补给途径及补给量的研究》，方鸿慈，刘祖植，戈庆云，等，地质部西北地质科学研究所内部资料。

4）1966 年 4 月 ~ 1973 年 12 月，地质部水文地质工程地质第五大队（后改为陕西二水），副总工程师。“文革”前主管全队技术工作。

1971 年 3 月到陕西省地质局五七学校学习，期间，被当地人找去指导打井活动，发现大骨节病是由当地特异成分的地下水造成的，从而开始地方病研究。

1972 年参加“铜川地区基岩裂隙水资源评价研究”工作。

参加和指导“西北黄土地区水文地质勘查”和“中小型水库勘察”项目，现场检查指导西峰组、库区组、聚湫组和黄土组工作。

5）1974 年 1 月 ~ 1987 年 3 月，河北省地质局水文地质四大队（后改为地质部水文地质工程地质技术方法研究队、地矿部水文地质工程地质技术方法研究所，现名中国地质调查局水文地质环境地质调查中心）工作。

1974 年 1 月，副总工程师。

1974 年，发表论文《试论地方病病因与防治研究的水文地质科学途径》，水文地质工程地质，第 4 期。

负责科技情报翻译与审稿，组织编辑《水文地质技术方法》期刊，负责单位科研生产部分管理工作。

1975 年，发表论文《陇东陕北承压水盆地几个基本水文地质问题的分析》，水文地质技术方法，第 4 期。

先后翻译外文资料 19 篇、校对译文 20 篇。为出版社校对 25 万字译书一册，审校《英汉地质词典》等两部，共补充水文地质单词 1000 余个。

1979 年 6 月，经国家地质总局批准，任国家地质总局水文地质工程地质技术方法研究队总工程师。

1979 年，发表《模型在地下水文学研究中的应用》（J.H. 范奥沃凯克，D.A. 泽马克）摘译，水文地质工程地质，第 6 期。

1981 年 4 月，高级工程师（1987 年套改为教授级高级工程师）。

1982 年 10 月，技术四级。

1983—1984 年，先后赴黑龙江省、吉林省地方病区进行环境水文地质考察。

1984 年 9 月，河北省职工医学院（现河北大学医学部）水文地球化学兼职教授。

1986 年，发表论文《论大骨节病克山病与水文地球化学的密切关系及其病因与防治问题》，水文地质工程地质论丛，第 1 期。

1987 年 3 月，退休。

四、退休之后

1987 年起聘任为地质矿产部科学技术顾问委员会第一届、第二届通讯委员。

1989 年，发表论文《西北地区水文地质单元的划分》，河北地质学院学报，第 1 期。

1989 年，在美国华盛顿召开的 28 届国际地质大会上，宣读论文《人类对饮水水质的适应性与地方病问题》。

1990 年，发表论文《人类对饮水水质的适应性与地方病问题》，水文地质技术方法，第 2 期。

1990 年，发表论文《国外关于地下水源保护问题的研究现状》，水文地质技术方法，第 21 期。

1992 年前，曾连任数届河北省政协委员、保定市人大代表和常委、民盟常委等职。

1992 年 10 月，享受国务院政府特殊津贴。

1993 年，发表论文《我国饮用水水质评价中一个应注意的特殊问题》，中国地质，第 4 期。

2008 年 11 月 2 日，在保定逝世，享年 88 岁。

编者注：此简历系根据方鸿慈个人档案、《地下水耕耘者——方鸿慈》以及公开发表的论文、资料馆成果报告等整理。

我所知的父亲

长子：方书椿

父亲方鸿慈1920年9月10日生于北京，卒于2008年11月2日，享年88岁。生前为我国水文地质学家、地方病研究专家。1938年考入北京大学理学院地质系，于1942年毕业，后留在北京大学任教。1946年10月他任天津北洋大学地质系助教，新中国成立后，留任于北洋大学，并于1950年升为讲师。1952年国家在北京大学理学院地质地理系的基础上成立北京地质学院，父亲又被调到北京地质学院水文地质系任讲师。他利用对俄、日、英三国语言的通晓和借鉴苏俄、日本及西方技术和文献，编写了中国第一部《水文地质学讲义》，成为以后各院校这方面教材的基础和引用依据。1956年初父亲被调到国家地质部水文局工作，任工程师,1958年4月作为专家被派到甘肃省指导工作。1962年11月地质部在陕西省西安市成立西北地质研究所（现西安地质调查中心），父亲担任水文地质工程地质研究室技术主任。1966年4月调往陕西渭南在地质部水文地质第五大队（后改为二队、陕西二水）任副总工程师。1971年3月分配到陕西省地质局“五七”干校学习，期间，被当地人找去指导打井活动，因而发现当地特异成分的地下水造成的严重地方病问题，从而开始了地方病课题研究。1974年元月，父亲被地质部调到地质部水文地质四队（驻保定市部属事业单位），后改为地质部水文地质技术方法队（所），1978年任总工程师直至退休。改革开放后国家恢复技术职称评定，父亲1981年获得教授级高级工程师的技术职称。1987年起聘任为地质矿产部科学技术顾问委员会第一届、第二届通讯委员。1990年开始享受国务院政府特殊津贴。1992年前曾连任数届河北省政协委员、保定市人大代表和常委等职。

父亲的一生善学敬业，踏实勤恳，博学多识，对中国的水文地质事业做出了巨大贡献，可谓桃李天下、文著累累，这部文集收录了他时间跨度46年的论著，感谢中国地质调查局水文地质环境地质调查中心组织出版，使父亲的研究成果得以集中展现，服务今天的地学研究。

父亲以其“人类对饮水水质的适应性与地方病问题”的研究获得了参加1989年第28届国际地质大会（28th International Geological Congress）的资格。这是父亲一生唯一一次国外学术交流的机会，在会上用英文宣读了论文。

那么事业有成的父亲，在生活中是什么样的人呢?

原来，在我记忆中生活中的父亲是这样的：

印象一：父亲是位经常出差的人。

抑或是我先天不足，抑或是当年资讯媒体刺激形式的匮乏，抑或是父母都是忙于事业无暇启迪，我在婴幼儿时期的大脑记忆几乎是断片和空白状态。直到成年以后，母亲说起大约我 2 岁左右，一次父亲要出远门，我大哭大闹不舍得父亲离开，我似乎想起有这个画面，这是我幼年最早的记忆：父亲是经常出差不在家的人。

印象二：父亲是“反动技术权威”

父亲在渭南被批斗关牛棚期间，有几件事情深深刻印在我幼小的心灵。

1969 年我到了上学的年龄，记得那是春暖花开的季节（“文化大革命”期间开学是在上半年），母亲给我穿上新衣服、挎上装有头天晚上用白纸简单装订的小本本的新书包，领着我怀着喜悦和充满好奇的心情，迎着暖暖的朝阳走在散着麦田芳香的乡间小路上，奔向陕西省渭南县韩马村小学。就要到村头时，只见由六七人组成的一小纵队齐步迎面跑来，从我身边掠过时，我依稀记得这些人头戴尖尖的大高帽、齐声喊着“斗私批修”之类的口号。“爸爸！”我看到了队伍中父亲的身影，“爸爸！我上学啦！”父亲略微扭头冲我微笑一下，瘦骨嶙峋的背影渐渐地远去。这时母亲说了一句，“一会儿老师问你爸爸的出身，你要说是‘教员’”，我问“为什么是教员？”“你爸爸最早一直是教书的。”。我似懂非懂地点点头。到了学校，进行录取登记时，果然办理登记的人问：家庭出身是什么？我幼小的心怦怦直跳！母亲胸有成竹地说：“教员！”“教员？哪有这个出身？”母亲说从祖辈就是教书的，经过一番理论，办理的人实在不能认为我的家庭是“贫农”“中农”“富农”“地主”“工人”等等标准答案，不情愿地在出身一栏写下“教员”。这一出身就一直跟随我度过了学生时代。

印象三：父亲是一位沉默寡语、性格孤僻木讷、只懂专业不懂人情世故的人。

20 世纪 70 年代初父亲恢复工作后，被陕西省地质局安排到“五七”干校，实质上就是开始工作了，而母亲又被借调到华县，我和妹妹只好随母亲从渭南到华县，许多假期、周末或出差母亲就带我们到西安与父亲团聚。

每次团聚是我们全家难得的快乐时光，此时我的记忆存储系统已经完全开启，父母带我们去游玩、去品尝美食，但父亲与我们交流是简单的，走在马路上他经常是自言自语，有时候声音还比较大，情绪也比较激动！

父亲从来不会利用身份地位为自己和家庭成员谋取私利，在别人家轻而易举能够办到的事情，父亲却都办不到，因为他不办。

后来，在“文化大革命”结束及我长大成人后一切发生了反转。

反转一：父亲其实是顽皮可爱、风流倜傥、爱好广泛、学识渊博、生动有趣的人。

“文化大革命”结束后，每次谈到家中往事父亲总是一反平日学者严肃、谨慎、寡言甚至木讷的常态，而是变得轻松自如、善谈，有时甚至顽皮。因生长在一个优裕的家庭里，受父母疼爱，被兄姐呵护，自小调皮贪玩，厌恶读书。虽然大学时期成绩优异和工作以后学术出色，但上中、小学时，功课却平庸，经常不完成作业。暑假里天天游手好闲，到开学前由哥、姐一起为其补赶假期作业。不过父亲从小有一个特别爱好，那就是京剧。在家常常举办京剧表演会，哥哥姐姐们常把朋友请到家里来，为其捧场。记得我是从二姑家的老照片里第一次看见父亲童年的照片，还有京剧扮相的照片。完全是机灵猴一个啊！

从父亲的早期照片里，可以感觉到他们兄弟姐妹们情同手足，亲密无间。

除了京剧外，父亲还擅长绘画。“文化大革命”初期，各单位组织到省会游行，举标语，开彩车。具有讽刺意义的是，由于父亲反动学术权威的身份，他从来没有资格参加这类政治活动，但因为他的绘画才能，却被叫去写标语牌，画彩车。记得有一次我和妹妹同几个不嫌弃我们的小朋友在单位里玩，看到父亲正在画彩车，蓝海白浪，很是逼真壮观，画得非常专业，我们几个小孩惊得目瞪口呆，赞不绝口，父亲脸上露出了满意的微笑，我心里也为他感到无比自豪，觉得我们家终于为革命运动出力了。

反转二：父亲是一位爱得深沉含蓄的人！

父亲的婚姻问题解决得较晚。1961 年初，经水文局另一专家陈梦熊先生的关爱和牵线，开始和在北京同过事的母亲（马鸿云）交往。很快父亲就利用休假回北京，每逢假日他们就相约一起出游北京名胜。父母于同年 7 月 2 日在老北京饭店与亲朋好友以及父亲的老同学喜庆一番，这一天就成为他们的结婚纪念日。

父亲每每出差在野外都和妈妈以鸿雁传情。二人也经常在家里研讨专业问题，记不得多少次我和妹妹都是在他俩的激烈业务探讨声中从梦中醒来。

反转三：父爱如山！

有一天，母亲从西安出差回渭南，带回来父亲爱吃的萨其玛，让我给父亲送去。我拿着用牛皮纸绳捆好的点心包，兴高采烈、连蹦带跳地去见父亲。一进单位大门，看门的一个叔叔用警惕的目光看着我，我不禁紧张起来。“干什么去？”“给我爸爸送点心。”这位叔叔不放心，把点心拿到门卫室打开检查一番后，胡乱捆绑几下还给了我。我急忙夺过萨其玛跑向父亲住的“牛棚”。所谓牛棚，是单位盖的几间平房。一进到房间，爸爸把我抱了又抱、亲了又亲，然后把一多半萨其玛放到我手里让我吃，他贪婪地吃起剩下的一小部分。我环顾四周，发现文件柜顶上有几个纸盒子，露出了一个个丝白的圆球球，父亲告诉我这是一个大哥哥喂养的桑蚕，一直托他帮忙照管和存放，现在已经做茧。居然有大哥哥能够把心爱之物托付父亲，看来父亲的世界比我当时认知的广大很多！父亲还给我简单讲了桑蚕的喂养、繁殖，我当时什么都没听懂，但从此知道了养蚕、见识了蚕茧。当晚，如妈妈所愿，我和父亲睡了一夜，父亲紧紧搂着我。现在想起，那一定给孤独的父亲带去了一丝温暖。

好像是 20 世纪 90 年代，在和父母闲聊中说到我在渭南报名上学第一天遇见游街的父亲的话题时，父亲才深情地告诉我说：当时他看到我去上学心里面非常高兴和感慨！

1972 年 39 岁的母亲怀孕啦！高龄产妇安全第一，考虑医疗条件、亲友的环境，让我们一家陪母亲回沈阳度产假就成了最佳的选择。这是父亲第一次去沈阳探访母亲娘家，他的矜持寡言，老实深沉，使我姥姥家的人倍感神秘好奇，同时又不乏敬畏尊重。1973 年 3 月弟弟在沈阳出生了，当时父亲正在看一本郭沫若先生写的著作《棠棣之花》，故取“弟”谐音，名叫书棣。其实我们三个孩子的名字都是由父亲细心斟酌，反复推敲而定的，从这一点上可以看出父亲学博识广，精益求精的一面。

记得大舅还托关系，为父亲买来了四大名著《三国演义》《水浒传》《红楼梦》《西游记》，父亲利用这段闲暇时间重读了这些名著，并每天给我和妹妹讲三国里的故事——温酒斩华雄、过五关斩六将、长坂坡……在那除了样板戏就是《地道战》的文化匮乏年代，父亲每晚和我们躺在东北特有的大炕上讲三国故事，绘声绘色，说到一些情景父亲竟跳下床来，端起架子花脸模仿曹操给关公端酒说道：此酒尚温！模仿关羽手捋长髯挑灯夜读春秋的威武神姿；模仿张翼德横矛立马于长坂坡当阳桥虎目圆睁哇呀呀呀！由于父亲讲得太精彩，我和妹妹必然充满好奇和不满足于只是听到三国人物。当时流行一种不用纸的本本，黑色背板涂满凡士林，上面再盖一片白色塑料皮，用铅笔或木棍在塑料皮上写画后，一揭起来字迹画痕便消失了。既省纸、省笔还省橡皮！在那物资匮乏的时代，人们的创造力还蛮强的。于是父亲就用这种本子给我们画出三国人物，给我印象最深的是第一次看到了张飞的形象和那把丈八蛇矛。后来才知道父亲从小就是京剧发烧友啊！那是京剧舞台艺术对他的深刻影响，还有教师的经历和绘画技能让他具有出色的语言和图文并茂的表达能力。

1974年元月，父母工作调动，我们一家就搬到了位于河北省保定市的地质部水文四队。因为初来乍到，父母带着我和不满一岁的弟弟，又因非单身职工被拒于集体食堂门外，家里的家务就显得格外繁重。买煤，生火，采购，洗衣，总是干不完的事。也许是出于无奈，或是天分，或是责任，父亲毫无怨言地担当起家里拉蜂窝煤、买粮做饭的任务。无论是一日三餐，还是节日佳肴，他都会充分利用有限的供应，不辞辛苦地劳碌着。这对一个54岁从未下过厨的学究来说，应该是件不容易的事，但他很少有抱怨。父亲做的菜非常好吃，这也是父亲才艺的又一体现。后来喜欢烹饪的我终于悟出，父亲是从小吃过见过的人，好厨师都是具有艺术创新思维（爱吃会吃）的人哈！

1980年秋我大学入学之前，父亲特意带我到北京大北照相馆拍照留念，然后还在前门附近的华北楼饭店请我吃了顿大餐，整个过程父亲跟我几乎没有说几句话，我当时毫无思想准备，懵懂地跟着父亲拍照、进餐，只是觉得油焖大虾做得不错呃！直到我自己为人父才明白父亲深藏不露的慈爱与期待！

反转四：意志如钢，初心不改，永不言弃，耕耘不辍！

“文化大革命”结束后，知识分子重新得以重用。在地质部水文四队，父亲的才华也得以再次发挥，他的科研生命获得了第二春。在他退休前的15年里，他的学术重点主要放在了人类对饮水水质的适应性与地方病问题的研究上。这个课题是他20世纪70年代初在“五七”干校下放期间帮助当地人找水打井过程中萌发的。可想而知，当时一个高级知识分子被下放到农村劳动改造，委屈耻辱是多难忍受啊，可父亲根本没把自己埋没在自艾自怨之中，而是面对现实，抓住新环境提供的新机会，开拓出自己的新道路，可谓“生活给你柠檬，就做成柠檬汁”。也就是父亲的这一颗“柠檬”，经过他多年的刻苦工作，提炼出了纯美的柠檬汁。也就是这一科研成果在他晚年把他送上了国际地质大会的讲台，这是他终生难忘的经历和荣耀。在学术取得成绩的同时，父亲的社会地位也得到重视，在担任水文四队（后改为水文技术方法研究队）总工程师和历任数届河北省政协委员、保定市人大代表和常委、民盟常委等职期间，仍能以身作则不谋私利。有一个现象还是他单位人说的：方工去市里开会，都是骑自行车，从不让单位派车！

到了晚年，父母除了每年都安排疗养与旅游外，父亲就坚持骑自行车买菜买肉，有时还骑行半个多小时到我单位来了解我的生活工作情况。

再后来，特别是 80 岁以后，好静不好动的父亲每天在家里阳台引吭高歌，唱京剧，唱歌曲，享受着天伦之乐，身体一直不错。部里的领导、老同事经常在节假日慰问看望父亲，让父亲的晚年充满关爱！

2006 年夏，父亲突发下消化道大出血，经过检查治疗发现已罹患结肠癌，同年在北京陆军总医院由专家做了结肠部分切除手术，很成功。但考虑到父亲 86 岁高龄，全家决定采取保守治疗不采取化疗，也不告诉他真实病情。又度过了两年幸福时光后，2008 年 7 月极易复发的肠癌再次阻塞了父亲的消化道，父亲提出在保定再次手术。然而，癌细胞此时已开始疯狂扩散。2008 年 11 月 2 日上午 11：02 时父亲在昏睡中安然离世，享年 88 岁。

但愿世上每一位父亲在儿女心目中都具有其独特的伟大。我的父亲一生泰然处世，诚恳待人，对事业一丝不苟，对生活充满乐观。特别是在“文化大革命”期间，精神和肉体被迫害时，学着重新呼吸；尊严和人格被摧残后，学着重新站立；工作和生活被剥夺后，学着重新微笑。这就是我伟大父亲的独特吧。